排污单位自行监测技术指南教程
——固体废物焚烧

生态环境部生态环境监测司
中国环境监测总站　编著
天津市生态环境监测中心

中国环境出版集团·北京

图书在版编目（CIP）数据

排污单位自行监测技术指南教程. 固体废物焚烧/生态环境部生态环境监测司，中国环境监测总站，天津市生态环境监测中心编著. —北京：中国环境出版集团，2023.10
ISBN 978-7-5111-5642-6

Ⅰ. ①排… Ⅱ. ①生…②中…③天… Ⅲ. ①固体废物—垃圾焚烧—环境监测—教材 Ⅳ. ①X506②X705

中国国家版本馆 CIP 数据核字（2023）第 185294 号

出 版 人　武德凯
责任编辑　曲　婷
封面设计　宋　瑞

出版发行　**中国环境出版集团**
　　　　　（100062　北京市东城区广渠门内大街 16 号）
　　　　　网　　址：http：//www.cesp.com.cn
　　　　　电子邮箱：bjgl@cesp.com.cn
　　　　　联系电话：010-67112765（编辑管理部）
　　　　　发行热线：010-67125803，010-67113405（传真）
印　　刷　北京中科印刷有限公司
经　　销　各地新华书店
版　　次　2023 年 10 月第 1 版
印　　次　2023 年 10 月第 1 次印刷
开　　本　787×960　1/16
印　　张　20.75
字　　数　400 千字
定　　价　80.00 元

序

　　生态环境是关系党的使命宗旨的重大政治问题,也是关系民生的重大社会问题。党中央、国务院高度重视生态环境保护工作,党的十八大将生态文明建设作为中国特色社会主义事业"五位一体"总体布局的重要组成部分,党的十九大报告全面阐述了加快生态文明体制改革、推进绿色发展、建设美丽中国的战略部署。习近平生态文明思想开启了新时代生态环境保护工作的新阶段,2018 年,习近平总书记在全国生态环境保护大会上指出,生态文明建设是关乎中华民族永续发展的根本大计。党的十八大以来,党中央以前所未有的力度抓生态文明建设,全党全国推动绿色发展的自觉性和主动性显著增强,美丽中国建设迈出重大步伐,我国生态环境保护发生历史性、转折性、全局性变化。

　　生态环境部组建以来,统一行使生态和城乡各类污染排放监管与行政执法职责,提高污染排放标准,强化排污者责任,健全环保信用评价、信息强制性披露、严惩重罚等制度,形成了政府为主导、企业为主体、社会组织和公众共同参与的环境治理体系。生态环境监测是生态环境保护工作的重要基础,是环境管理的基本手段。我国相关法律法规中明确要求排污单位对自身排污状况开展监测,排污单位开展自行监测是法定的责任和义务。

　　为规范和指导排污单位开展自行监测工作，生态环境部发布了一系列排污单位自行监测技术指南。同时，为让各级生态环境管理部门和排污单位更好地应用技术指南，生态环境部生态环境监测司组织中国环境监测总站等单位编写了排污单位自行监测技术指南教程系列图书，将排污单位自行监测技术指南分类解析，既突出对理论的解读，又兼顾实际的应用，具有很强的指导意义。本系列图书既可以作为各级生态环境主管部门、研究机构、企事业单位环境监测人员的工作用书和培训教材，也可以作为大众学习的科普图书。

　　自行监测数据承载了大量污染排放和治理信息，是生态环保大数据重要的信息源，是排污许可证申请与核发等新时期环境管理工作的有力支撑。随着生态环境质量的不断改善、环境管理的不断深化，排污单位自行监测制度也将不断改进和完善。希望本系列图书的出版能为提高排污单位自行监测管理水平、落实企业自行监测主体责任发挥重要作用，为深入打好污染防治攻坚战做出应有的贡献。

编　者

2022 年 9 月

前　言

1972 年以来，我国生态环境保护工作从最初的意识启蒙阶段，经历了环境污染蔓延和加剧期的规模化、综合化治理，主要污染物总量控制等阶段，逐渐发展到以环境质量改善为核心的环境保护思路上来。为顺应生态环境保护工作的发展趋势，进一步规范企事业单位和其他生产经营者的排污行为，控制污染物排放，自 2016 年以来，我国实施以排污许可制度为核心的固定污染源管理制度，在政府部门监督/执法监测的基础上，强化了排污单位自行监测要求，排污单位自行监测是污染源监测的重要组成部分。

排污单位自行监测是排污单位依据相关法律、法规和技术规范对自身的排污状况开展监测的一系列活动。《中华人民共和国环境保护法》《中华人民共和国大气污染防治法》《中华人民共和国水污染防治法》《中华人民共和国土壤污染防治法》《中华人民共和国固体废物污染环境防治法》《中华人民共和国噪声污染防治法》《中华人民共和国环境保护税法》和《排污许可管理条例》都对排污单位的自行监测提出了明确要求。排污单位开展自行监测是法律赋予的责任和义务，也是排污单位自证守法、自我保护的重要手段和途径。

为规范和指导固体废物焚烧排污单位开展自行监测，2021 年 11 月，生态环境部颁布了《排污单位自行监测技术指南　固体废物焚烧》。为进一步规范排污单位自行监测行为，提高自行监测质量，在生态环境部生态环境监测司的指导下，中国环境监测总站和天津市生态环境监测中心编写了《排污单位自行监测技术指南教程　固体废物焚烧》。本书共分 12 章。第 1 章从我国污染源监测的发展历程及管理框架出发，引出了排污单位自行监测在当前污染源监测管理中的定位及一些管理规定，并理顺了《排污单位自行监测技术指南　总则》与行业自行监测技术指南的关系。第 2 章主要介绍了排污单位开展自行监测的一般要求，从监测方案、监测设施、开展自行监测的要求、质量保证和质量控制、记录和保存 5 个方面进行了概述。第 3 章在分析目前固体废物焚烧行业概况和发展趋势的基础上对固体废物焚烧的生产工艺及产排污节点进行分析，并简要介绍了固体废物焚烧行业采用的一些常用污染治理技术。第 4 章对固体废物焚烧自行监测技术指南自行监测方案中监测点位、监测指标、监测频次、监测要求等如何设定进行了解释说明，对三个不同类型、不同规模的固体废物焚烧排污单位如何编制监测方案做出示例，为排污单位制定规范的自行监测方案提供了指导，并在附录中给出了参考模板。第 5 章简要介绍了开展监测时，排污口、监测平台、自动监测设施等监测设施的设置和维护要求。第 6 章和第 7 章针对固体废物焚烧手工监测技术指南中废水、废气所涉及的监测指标如何采样、监测分析及注意事项进行了一一介绍。第 8 章对废气自动监测系统从设备安装、调试、验收、运行管理及质量保证 5 个方面进行了介绍。第 9 章简要介绍了根据固体废物焚烧自行监测技术指南对厂界环境噪声、地表水、近岸海域海水、地下水和土壤等周边环境质量开展监测时的基本要求和注意事项。第 10 章从实验室体系管理角度出发，从人—机—料—法—环等环节对监测的质量保证和质量控制进行了简要概述，为提高自行监测数据质量奠定了基础。第 11 章是关于自行监测信息记录、报告和信息公开方面的相关要求，并就固体废物焚烧企业生产和污染治理设施运行等过程中的记录信息进行了梳理。第 12 章简要介绍了全国重点污染源监测数据管理与信息公开系统的总体架构和主要功能，为排污单位自行监测数据报送提供了方便。

　　本书在附录中列出了与自行监测相关的标准规范，以方便排污单位在使用时查询和索引。另外，书中还给出了一些记录样表和自行监测方案模板，为排污单位提供参考。

编　者

2022 年 9 月

目　录

第 1 章　排污单位自行监测定位与管理要求

　　污染源监测作为环境监测的重要组成部分，与我国环境保护工作同步发展，40多年来不断发展壮大，现已基本形成了排污单位自行监测、管理部门监督/执法监测、社会公众监督的基本框架。排污单位自行监测是国家治理体系和治理能力现代化发展的需要，是排污单位应尽的社会责任，是法律明确要求的义务，也是排污许可制度的重要组成部分。我国关于排污单位自行监测的管理规定有很多，并从不同层级和角度对排污单位进行了详细规定。为了支撑排污单位自行监测制度的实施，指导和规范排污单位自行监测行为，我国制定了排污单位自行监测技术指南体系。固体废物焚烧排污单位自行监测技术指南是其中的一个行业技术指南，是按照《排污单位自行监测技术指南　总则》（HJ 819—2017）（以下简称《总则》）的要求和有关管理规定要求制定的，用于指导固体废物焚烧排污单位开展自行监测活动。

　　本章围绕排污单位自行监测定位和管理要求，对排污单位自行监测在我国污染源监测管理制度中的定位、排污单位自行监测管理要求、排污单位自行监测技术指南定位及总体思路进行介绍。

1.1　我国污染源监测管理框架

　　1972 年以来，我国环境保护工作经历了环境保护意识启蒙阶段（1972—1978 年）、环境污染蔓延和环境保护制度建设阶段（1979—1992 年）、环境污染加剧和规模化治理阶段（1993—2001年）、环保综合治理阶段（2002—2012年）。集中的污染治理，尤其是严格的主要污染物总量控制，有效遏制了环境质量恶化的趋势，但仍未实现环境质量的全面改善。"十三五"以来，我国环境保护思路转向以环境质量改善为核心。

与环境保护工作相适应，我国环境监测大致经历了3个阶段：第一阶段是污染调查监测与研究性监测阶段，第二阶段是污染源监测与环境质量监测并重阶段，第三阶段是环境质量监测与污染源监督监测阶段。

根据污染源监测在环境管理中的地位和实施情况，将污染源监测划分为3个阶段：严格的总量控制制度之前（"十一五"之前），污染源监测主要服务于工业污染源调查和环境管理"八项制度"；严格的总量控制制度阶段（"十一五"和"十二五"），污染源监测围绕着总量控制制度开展总量减排监测；以环境质量改善为核心阶段（"十三五"以来），污染源监测主要服务于环境保护执法和排污许可制实施。

我国现在已经基本形成排污单位自行监测、生态环境主管部门依法监管、社会公众监督的污染源监测管理框架（图1-1）。2021年3月1日正式实施的《排污许可管理条例》，从法律层面确立了以排污许可制为核心的固定污染源监管制度体系，进一步完善了以排污单位自行监测为主线、政府监督监测为抓手、鼓励社会公众广泛参与的污染源监测管理模式。排污单位开展自行监测，按要求向生态环境主管部门报告，向社会公众进行公开，同时接受生态环境主管部门的监管和社会公众的监督。生态环境主管部门向社会公众公布相关信息的同时，受理社会公众对有关情况的举报。

图 1-1　污染源监测管理框架

1.1.1　排污单位开展自行监测，并按照要求进行信息公开

近年来，我国大力推进排污单位自行监测和信息公开，《中华人民共和国环境保护法》《中华人民共和国大气污染防治法》《中华人民共和国水污染防治法》《中华人民共和国环境保护税法》《中华人民共和国土壤污染防治法》《中华人民共和国固体废物污染环境防治法》《中华人民共和国噪声污染防治法》等相关法律中均明确了排污单位自行监测和信息公开的责任。

在具体生态环境管理制度上，多项制度将排污单位自行监测和信息公开的责任进行落实和明确。2013 年，环境保护部发布了《国家重点监控企业自行监测及信息公开办法（试行）》（环发〔2013〕81 号），将国家重点监控企业自行监测和信息公开率先作为主要污染物总量减排考核的一项指标。2016 年 11 月，国务院办公厅印发了《控制污染物排放许可制实施方案》（国办发〔2016〕81 号），提出控制污染物排放许可制的一项基本原则为："权责清晰，强化监管。排污许可证是企事业单位在生产运营期接受环境监管和环境保护部门实施监管的主要法律文书。企事业单位依法申领排污许可证，按证排污，自证守法。环境保护部门基于企事业单位守法承诺，依法发放排污许可证，依证强化事中事后监管，对违法排污行为实施严厉打击。"

1.1.2　生态环境主管部门组织开展执法/监督监测，实现测管协同

随着各项法律明确了排污单位自行监测的主体地位，管理部门的监测活动更加聚焦于执法和监督目的。《生态环境监测网络建设方案》（国办发〔2015〕56 号）要求："实现生态环境监测与执法同步。各级环境保护部门依法履行对排污单位的环境监管职责，依托污染源监测开展监管执法，建立监测与监管执法联动快速响应机制，根据污染物排放和自动报警信息，实施现场同步监测与执法。"

《生态环境监测规划纲要（2020—2035 年）》（环监测〔2019〕86 号）提出："构建'国家监督、省级统筹、市县承担、分级管理'格局。落实自行监测制度，

强化自行监测数据质量监督检查，督促排污单位规范监测、依证排放，实现自行监测数据真实可靠。建立完善监督制约机制，各级生态环境部门依法开展监督监测和抽查抽测。"为深入落实《生态环境监测规划纲要（2020—2035 年）》，生态环境部印发了《"十四五"生态环境监测规划》（环监测〔2021〕117 号），提出"全面实行排污许可发证单位自行监测及信息公开制度，加强技术帮扶与监督管理，督促企业依证监测、依法公开"。

另外，各级生态环境主管部门根据生态环境管理需求，按照"双随机、一公开"的原则，组织开展执法监测，并将监测结果应用于执法活动。通过排污单位抽测和自行监测全过程检查，对排污单位自行监测数据质量和污染排放状况进行监督，对排污单位自行监测数据的质量提出意见，对排污单位自行监测工作的开展提出要求，对排污单位自行监测工作的改进进行指导，从而更好地推进排污单位自行监测。

1.1.3 社会公众参与监督，合力提升污染源监测质量

我国污染源量大面广，仅靠生态环境主管部门的监督远远不够，因此只有发动群众、实现全民监督，才能使违法排污行为无处遁形。2014 年修订的《中华人民共和国环境保护法》更加明确地赋予了公众环保知情权和监督权："公民、法人和其他组织依法享有获取环境信息、参与和监督环境保护的权利。各级人民政府环境保护主管部门和其他负有环境保护监督管理职责的部门，应当依法公开环境信息、完善公众参与程序，为公民、法人和其他组织参与和监督环境保护提供便利。"

重点排污单位通过各种方式公开自行监测结果，包括依托排污许可制度及平台、地方污染源监测信息公开渠道及本单位官方网站等。生态环境主管部门监督/执法监测结果也依托排污许可制度及平台、地方污染源监测信息公开渠道等方式进行公开。社会公众可通过关注各类监测数据对排污单位及管理部门进行监督，督促排污单位和管理部门提高污染监测质量。

1.2　排污单位自行监测的定位

1.2.1　开展自行监测是构建政府、企业、社会共治的环境治理体系的需要

（1）构建现代环境治理体系的重大意义和总体要求

生态环境治理体系和治理能力现代化是生态环境保护工作推进的基础支撑。2018 年 5 月，习近平总书记在全国生态环境保护大会上强调，要加快建立健全以治理体系和治理能力现代化为保障的生态文明制度体系，确保到 2035 年，生态环境质量实现根本好转，美丽中国目标基本实现；到本世纪中叶，生态环境领域国家治理体系和治理能力现代化全面实现，建成美丽中国。

党的十九大报告中提出构建政府为主导、企业为主体、社会组织和公众共同参与的环境治理体系。党的十九届四中全会将生态文明制度体系建设作为坚持和完善中国特色社会主义制度、推进国家治理体系和治理能力现代化的重要组成部分做出安排部署，强调实行最严格的生态环境保护制度，严明生态环境保护责任制度，要求健全源头预防、过程控制、损害赔偿、责任追究的生态环境保护体系，构建以排污许可制为核心的固定污染源监管制度体系，完善污染防治区域联动机制和陆海统筹的生态环境治理体系。2020 年 3 月，中共中央办公厅、国务院办公厅印发了《关于构建现代环境治理体系的指导意见》，提出了健全环境治理领导责任体系、企业责任体系、全民行动体系、监管体系、市场体系、信用体系和政策法规体系的具体要求。党的二十大报告提出深入推进环境污染防治，坚持精准治污、科学治污、依法治污，全面实行排污许可制，健全现代环境治理体系。

构建现代环境治理体系，是深入贯彻习近平生态文明思想和全国生态环境保护大会精神的重要举措，是持续加强生态环境保护、满足人民日益增长的优美生态环境需要、建设美丽中国的内在要求，是完善生态文明制度体系、推动国家治理体系和治理能力现代化的重要内容，还将充分展现生态环境治理的中国智慧、

中国方案和中国贡献，对全球生态环境治理进程产生重要影响。

坚决落实构建现代环境治理体系，要把握构建现代环境治理体系的总体要求。即以习近平新时代中国特色社会主义思想为指导，深入贯彻习近平生态文明思想，坚定不移地贯彻新发展理念，以坚持党的集中统一领导为统领，以强化政府主导作用为关键，以深化企业主体作用为根本，以更好动员社会组织和公众共同参与为支撑，实现政府治理和社会调节、企业自治良性互动，完善体制机制，强化源头治理，形成工作合力。

（2）对排污单位自行监测的要求

污染源监测是污染防治的重要支撑，需要各方共同参与。为适应环境治理体系变革的需要，自行监测应发挥相应的作用，补齐短板，提供便利，为社会共治提供条件。

应改变传统生态环境治理模式中污染治理主体监测缺位现象。长期以来，污染源监测以政府部门监督性监测为主，尤其在"十一五""十二五"总量减排时期，监督性监测得到快速发展，每年对国家重点监控企业按季度开展主要污染物监测，但排污单位在污染源监测中严重缺位。2013年，为了解决单纯依靠环保部门有限的人力和资源难以全面掌握企业污染源状况的问题，环境保护部组织编制了《国家重点监控企业自行监测及信息公开办法（试行）》，大力推进企业开展自行监测。2014年以来，多部生态环境保护相关法律均明确了排污单位自行监测的责任和要求。但是，自行监测数据的法定地位，以及如何在环境管理中应用并没有明确，自行监测数据在环境管理中的应用更是十分不足，没有从根本上解决排污单位在环境治理体系中监测缺位的现象。新的环境治理体系，应改变这一现状，使自行监测数据得到充分应用，才能保持多方参与的生命力和活力。

为公众提供便于获取、易于理解的自行监测信息。公众是社会共治环境治理体系的重要主体，公众参与的基础是及时获取信息，自行监测数据是反映排放状况的重要信息。社会的变革为公众参与提供了外在便利条件。为了强化自行监测在环境治理体系中的作用，就要充分利用当前发达的自媒体、社交媒体等各种先进、便利的条件，为公众提供便于获取、易于理解的自行监测数据和基于数据加工的相关信息，为公众高效参与提供重要依据。2022 年 3 月 5 日，生态环境部办公厅发布了《关于环保设施向公众开放小程序正式上线的通知》（环办便函〔2022〕82 号），向公众公开了"环保设施向公众开放"小程序，提高设施开放单位和公众参与积极性，指导督促设施开放单位及时更新信息，为公众了解企业环保设施情况提供了新途径。

1.2.2　开展自行监测是社会责任和法定义务

企业是最主要的生产者，是社会财富的创造者，企业在追求自身利润的同时，向社会提供了产品，满足了人民的日常所需，推动了社会的进步。在当代社会，企业是普遍存在的社会组织，其数量众多、类型各异、存在范围广，对社会影响最大。在这种情况下，社会的发展不仅要求企业承担生产经营和创造财富的义务，还要求其承担环境保护、社区建设和消费者权益维护等多方面的责任，这也是企业的社会责任。企业社会责任具有道义责任的属性和法律义务的属性。法律作为一种调整人们行为的规则，其调整作用是通过设置权利义务而实现的。因而，法律义务并非一种道义上的宣示，其有具体的、明确的规则指引人的行为。基于此，企业社会责任一旦进入环境法视域，即被分解为具体的法律义务。

企业开展排污状况自行监测是法定的责任和义务。《中华人民共和国环境保护法》第四十二条明确提出，"重点排污单位应当按照国家有关规定和监测规范安装使用监测设备，保证监测设备正常运行，保存原始监测记录"；第五十五条要求，"重点排污单位应当如实向社会公开其主要污染物的名称、排放方式、排放浓度和总量、超标排放情况，以及防治污染设施的建设和运行情况，接受社会监督"。《中华人民共和国大气污染防治法》《中华人民共和国水污染防治法》《中华人民共和国环境保护税法》《中华人民共和国土壤污染防治法》《中华人民共和国固体废物污染环境防治法》等相关法律中也有排污单位自行监测的相关要求。

1.2.3 开展自行监测是自证守法和自我保护的重要手段和途径

排污许可制度作为固定污染源核心管理制度，明确了排污单位自证守法的权利和责任，排污单位可以通过以下途径进行"自证"：一是依法开展自行监测，保证数据合法有效，妥善保存原始记录；二是建立准确完整的环境管理台账，记录能够证明其排污状况的相关信息，形成一整套完整的证据链；三是定期、如实向生态环境主管部门报告排污许可证执行情况。可以看出，自行监测贯穿自证守法的全过程，是自证守法的重要手段和途径。

首先，排污单位被允许在标准限值下排放污染物，排放状况应该透明公开且合规。随着管理模式的改变，管理部门不对企业全面开展监测，仅对企业进行抽查抽测。排污单位需要对自身排放进行说明，这就需要开展自行监测。

其次，一旦出现排污单位对管理部门出具的监测数据或其他证明材料被质疑的情况，或者排污单位对公众举报等相关信息提出异议时，就需要出具自身排污状况的相关材料进行证明，而自行监测数据是非常重要的证明材料。

最后，自行监测可以对自身排污状况定期监控，也可以对周边环境质量影响进行监测，及时掌握实际排污状况和对周边环境质量的影响，了解周边环境质量的变化趋势和承受能力，可以及时识别潜在环境风险，以便提前应对，避免引起更大的、无法挽救的环境事故，或对人民群众、生态环境和排污单位自身造成巨大的损害和损失。

1.2.4 开展自行监测是排污许可制度的重要组成部分

《控制污染物排放许可制实施方案》（国办发〔2016〕81号）明确了排污单位应实行自行监测和定期报告。《排污许可管理条例》第十九条规定："排污单位应当按照排污许可证规定和有关标准规范，依法开展自行监测，并保存原始监测记录。原始监测记录保存期限不得少于5年。排污单位应当对自行监测数据的真实性、准确性负责，不得篡改、伪造。"

因此，自行监测既是有明确法律法规要求的一项管理制度，也是固定污染源基础与核心管理制度——排污许可制度的重要组成部分。

1.2.5　开展自行监测是精细化管理与大数据时代信息输入与信息产品输出的需要

随着环境管理向精细化发展，强化数据应用、根据数据分析识别潜在的环境问题，做出更加科学精准的环境管理决策是环境管理面临的重大命题。大数据时代信息化水平的提升，为监测数据的加工分析提供了条件，也对数据输入提出了更高的需求。

自行监测数据承载了大量污染排放和治理信息，然而这些信息长期以来并未得到充分的收集和利用，这是生态环境大数据中缺失的一项重要信息源。通过收集各类污染源长时间的监测数据，对同类污染源监测数据进行统计分析，可以更全面地判定污染源的实际排放水平，从而为制定排放标准、产排污系数提供科学依据。另外，通过监测数据与其他数据的关联分析，还能获得更多、更有价值的信息，为环境管理提供更有力的支撑。

1.3　排污单位自行监测的管理规定

我国现行法律法规、管理办法中有很多涉及排污单位自行监测的管理规定，具体见表 1-1。

表 1-1　我国现行与排污单位自行监测相关的法律法规和管理规定

名称	颁布机关	实施时间	主要相关内容
《中华人民共和国海洋环境保护法》	全国人民代表大会常务委员会	2000 年 4 月 1 日（2017 年 11 月 4 日修正）	规定了排污单位应当依法公开排污信息
《中华人民共和国水污染防治法》	全国人民代表大会常务委员会	2008 年 6 月 1 日（2017 年 6 月 27 日修正）	规定了实行排污许可管理的企事业单位和其他生产经营者应当对所排放的水污染物自行监测，并保存原始监测记录，排放有毒有害水污染物的还应开展周边环境监测，上述条款均设有对应罚则

名称	颁布机关	实施时间	主要相关内容
《中华人民共和国环境保护法》	全国人民代表大会常务委员会	2015年1月1日	规定了重点排污单位应当安装使用监测设备，保证监测设备正常运行，保存原始监测记录，并进行信息公开
《中华人民共和国大气污染防治法》	全国人民代表大会常务委员会	2016年1月1日（2018年10月26日修正）	规定了企事业单位和其他生产经营者应当对大气污染物进行监测，并保存原始监测记录
《中华人民共和国环境保护税法》	全国人民代表大会常务委员会	2018年1月1日（2018年10月26日修正）	规定了纳税人按季申报缴纳时，向税务机关报送所排放应税污染物浓度值
《中华人民共和国土壤污染防治法》	全国人民代表大会常务委员会	2019年1月1日	规定了土壤污染重点监管单位应制定、实施自行监测方案，并将监测数据报生态环境主管部门
《中华人民共和国固体废物污染环境防治法》	全国人民代表大会常务委员会	2020年9月1日	规定了产生、收集、贮存、运输、利用、处置固体废物的单位，应当依法及时公开固体废物污染环境防治信息，主动接受社会监督。 生活垃圾处理单位应当按照国家有关规定，安装使用监测设备，实时监测污染物的排放情况，将污染排放数据实时公开。监测设备应当与所在地生态环境主管部门的监控设备联网
《中华人民共和国刑法修正案（十一）》	全国人民代表大会常务委员会	2021年3月1日	规定了环境监测造假的法律责任
《中华人民共和国噪声污染防治法》	全国人民代表大会常务委员会	2022年6月5日	规定了实行排污许可管理的单位应当按照规定，对工业噪声开展自行监测，保存原始监测记录，向社会公开监测结果，对监测数据的真实性和准确性负责。噪声重点排污单位应当按照国家规定，安装、使用、维护噪声自动监测设备，与生态环境主管部门的监控设备联网
《城镇排水与污水处理条例》	国务院	2014年1月1日	规定了排水户应按照国家有关规定建设水质、水量检测设施
《畜禽规模养殖污染防治条例》	国务院	2014年1月1日	规定了畜禽养殖场、养殖小区应当定期将畜禽养殖废弃物排放情况报县级人民政府环境保护主管部门备案
《中华人民共和国环境保护税法实施条例》	国务院	2018年1月1日	规定了未安装自动监测设备的纳税人，自行对污染物进行监测且所获取的监测数据符合国家有关规定和监测规范的，视同监测机构出具的监测数据，可作为计税依据
《排污许可管理条例》	国务院	2021年3月1日	规定了持证单位自行监测责任，管理部门依证监管责任

名称	颁布机关	实施时间	主要相关内容
《最高人民法院、最高人民检察院关于办理环境污染刑事案件适用法律若干问题的解释》	最高人民法院、最高人民检察院	2017 年 1 月 1 日	规定了重点排污单位篡改、伪造自动监测数据或者干扰自动监测设施的视为严重污染环境，并依据《刑法》有关规定予以处罚
《环境监测管理办法》	国家环境保护总局	2007 年 9 月 1 日	规定了排污者必须按照国家及技术规范的要求，开展排污状况自我监测；不具备环境监测能力的排污者，应当委托环境保护部门所属环境监测机构或者经省级环境保护部门认定的环境监测机构进行监测
《污染源自动监控设施现场监督检查办法》	环境保护部	2012 年 4 月 1 日	规定了：①排污单位或运营单位应当保证自动监测设备正常运行；②污染源自动监控设施发生故障停运期间，排污单位或者运营单位应当采用手工监测等方式，对污染物排放状况进行监测，并报送监测数据
《关于加强污染源环境监管信息公开工作的通知》	环境保护部	2013 年 7 月 12 日	规定了各级环保部门应积极鼓励引导企业进一步增强社会责任感，主动自愿公开环境信息。同时严格督促超标或者超总量的污染严重企业，以及排放有毒有害物质的企业主动公开相关信息，对不依法主动公布或不按规定公布的要依法严肃查处
《关于印发〈国家重点监控企业自行监测及信息公开办法（试行）〉和〈国家重点监控企业污染源监督性监测及信息公开办法（试行）〉的通知》	环境保护部	2014 年 1 月 1 日	规定了企业开展自行监测及信息公开的各项要求，包括自行监测内容、自行监测方案，对通过手工监测和自动监测两种方式开展的自行监测分别提出了监测频次要求，自行监测记录内容，自行监测年度报告内容，自行监测信息公开的途径、内容及时间要求等
《环境保护主管部门实施限制生产、停产整治办法》	环境保护部	2015 年 1 月 1 日	规定了被限制生产的排污者在整改期间按照环境监测技术规范进行监测或者委托有条件的环境监测机构开展监测，保存监测记录，并上报监测报告
《生态环境监测网络建设方案》	国务院办公厅	2015 年 7 月 26 日	规定了重点排污单位必须落实污染物排放自行监测及信息公开的法定责任，严格执行排放标准和相关法律法规的监测要求
《关于支持环境监测体制改革的实施意见》	财政部、环境保护部	2015 年 11 月 2 日	规定了落实企业主体责任，企业应依法自行监测或委托社会化检测机构开展监测，及时向环保部门报告排污数据，重点企业还应定期向社会公开监测信息

名称	颁布机关	实施时间	主要相关内容
《关于加强化工企业等重点排污单位特征污染物监测工作的通知》	环境保护部	2016年9月20日	规定了：①化工企业等排污单位应制定自行监测方案，对污染物排放及周边环境开展自行监测，并公开监测信息；②监测内容应包含排放标准的规定项目和涉及的列入污染物名录库的全部项目；③监测频次，自动监测的应全天连续监测，手工监测的，废水特征污染物监测每月开展一次，废气特征污染物监测每季度开展一次，周边环境监测按照环评及其批复执行，可根据实际情况适当增加监测频次
《控制污染物排放许可制实施方案》	国务院办公厅	2016年11月10日	规定了企事业单位应依法开展自行监测，安装或使用的监测设备应符合国家有关环境监测、计量认证规定和技术规范，建立准确完整的环境管理台账，安装在线监测设备的应与环境保护部门联网
《关于实施工业污染源全面达标排放计划的通知》	环境保护部	2016年11月29日	规定了：①各级环保部门应督促、指导企业开展自行监测，并向社会公开排放信息；②对超标排放的企业要督促其开展自行监测，加大对超标因子的监测频次，并及时向环保部门报告；③企业应安装和运行污染源在线监控设备，并与环保部门联网
《关于深化环境监测改革 提高环境监测数据质量的意见》	中共中央办公厅、国务院办公厅	2017年9月21日	规定了环境保护部要加快完善排污单位自行监测标准规范；排污单位要开展自行监测，并按规定公开相关监测信息，对弄虚作假行为要依法处罚；重点排污单位应当建设污染源自动监测设备，并公开自动监测结果
《企业环境信息依法披露管理办法》	生态环境部	2022年2月8日	规定了企业（包括重点排污单位）应当依法披露环境信息，包括企业自行监测信息等
《关于加强排污许可执法监管的指导意见》	生态环境部	2022年3月28日	规定了排污单位应当提高自行监测质量。确保申报材料、环境管理台账记录、排污许可证执行报告、自行监测数据的真实、准确和完整，依法如实在全国排污许可证管理信息平台上公开信息，不得弄虚作假，自觉接受监督

注：截至2022年6月5日。

1.4　《排污单位自行监测技术指南》的定位

1.4.1　排污许可制度配套的技术支撑文件

排污许可制度是国外普遍采用的控制污染的法律制度。从美国等发达国家实施排污许可制度的经验来看，监督检查是排污许可制度实施效果的重要保障；污染源监测是监督检查的重要组成部分和基础；自行监测是污染源监测的主体形式，作为重要的内容在排污许可证中进行载明。

我国当前推行的排污许可制度中，明确了企业"自证守法"，其中自行监测是排污单位自证守法的重要手段和方法。只有在特定监测方案和要求下的监测数据才能够支撑排污许可"自证"的要求。因此，在排污许可制度中，自行监测要求是必不可少的一部分。

重点排污单位自行监测法律地位得到明确，自行监测制度初步建立，而自行监测的有效实施还需要有配套的技术文件作为支撑，《排污单位自行监测技术指南》是基础而重要的技术指导性文件。因此，制定《排污单位自行监测技术指南》是落实相关法律法规的需要。

1.4.2　对现有标准和管理文件中关于排污单位自行监测规定的补充

对每个排污单位来说，生产工艺产生的污染物、不同监测点位执行的排放标准和控制指标、环评报告要求的内容都有不同情况及独特内容。虽然各种监测技术标准与规范已从不同角度对排污单位的监测内容做出了规定，但不够全面。

为提高监测效率，应针对不同排放源污染物排放特性确定不同的监测要求。监测是污染排放监管必不可少的技术支撑，具有重要的意义，然而监测是需要成本的，应在监测效果和成本间寻找合理的平衡点。"一刀切"的监测要求必然会造成部分排放源监测要求过高，从而引起浪费；或者对部分排放源要求过低，从而达不到监管需求。因此，需要专门的技术文件，对排污单位监测要求进行系统分析和设计，使监测更精细化，从而提高监测效率。

1.4.3　对排污单位自行监测行为指导和规范的技术要求

我国自 2014 年以来开始推行国家重点监控企业自行监测及信息公开，从实施情况来看存在诸多问题，需要加强对排污单位自行监测行为的指导和规范。

污染源监测与环境质量监测相比，涉及的行业较多，监测内容更复杂。我国目前仅国家污染物排放标准就有近 200 项，且数量还在持续增加；省级人民政府依法制定并报生态环境部备案的地方污染物排放标准总数也有 100 多项，数量也同样不断增加。排放标准中的控制项目种类繁杂，水、气污染物均在 100 项以上。

由于国家发布的有关规定必须有普适性、原则性的特点，因此排污单位在开展自行监测过程中如何结合企业具体情况，合理确定监测点位、监测项目和监测频次等实际问题上面临诸多疑问。

生态环境部在对全国各地区自行监测及信息公开平台的日常监督检查及现场检查等工作中发现，部分排污单位自行监测方案的内容、监测数据结果的质量稍差，存在排污单位未包括全部排放口、监测点位设置不合理、监测项目仅涉及主要污染物、随意设置排放标准限值、自行监测数据弄虚作假等问题。为解决排污单位在自行监测过程中遇到的问题，需要进一步加强对排污单位自行监测的工作指导和行为规范，建立和完善排污单位自行监测相关规范内容，因此有必要制定自行监测技术指南，将自行监测要求进一步明确和细化。

1.5　行业技术指南在自行监测技术指南体系中的定位和制定思路

1.5.1　自行监测技术指南体系

排污单位自行监测指南体系以《总则》为统领，包括一系列重点行业排污单位自行监测技术指南、若干通用工序自行监测技术指南及 1 个环境要素自行监测技术指南，共同组成排污单位自行监测技术体系，具体如图1-2所示。

图 1-2　排污单位自行监测技术指南体系

《总则》在排污单位自行监测指南体系中属于纲领性文件，起到统一思路和要求的作用：第一，对行业技术指南总体性原则进行规定，是行业技术指南的参考性文件；第二，对于行业技术指南中必不可少，但要求比较一致的内容，可以在《总则》中体现，在行业技术指南中加以引用，既保证一致性，也减少重复；第三，对于部分污染差异大、企业数量少的行业，单独制定行业技术指南意义不大，这类行业排污单位可以参照《总则》开展自行监测。行业技术指南未发布的，也应参照《总则》开展自行监测。

1.5.2　行业排污单位自行监测技术指南是对《总则》的细化

行业技术指南是在《总则》的统一原则要求下，考虑该行业企业所有废水、废气、噪声污染源的监测活动，在指南中进行统一规定。行业排污单位自行监测技术指南的核心内容主要包括以下两个方面：

（1）明确行业的监测方案。首先明确行业的主要污染源、各污染源的主要污染因子。针对各污染源的各污染因子提出监测方案设置的基本要求，包括监测点位、监测指标、监测频次、监测技术等。

（2）明确数据记录、报告和公开要求。根据行业特点，参照各参数或指标与校核污染物排放的相关性，提出监测相关数据记录要求。

除行业技术指南中规定的内容外，还应执行《总则》的要求。

1.5.3 固体废物焚烧行业自行监测技术指南制定原则与思路

1.5.3.1 以《总则》为指导，根据行业特点进行细化

固体废物焚烧行业自行监测技术指南中的主体内容是以《总则》为指导的，根据《总则》中确定的基本原则和方法，在对固体废物焚烧行业产排污环节进行分析的基础上，结合固体废物焚烧企业的排污特点，对固体废物焚烧行业监测方案、信息记录的内容具体化和明确化。

1.5.3.2 以污染物排放标准为基础，全指标覆盖

污染物排放标准规定的内容是行业自行监测技术指南制定过程中的重要基础。在污染物指标确定时，行业技术指南主要以当前实施的、适用于固体废物焚烧行业的污染物排放标准为依据。同时，根据实地调研以及相关数据分析结果，对实际排放的或地方实际监管的污染物指标进行适当的考虑，在标准中列明，但标明为选测，或由排污单位根据实际监测结果判定是否排放，若实际生产中排放，则应进行监测。

1.5.3.3 以满足排污许可制度实施为主要目标

固体废物焚烧行业自行监测技术指南的制定以能够满足固体废物焚烧行业排

污许可制度实施为主要目标。

　　由于固体废物焚烧行业不同企业实际存在的废气排放源差异较大，固体废物焚烧行业排污许可证申请与核发技术规范中将常见的废气排放源纳入管控。固体废物焚烧行业自行监测技术指南中对常见废气排放源监测点位、指标、频次进行了规定。

　　排污许可制度对主要污染物提出排放量许可限值，其他污染物仅有浓度限值要求。为了支撑排污许可制度实施对排放量核算的需求，有排放量许可限值的污染物，监测频次一般高于其他污染物。

第 2 章　自行监测的一般要求

按照开展自行监测活动的一般流程，排污单位应查清本单位的污染源、污染物指标及潜在的环境影响，制定监测方案，设置和维护监测设施，按照监测方案开展自行监测，做好质量保证和质量控制，记录和保存监测数据，依法向社会公开监测结果。

本章围绕排污单位自行监测流程中的关键节点，对其中的关键问题进行介绍。制定监测方案时，应重点保证监测内容、监测指标、监测频次的全面性、科学性，确保监测数据的代表性，这样才能全面反映排污单位的实际排放状况；设置和维护监测设施时，应能够满足监测要求，同时为监测的开展提供便利条件；自行监测开展过程中，应根据本单位实际情况自行监测或者委托有资质的单位开展监测，所有监测活动要严格按照监测技术规范执行；开展监测的过程中，还应做好质量保证和质量控制，确保监测数据质量；监测信息记录与公开时，应保证监测过程可溯，同时按要求报送和公开监测结果，接受管理部门和公众的监督。

2.1　制定监测方案

2.1.1　自行监测内容

排污单位自行监测不仅限于污染物排放监测，还应围绕能够说清楚本单位污染物排放状况、污染治理情况、对周边环境质量影响监测状况来确定监测内容。但考虑到排污单位自行监测的实际情况，排污单位可根据管理要求，逐步开展自行监测。

2.1.1.1　污染物排放监测

污染物排放监测是排污单位自行监测的基本要求，包括废气污染物、废水污染物和噪声污染监测。废气污染物监测，包括对有组织排放废气污染物和无组织排放废气污染物的监测。废水污染物监测可按废水对水环境的影响程度来确定，而废水对水环境的影响程度主要取决于排放去向，即直接排入环境（直接排放）和排入公共污水处理系统（间接排放）两种方式。噪声污染监测一般指厂界环境噪声监测。

2.1.1.2　周边环境质量影响监测

排污单位应根据自身排放对周边环境质量的影响，开展周边环境质量影响状况监测，从而掌握自身排放状况对周边环境质量影响的实际情况和变化趋势。

《中华人民共和国大气污染防治法》第七十八条规定，"排放前款名录中所列有毒有害大气污染物的企业事业单位，应当按照国家有关规定建设环境风险预警体系，对排放口和周边环境定期进行监测，评估环境风险，排查环境安全隐患，并采取有效措施防范环境风险"。《中华人民共和国水污染防治法》第三十二条规定，"排放前款名录中所列有毒有害水污染物的企业事业单位和其他生产经营者，应当对排污口和周边环境进行监测，评估环境风险，排查环境安全隐患，并公开有毒有害水污染物信息，采取有效措施防范环境风险"。

目前我国已发布第一批有毒有害大气污染物名录和有毒有害水污染物名录。第一批有毒有害大气污染物包括二氯甲烷、甲醛、三氯甲烷、三氯乙烯、四氯乙烯、乙醛、镉及其化合物、铬及其化合物、汞及其化合物、铅及其化合物、砷及其化合物。第一批有毒有害水污染物包括二氯甲烷、三氯甲烷、三氯乙烯、四氯乙烯、甲醛、镉及镉化合物、汞及汞化合物、六价铬化合物、铅及铅化合物、砷及砷化合物。因此，排污单位可根据本单位实际情况，自行确定监测指标和内容。

对于污染物排放标准、环境影响评价文件及其批复或其他环境管理制度有明确要求的，排污单位应按照要求对其周边相应的空气、地表水、地下水、土壤等环境质量开展监测。对于相关管理制度没有明确要求的，排污单位应依据《中华人民共和国大气污染防治法》《中华人民共和国水污染防治法》的要求，根据实际情况确定是否开展周边环境质量影响监测。

2.1.1.3　关键工艺参数监测

污染物排放监测需要专门的仪器设备、人力及物力，具有较高的经济成本。污染物排放状况与生产工艺、设备参数等相关指标有一定的关联性，而对这些工艺或设备相关参数的监测，有些是生产过程中必须监测的，有些虽然不是生产过程中必须监测的指标，但开展监测相对容易，成本较低。因此，在部分排放源或污染物指标监测成本相对较高、难以实现高频次监测的情况下，可以通过对与污染物产生和排放密切相关的关键工艺参数进行测试以补充污染物排放监测数据。

2.1.1.4　污染治理设施处理效果监测

有些排放标准对污染治理设施处理效果有限值要求，这就需要通过监测结果进行处理效果的评价。另外，有些情况下，排污单位需要掌握污染处理设施的处理效果，从而可以更好地调试生产和污染治理设施。因此，若污染物排放标准等环境管理文件对污染治理设施有特别要求的，或排污单位认为有必要的，应对污染治理设施处理效果进行监测。

2.1.2　自行监测方案内容

排污单位应当对本单位污染源排放状况进行全面梳理，分析潜在的环境风险，根据自行监测方案制定能够反映本单位实际排放状况的监测方案，以此作为开展自行监测的依据。

监测方案内容包括单位基本情况、监测点位及示意图、监测指标、执行标准及其限值、监测频次、采样和样品保存方法、监测分析方法和仪器、质量保证与质量控制等。

所有按照规定开展自行监测的排污单位，在投入生产或使用并产生实际排污行为之前，应完成自行监测方案的编制及相关准备工作。一旦发生排污行为，就应按照监测方案开展监测活动。

当有以下情况发生时，应变更监测方案：执行的排放标准发生变化；排放口位置、监测点位、监测指标、监测频次、监测技术中的任意一项内容发生变化；污染源、生产工艺或处理设施发生变化。

2.2　监测设施的设置和维护

开展监测必须有相应的监测设施。为保证监测活动的正常开展，排污单位应按照规定设置满足开展监测所需要的监测设施，并定期对监测设施进行维护，保证监测设施正常运行。

2.2.1　监测设施应符合监测规范要求

开展废水、废气污染物排放监测，应保证现场设施条件符合相关监测方法或技术规范的要求，确保监测数据的代表性。因此，废水排放口、废气监测断面及监测孔的设置都有相应的要求，要保证水流、气流不受干扰且混合均匀，采样点位的监测数据能够反映监测时点污染物排放的实际情况。

我国废水、废气监测相关标准规范中规定了监测设施必须满足的条件，排污单位可根据具体的监测项目，对照监测方法标准和技术规范确定监测设施的具体设置要求。原国家环境保护局发布的《排污口规范化整治技术要求（试行）》（环监〔1996〕470 号）对排污口规范化整治技术提出了总体要求，部分省（市）也对其辖区排污口的规范化管理发布了技术规定、标准，对排污单位监测设施设置要求予以明确。例如北京市出台的《固定污染源监测点位设置技术规范》（DB 11/1195—

2015），山东省出台的《固定污染源废气监测点位设置技术规范》（DB37/T 3535—2019）等。中国环境保护产业协会发布的《固定污染源废气排放口监测点位设置技术规范》（T/CAEPI 46—2022），对固定污染源监测点位监测设施设置规范进行了全面规定，这也可以作为排污单位设置监测设施的重要参考。总体来说，相关标准规范对监测设施的规定还比较零散、不够系统。

2.2.2　监测平台应便于开展监测活动

开展监测活动，需要一定空间，有时还需要使用直流供电的仪器设备，排污单位应设置方便开展监测活动的平台。一是到达监测平台要方便，从而可以随时开展监测活动；二是监测平台空间要足够大，要能够保证各类监测设备摆放和人员活动；三是监测平台要备有需要的电源等辅助设施，从而保证监测活动开展所必需的各类仪器设备、辅助设备正常工作。

2.2.3　监测平台应能保证监测人员的安全

开展监测活动的同时，必须能够保证监测人员的人身安全，因此监测平台要设有必要的防护设施。一是高空监测平台，周边要有足够保障人员安全的围栏，监测平台底部的空隙不应过大；二是监测平台附近有造成人体机械伤害、灼烫、腐蚀、触电等危险源的，应在平台相应位置设置防护装置；三是监测平台上方有坠落物体隐患时，应在监测平台上方设置防护装置；四是排放剧毒、致癌物及对人体有严重危害物质的监测点位应储备相应安全防护装备。所有围栏、底板、防护装置使用的材料结构要求，要符合相关质量要求，要能够承受最大估计的冲击力，从而保障人员的安全。

2.2.4　废水排放量大于 100 t/d 的，应安装自动测流设施并开展流量自动监测

废水流量监测是废水污染物监测的重要内容。从某种程度上说，流量监测比

污染物浓度监测更为重要。废水流量监测的方法有多种，根据废水排放形式，分为明渠流量计和电磁流量计。流量监测易受环境影响，监测结果存在一定的不确定性的问题是国际上普遍的技术问题。但从总体上说，流量监测技术日趋成熟，能够满足各种流量监测需要，且越来越能满足自动测流的需要。电磁流量计适用于管道排放的形式，对于流量范围适用性较广；明渠流量计中，三角堰适用于流量较小的情况，监测范围能够低至 1.08 m^3/h，即能够满足 30 t/d 排放水平企业的需要。根据环境统计数据，全国废水排放量大于 30 t/d 的企业有 7.5 万家，约占企业总数的 80%；废水排放量大于 50 t/d 的企业有 6.7 万家，约占企业总数的 70%；废水排放量大于 100 t/d 的企业有 5.7 万家，约占企业总数的 60%。考虑监测技术稳定性方面和当前的基础，建议废水排放量大于 100 t/d 的企业采取自动测流的方式。

2.3　开展自行监测

2.3.1　自行监测开展方式

在监测的组织方式上，开展监测活动时可以依托自有人员、设备、场地自行开展监测，也可以委托有资质的社会化检测机构开展监测。在监测技术手段上，无论是自行监测还是委托监测，都可以采用手工监测和自动监测的方式。排污单位自行监测活动开展方式选择流程见图 2-1。

排污单位首先根据自行监测方案明确需要开展监测的点位、项目、频次，在此基础上根据不同监测项目的监测要求分析本单位是否具备开展自行监测的条件。具备监测条件的项目，可选择自行监测；不具备监测条件的项目，排污单位可根据自身实际情况，决定是否提升自身监测能力，以满足自行监测的条件。如果通过筹建实验室、购买仪器、聘用人员等方式满足自行开展监测条件，可以选择自行监测。若排污单位委托社会化检测机构开展监测，需要按照不同监测项目检查拟委托的社会化检测机构是否具备承担委托监测任务的条件。若拟委托的社会化检测机构符合条件，则可委托社会化检测机构开展委托监测；若不符合条件，则应更换具备条件的社会化检测机构承担相应的监测任务。由此说来，排污单位自行监测有 3 种方式：全部自行监测、全部委托监测、部分自行监测或部分委托监测。同一排污单位针对不同监测项目，可委托多家社会化检测机构开展监测。

无论是自行开展监测还是委托监测，都应当按照自行监测方案要求，确定各监测点位、监测项目的监测技术手段。对于明确要求开展自动监测的点位及项目，应采用自动监测的方式。其他监测点位和监测项目可根据排污单位实际情况，确定是否采用自动监测的方式。若采用自动监测的方式，应该按照相应技术规范的要求，定期采用手工监测方式进行校验。不采用自动监测的项目，应采用手工监测方式开展监测。

图 2-1 排污单位自行监测活动开展方式选择流程

2.3.2　监测活动开展的一般要求

监测活动开展的技术依据是监测技术规范。除了监测方法中的规定，我国还有一些系统性的监测技术规范对监测全过程或者专门针对监测的某个方面进行了规定。为了保证监测数据准确可靠，能够客观反映实际情况，无论是自行开展监测，还是委托其他社会化检测机构，都应该按照国家发布的环境监测标准、技术规范来开展。

开展监测活动的机构和人员由排污单位根据实际情况决定。排污单位可根据自身条件和能力，利用自有人员、场所和设备自行监测。排污单位自行开展监测时不需要通过国家的实验室资质认定，目前国家层面不要求检测报告必须加盖中国质量认证（CMA）印章。个别或者全部项目不具备自行监测能力时，也可委托其他有资质的社会化检测机构代其开展。

无论是排污单位自行监测，还是委托社会化检测机构开展监测，排污单位都应对自行监测数据的真实性负责。如果社会化检测机构未按照相应环境监测标准、技术规范开展监测，或者存在造假等行为，排污单位可以依据相关法律法规和委托合同条款追究所委托的社会化检测机构的责任。

2.3.3　监测活动开展应具备的条件

2.3.3.1　自行监测应具备的条件

自行开展监测活动的排污单位，应具备开展相应监测项目的能力，主要从以下几个方面考虑。

（1）人员

监测人员是指与生态环境监测工作相关的技术管理人员、质量管理人员、现场测试人员、采样人员、样品管理人员、实验室分析人员（包括样品前处理等辅助岗位人员）、数据处理人员、报告审核人员和授权签字人等各类专业技术人员的总称。

　　排污单位应设置承担环境监测职责的机构，落实环境监测经费，赋予相应的工作定位和职能，配备相应能力水平的生态环境监测技术人员。排污单位中开展自行监测工作人员的数量、专业技术背景、工作经历、监测能力应与所开展的监测活动相匹配。建议中级及以上专业技术职称或同等能力的人员数量不少于总数的15%。

　　排污单位应与其监测人员建立固定的劳动关系，明确岗位职责、任职要求和工作关系，使其满足岗位要求并具有所需的权力和资源，履行建立、实施、保持和持续改进管理体系的职责。

　　排污单位监测机构最高管理者应组织和负责管理体系的建立和有效运行。排污单位应对操作设备、监测、签发监测报告等人员进行能力确认，由熟悉监测目的、程序、方法和结果评价的人员对监测人员进行质量监督。排污单位应制订人员培训计划，明确培训需求和实施人员培训，并评价培训活动的有效性。排污单位应保留技术人员的相关资质、能力确认、授权、教育、培训和监督的记录。

　　开展自行监测的相关人员应结合岗位设定，熟悉和掌握环境保护基础知识、法律法规、相关质量标准和排放标准、监测技术规范及有关化学安全和防护等知识。

　　（2）场所环境

　　排污单位应按照监测标准或技术规范，对现场监测或采样时的环境条件和安全保障条件予以关注，如监测或采样位置、电力供应、安全性等是否能保证监测人员的安全和监测过程的规范性。

　　实验室宜集中布置，做到功能分区明确、布局合理、互不干扰，对于有温湿度控制要求的实验室，建筑设计应采取相应技术措施；实验室应有相应的安全消防保障措施。

　　实验室设计必须执行国家现行有关安全、卫生及环境保护法律法规和规定，对于限制人员进入的实验区域应在其明显区域设置警告装置或标志。

　　凡是含有对人体有害的气体、蒸汽、气味、烟雾、挥发物质的实验室，应设置通风柜，实验室需维持负压，向室外排风时必须经特殊过滤；凡是经常使用强酸、强碱，有化学品烧伤风险的实验室，应在出口就近设置应急喷淋器和应急洗眼器等装置。

实验室用房一般照明的照度均匀，其最低照度与平均照度之比不宜小于0.7。微生物实验室宜设置紫外线灭菌灯，其控制开关应设在门外并与一般照明灯具的控制开关分开安装。

对于影响监测结果的设施和环境条件，应制定相应的标准文件。如果规范、方法和程序有要求，或对结果的质量有影响，实验室应监测、控制和记录环境条件。当环境条件影响监测结果时，应停止监测。应将不相容活动的相邻区域进行有效隔离。对进入和使用影响监测质量的区域，应加以控制。应采取措施确保实验室的良好内务，必要时应制定专门的程序。

（3）设备设施

排污单位配备的设备种类和数量应满足监测标准规范的要求，包括现场监测设备、采样设备、制样设备、样品保存设备、前处理设备、实验室分析设备和其他辅助设备。现场监测设备主要包括便携式现场监测分析仪、气象参数监测设备等；采样设备主要有水质采样器、大气采样器、固定污染源采样器等；样品保存设备主要指样品采集后和运输过程中可供低温、冷冻或避光保存的设备；前处理设备主要指加热、烘干、研磨、消解、蒸馏、振荡、过滤、浸提等所需的设备；实验室分析设备主要有气相色谱仪、液相色谱仪、离子色谱仪、原子吸收光谱仪、原子荧光光谱仪、红外测油仪、分光光度计、万分之一天平等。设备在投入工作前应进行校准或核查，以保证其满足使用要求。

大型仪器设备应配有仪器设备操作规程和仪器设备运行与保养记录；每台仪器设备及其软件应有唯一性标识；应保存对监测具有重要影响的每台仪器设备及软件的相关记录，并存档。

（4）管理体系

排污单位应根据自行监测活动的范围，建立与之相匹配的管理体系。管理体系应覆盖自行监测活动的全部场所。应将点位布设、样品采集、样品管理、现场监测、样品运输和保存、样品制备、实验分析、数据传输和记录、报告编制和档案管理等监测活动纳入管理体系。应编制并执行质量手册、程序文件、作业指导书、质量和技术记录表格等，采取质量保证和质量控制措施，确保自行监测数据可靠。

2.3.3.2　被委托单位应具备的条件

排污单位委托社会化检测机构开展自行监测的，也应对自行监测数据的真实性负责，因此排污单位应重视对被委托单位的监督管理。其中，具备监测资质是被委托单位承接监测活动的前提和基本要求。

接受自行监测任务的单位应具备监测相应项目的资质，即所出具的监测报告必须能够加盖 CMA 印章。排污单位除应对资质进行检查外，还应加强对被委托单位的事前、事中、事后监督管理。

选择拟委托的社会化检测机构前，应对其既往业绩、实验室条件、人员条件等进行检查，重点考虑社会化检测机构是否具备承担委托项目的能力及经验，是否存在弄虚作假行为、不良记录等。

被委托单位开展监测活动过程中，排污单位应定期或不定期抽检被委托单位的监测记录、监测报告和原始记录等，若有存疑的地方，可现场检查。

每年报送全年监测报告前，排污单位应对被委托单位的监测数据进行全面检查，包括监测的全面性、记录的规范性、监测数据的可靠性等，确保被委托单位能够按照要求开展监测。

2.4　监测质量保证与质量控制

无论是自行开展监测还是委托社会化检测机构开展监测，都应根据相关监测技术规范、监测方法标准等要求做好质量保证与质量控制。

　　自行开展监测的排污单位应根据本单位自行监测的工作需求,设置监测机构、梳理监测方案、样品采集、样品分析、出具监测结果、样品留存、相关记录的保存等环节,制定工作流程、管理措施与监督措施,建立自行监测质量体系,确保监测工作质量。质量体系应包括对以下内容的具体描述:监测机构、人员、出具监测数据所需仪器设备、监测辅助设施和实验室环境、监测方法技术能力验证、监测活动质量控制与质量保证等。

　　委托其他有资质的社会化检测机构代其开展自行监测的,排污单位不用建立监测质量体系,但应对社会化检测机构的资质进行确认。

2.5　记录和保存监测数据

　　记录监测数据与监测期间的工况信息,应整理成台账资料,以备管理部门检查。手工监测时应保留全部原始记录信息,全过程留痕。自动监测时除通过仪器全面记录监测数据外,还应有运行维护记录。另外,为了更好地梳理污染物排放状况、了解监测数据的代表性、对监测数据进行交叉印证、形成完整的证据链,还应详细记录监测期间的生产和污染治理状况。

　　排污单位应将自行监测数据接入全国污染源监测信息管理与共享平台,公开监测信息。此外,可以采取以下一种或者几种方式让公众更便捷地获取监测信息:公告或者公开发行的信息专刊,广播、电视等新闻媒体,信息公开服务、监督热线电话,本单位的资料索取点、信息公开栏、信息亭、电子屏幕、电子触摸屏等场所或者设施,其他便于公众及时、准确获得信息的方式。

第 3 章　固体废物焚烧行业污染排放状况

随着我国固体废物处理行业的高速发展，焚烧处理在固体废物处理中所占比重持续增长。同时，固体废物焚烧也成为环境管理重点关注的行业之一。固体废物焚烧的行业发展状况和污染排放特征，是固体废物焚烧工业环境管理与自行监测要求的重要依据，更是固体废物焚烧排污单位自行监测技术指南的重要依据。本章主要针对生活垃圾焚烧和危险废物焚烧两个固体废物焚烧典型行业的发展概况、工艺生产过程及其产排污情况进行分析，为排污单位自行监测方案的制定提供基础依据。

3.1　定义与分类

固体废物是指在生产建设、日常生活和其他活动中产生的污染环境的固态、半固态废弃物质。2020 年新修订的《中华人民共和国固体废物污染环境防治法》把固体废物分为四大类：工业固体废物、生活垃圾、建筑垃圾/农业固体废物和危险废物。目前已正式发布的固体废物焚烧污染控制标准有《生活垃圾焚烧污染控制标准》（GB 18485—2014）及其修改单、《危险废物焚烧污染控制标准》（GB 18484—2020）和《医疗废物处理处置污染控制标准》（GB 39707—2020）。

工业固体废物、建筑垃圾/农业固体废物是指在工业或农业生产生活中产生的一些无毒无害的一般固体废物；生活垃圾是指人们在日常生活中或者为日常生活提供服务的活动中产生的固体废物，以及法律、行政法规规定视为生活垃圾的固体废物。生活垃圾和一般固体废物焚烧炉的污染控制按照《生活垃圾焚烧污染控制标准》（GB 18485—2014）及其修改单执行。危险废物是指列入国家危险废物名录或者根据国家规定的危险废物鉴别标准和鉴别方法判定的具有危险特性的废物，有专用的焚烧炉，污染控制按照《危险废物焚烧污染控制标准》（GB 18484—2020）执行。医疗废物属于危险废物，但由于医疗废物中存在病原微生物，需要消毒处理，2020 年，生态环境部发布《医疗废物处理处置污染控制标准》（GB 39707—2020），单独处置医疗废物的排污单位按此污染控制标准执行。

3.2　典型行业发展概况

3.2.1　生活垃圾焚烧

垃圾焚烧技术距今已有 100 多年的历史，直至 20 世纪 70 年代左右，各国不断引用，焚烧技术才逐渐发展起来。我国垃圾焚烧技术的研发起步较晚，20 世纪 80 年代，作为改革开放先行地的广东省开始探索生活垃圾焚烧处理技术的应用。深圳市于 1988 年建成运营我国第一座现代化生活垃圾焚烧厂，标志着我国现代化大规模城市生活垃圾焚烧处理的开始。

3.2.1.1　发展概况

国家统计局统计数据（https://data.stats.gov.cn）显示，2010—2019 年，生活垃圾焚烧处理企业数量、处理能力和实际处理量均实现快速增长。生活垃圾焚烧处理企业由 104 家增长至 389 家，10 年增长 3.74 倍，年均增长 28.5 家（图 3-1）；焚烧处理能力由 8.49 万 t/d 增长至 45.65 万 t/d，增长 5.38 倍，年均增长率为 43.77%（图 3-2）；年焚烧处理量由 0.23 亿 t 增长至 1.22 亿 t，增长 5.30 倍（图 3-3）。

图 3-1　2010—2019 年生活垃圾焚烧处理企业数量

图 3-2　2010—2019 年生活垃圾焚烧处理企业处理能力

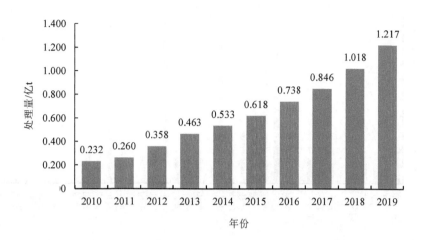

图 3-3　2010—2019 年生活垃圾焚烧处理企业处理量

3.2.1.2　行业分布

根据《中国城乡建设统计年鉴》，2019 年全国 390 家生活垃圾焚烧企业分布于 29 个省级行政单位，主要集中在东部地区。企业数量前 5 名省份分别为广东（48 家）、山东（46 家）、浙江（39 家）、江苏（35 家）、四川（24 家）（图 3-4）。年垃圾处理量前 5 名省份位于东部沿海，分别为广东（1 736.3 万 t）、江苏（1 395.2 万 t）、山东（1 295.0 万 t）、浙江（1 117.9 万 t）和四川（706.6 万 t）（图 3-5）。

3.2.2　危险废物处置

2016 年，环境保护部联合国家发展和改革委员会、公安部发布了修订后的《国家危险废物名录》（2016 版）。本次修订将危险废物由原 49 大类 400 种调整为 46 大类 479 种，其中 362 种来自原名录（2008 版），新增 117 种。《国家危险废物名录》（2016 版）的发布实施，推动了危险废物科学化和精细化管理，对防范危险废物环境风险，改善生态环境质量起到重要作用。

图 3-4   2019 年各省级行政单位生活垃圾焚烧处理企业数量

图 3-5   2019 年各省级行政单位生活垃圾焚烧处理能力及焚烧处理量占比情况

2020 年，生态环境部联合国家发展和改革委员会、公安部、交通运输部和国家卫生健康委员会发布了修订后的《国家危险废物名录》（2021 版）。本次修订坚持问题导向、精准治污、风险管控 3 个主要原则，对正文、附表和附录三部分均进行修改和完善。完善后，《国家危险废物名录》共计列入 467 种危险废物，较 2016 年版减少了 12 种；新增豁免 16 个种类危险废物，豁免的危险废物共计达到

32 个种类。本次修订在促进危险废物利用、降低企业危险废物管理和处置成本等方面进一步发力,进一步落实了"放管服"改革要求,进一步降低企业危险废物管理和处置成本,提高了我国危险废物精细化环境管理水平和环境风险防范能力。

3.2.2.1　发展概况

根据生态环境部《2020 年全国大、中城市固体废物污染环境防治年报》,截至 2019 年年底,全国颁发的危险废物(含医疗废物)经营许可证共 4 195 份,其中江苏省颁发许可证数量最多,共 549 份。医疗废物属于危险废物,处置医疗废物需要申请领取危险废物经营许可证,全国拥有危险废物经营许可证的医疗废物处置设施分为两大类,即单独处置医疗废物设施和同时利用处置工业危险废物和医疗废物设施。截至 2019 年,全国共颁发 442 份危险废物经营许可证用于处置医疗废物(415 份为单独处置医疗废物设施,27 份为同时利用处置工业危险废物和医疗废物设施)。相较 2006 年,2019 年全国危险废物经营许可证数量增长 376%。2006—2019 年全国危险废物经营许可证数量情况见图 3-6。

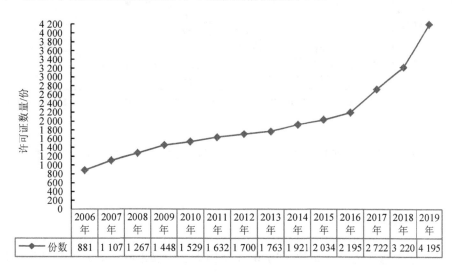

图 3-6　2006—2019 年全国危险废物经营许可证数量情况

截至 2019 年年底，全国危险废物（含医疗废物）许可证持证单位核准收集和利用处置能力达到 12 896 万 t/a（含单独收集能力 1 826 万 t/a）；2019 年度实际收集和利用处置量为 3 558 万 t（含单独收集 81 万 t），其中，利用危险废物 2 468 万 t；采用填埋方式处置危险废物 213 万 t，采用焚烧方式处置危险废物 247 万 t，采用水泥窑协同方式处置危险废物 179 万 t，采用其他方式处置危险废物 252 万 t；处置医疗废物 118 万 t。相较 2006 年，2019 年危险废物持证单位核准收集和利用处置能力、危险废物实际收集和利用处置量分别增长 1 709% 和 1 098%。2006—2019 年危险废物持证单位核准能力及实际收集、利用处置情况见图 3-7。

图 3-7　2006—2019 年危险废物持证单位核准能力及实际收集、利用处置情况

3.2.2.2　行业分布

根据生态环境部发布的《2020 年全国大、中城市固体废物污染环境防治年报》，2019 年，196 个大、中城市工业危险废物产生量达 4 498.9 万 t，综合利用量 2 491.8 万 t，占利用处置贮存总量的 47.2%；处置量 2 027.8 万 t，占利用处置贮

存总量的 38.5%；贮存量 756.1 万 t，占利用处置贮存总量的 14.3%。有效利用和处置是处理工业危险废物的主要途径，部分城市对危险废物的有效利用和处置量包含了历史堆存的危险废物。工业危险废物综合利用、处置、贮存情况见图 3-8。

图 3-8　2019 年工业危险废物综合利用、处置、贮存情况

2019 年全国大、中城市发布的工业危险废物产生情况见图 3-9，工业危险废物产生量排在前 3 位的省份分别是山东、江苏、浙江。

图 3-9　2019 年全国工业危险废物产生情况

2019 年，196 个大、中城市医疗废物产生量为 84.3 万 t，产生的医疗废物均得到了及时妥善处置。全国发布的大、中城市医疗废物产生情况见图 3-10。医疗

废物产生量排在前 3 位的省份分别是广东、四川、浙江。

图 3-10   2019 年全国医疗废物产生情况

　　2019 年，全国危险废物经营单位核准经营规模达到 12 896 万 t/a（含单独收集经营规模 1 826 万 t/a）；2019 年度实际收集和利用处置量为 3 558 万 t。2019 年全国危险废物持证单位实际收集和利用处置量见图 3-11。危险废物收集和利用处置量排在前 5 位的省（区）分别是江苏、山东、新疆、浙江、广东。

图 3-11   2019 年全国危险废物持证单位实际收集和利用处置量

2019 年，全国医疗废物经营单位实际处置量为 118 万 t。2019 年全国医疗废物经营单位实际处置量见图 3-12。医疗废物处置量排在前 5 位的省份分别是广东、山东、浙江、江苏和河南。

图 3-12　2019 年全国医疗废物持证单位实际处置量

与生活垃圾焚烧排污单位相比，危险废物焚烧排污单位数量十分有限，根据行业协会不完全统计，截至 2019 年 6 月底，全国持证的危险废物焚烧企业（不含医疗废物焚烧企业）有 138 家，新建拟建的危险废物焚烧企业 48 家，共计 186 家。另外，还有部分产生危险废物的企业自行建设了焚烧设施。

3.3　典型工艺

3.3.1　生活垃圾焚烧

固体废物焚烧工艺主要包括贮存进料系统、垃圾焚烧系统、空气助燃系统、余热利用系统、烟气处理系统、废水处理系统和灰渣处理系统等，产生的主要污染物有废气、废水、噪声和固体废物。生活垃圾焚烧生产工艺流程及废气、废水、噪声、固废的主要产生节点如图 3-13 所示。生活垃圾由专用车辆运至厂区内，经计量后卸至垃圾贮存间，贮存一定时间以降低垃圾含水率后，用专用垃圾抓斗送至垃圾焚烧炉内进行燃烧。垃圾燃烧产生的高温烟气进入余热锅炉，产生的过热蒸气或送至汽轮机发电，或对厂区进行热水供应，烟气经烟气脱酸、吸附净化、布袋除尘器等处理后由烟囱排入大气。

图 3-13　生活垃圾焚烧生产工艺流程及产污节点

焚烧炉内燃烧后产生的高温炉渣进入除渣机冷却，输送至储渣池，再运至厂外综合利用或送填埋区安全处置。产生的飞灰送至有资质的单位安全处置，或经处理满足相关标准后送至生活垃圾填埋场填埋，或利用水泥窑协同处置。典型生活垃圾焚烧企业的工艺流程如图 3-14 所示。

图 3-14　典型生活垃圾焚烧企业的工艺流程

3.3.2　危险废物焚烧

3.3.2.1　危险废物焚烧

　　典型危险废物焚烧系统通常由 4 个基本过程组成：废物预处理、焚烧、热能回收、尾气和废水净化。典型危险废物焚烧处置工艺流程见图 3-15。

　　液体、泥状固体和装在容器中的固体废物，按其产生热值、是否含卤化物、含水量和轻重组分比例等指标进行混合处理，有控制地投入焚烧装置。有害废物被燃烧，最大限度地消除有机化合物和所产生的灰分及气体残余物。一个焚烧装置一般包括两个燃烧室，即气化、分解和燃烧大部分有机物质的初级燃烧室及之后氧化所有有机物质和可燃气体的二级燃烧室。为使可燃物质充分氧化，少部分企业配置了三燃室。燃烧气体通过热交换产生蒸汽和电。燃烧废气经冷却、净化，最终由烟囱排入大气。灰分被收集、冷却，从焚烧系统转移。废水通过厂区废水处理站处理，经分析满足排放标准后，排入下水系统。

图 3-15 典型危险废物焚烧处置工艺流程

3.3.2.2　典型物化处理工艺

含有重金属的生产废水一般采用物化和生化组合处理工艺。含重金属废水经物化系统处理后进入生化系统。为提高设备利用率，同时减小设备体积，工艺设计采用连续工作方式。为解决废水水量、水质波动问题，物化处理设施前端通常设置一个调节池，随后采用调节 pH、还原、中和、混凝、浓缩沉降、过滤等措施对废水进行再处理，其工艺流程见图 3-16。

图 3-16　典型物化处理工艺流程

3.3.2.3　典型固化/稳定化处理工艺

固化/稳定化处理是使危险废物中的所有污染组分呈现化学惰性或被包容起来，减小危险废物的毒性和可迁移性。危险废物固化技术是危险废物进行安全填埋前的一个重要预处理工艺。经过固化处理后，废物颗粒和环境之间建立一道屏障，使得最终产物的渗透性和溶出性较大程度地降低，使其危害性得到除毒、稳定、不可溶或转化成危害性较小的物质，能安全运输，并方便进行最终处置，不会对环境造成影响。

需固化处理的含重金属和残渣类废物运至固化车间，送入配料机的骨料仓，并经过卸料、计量和输送等过程进入混合搅拌机；水泥、药剂等固化剂/稳定剂按照实验所得比例通过各自的输送系统送入搅拌机，连同废物物料在混合搅拌槽内进行搅拌。固化用水、药剂通过泵进入搅拌机料槽。物料混合搅拌均匀后，开闸卸料，通过皮带输送机输送到砌块成型机成型。成型后的砌块通过叉车送入养护厂房进行养护处理。养护凝硬后取样检测，合格品用叉车直接运至安全填埋场填埋，不合格品由养护厂房返回固化车间经破碎后重新处理，如图 3-17 所示。

图 3-17 典型固化/稳定化处理工艺流程

3.4 污染物排放状况

3.4.1 废水污染物排放状况

3.4.1.1 生活垃圾焚烧企业

生活垃圾焚烧企业产生的废水主要为垃圾渗滤液、循环水排水、冲洗水及生活污水。

垃圾渗滤液是垃圾焚烧最主要废水，其主要污染物为五日生化需氧量、化学需氧量、氨氮、悬浮物、总磷、总氮、重金属等。其产生量主要受进厂垃圾的成分、水分含量和贮存天数的影响，此外也与地域、季节等因素相关。循环水排水主要来自冷却水系统。冲洗水主要包括垃圾车、进厂道路、栈桥及垃圾卸车平台的冲洗水。生活污水主要来自厂区职工生活、食堂和办公区。

3.4.1.2 危险废物焚烧企业

危险废物焚烧企业产生的废水主要包括生产废水（主要有湿法脱酸废水、烟气净化碱洗废水、湿法除渣废水、冲洗废水、冷却系统废水、余热锅炉废水、软化水制备废水等）、初期雨水、生活污水等。此外，部分危险废物焚烧厂内还存在其他方式处置危险废物的车间废水，如物化处理车间废水。设有危险废物填埋场的排污单位废水还包括填埋场渗滤液。废水主要污染物包括 pH、悬浮物、化学需氧量、五日生化需氧量、石油类、总磷、总氮、氨氮、磷酸盐、氰化物、硫化物、粪大肠菌群数、氯化物、溶解性总固体（全盐量）、总汞、总镉、总铬、六价铬、总砷、总铅、总镍、总铜、总锰、总银等。

3.4.2 废气污染物排放状况

3.4.2.1 生活垃圾焚烧企业

根据生活垃圾焚烧企业生产工艺流程，结合生产过程中需要使用的辅助设施等，确定行业主要废气排放来源包括焚烧炉、灰库、石灰仓等。其中，焚烧炉烟气以有组织的形式排向外界环境，主要的污染物包括颗粒物、酸性气体、重金属、二噁英类等。灰库、石灰仓及水泥仓尾气经除尘器后以有组织的形式排向环境中。垃圾储运系统产生的恶臭，虽会采取密闭负压并用一次风机抽向焚烧炉，但仍会有恶臭气味以无组织的形式扩散到外环境。各类废气排放源涉及的污染物指标见表 3-1。

表 3-1   生活垃圾焚烧排污单位废气排放源及污染物指标

废气排放源	排放形式	污染物指标
焚烧炉	有组织	颗粒物、二氧化硫、氮氧化物、氯化氢、一氧化碳、重金属类、二噁英类
灰库	有组织/无组织	粉尘
石灰仓	有组织/无组织	粉尘
水泥仓	有组织/无组织	粉尘
污水处理站	有组织	恶臭
卸车大厅垃圾坑	有组织/无组织	恶臭

3.4.2.2   危险废物焚烧企业

根据危险废物焚烧企业生产工艺流程，结合生产过程中需要使用的辅助设施等，确定行业主要废气排放来源包括焚烧炉、危废暂存库、物化车间、固化车间等。其中，焚烧炉烟气以有组织的形式排向外界环境，主要的污染物包括烟尘、二氧化硫、氮氧化物、一氧化碳、氯化氢、氟化氢、重金属、二噁英类等。危废暂存库、物化车间、固化车间废气均以有组织的形式排向外环境。危废暂存库主要污染物有硫化氢、氨、臭气浓度、非甲烷总烃等，根据存贮的危废种类不同可能会产生其他特征污染物。物化车间主要污染物有氯化氢、氟化物，根据处置危废种类的不同还会产生铬酸雾或硫酸雾等。固化车间尾气颗粒物经除尘器后以有组织的形式排向外环境。

3.4.3   噪声来源分析

固体废物焚烧企业噪声来源主要有：

（1）各类生产机械产生的噪声：风机、空压机、锅炉蒸汽排空、发电机组、引风机等机械设备；

（2）污水处理产生的噪声：水泵、生化处理曝气设备、污泥脱水设备等。

3.4.4　固体废物来源分析

固体废物焚烧企业产生的固体废物主要包括焚烧炉渣、飞灰、废活性炭、废水处理污泥、盐泥、废布袋、废离子交换树脂、废催化剂、废药剂、废矿物油等。

3.5　污染治理技术

3.5.1　废水处理技术

固体废物焚烧排污单位根据废水的水质特征和废水的排放去向采用不同的废水治理技术，一般采用两级或三级处理，选择适当的工艺，使其排放的废水达到《生活垃圾填埋场污染物控制标准》（GB 16889—2008）、《危险废物焚烧污染控制标准》（GB 18484—2020）、《污水综合排放标准》（GB 8978—1996）及其他地方排放标准或特殊水质的排放标准要求。

一级处理常用工艺包括过滤、沉淀、混凝沉淀（气浮）等技术，通过一级处理后可以均衡废水的水质及水量，另外对悬浮物等污染物进行有效去除，调节 pH 及温度以满足后续生化处理的要求。

二级处理主要为生化处理过程，常见厌氧工艺包括水解酸化、升流式厌氧污泥床（UASB）、内循环升流式厌氧反应器、厌氧膨胀颗粒污泥床（EGSB）等工艺；好氧工艺主要包括完全混合活性污泥法、氧化沟、序批式活性污泥（SBR）法、厌氧/好氧（A/O）等工艺。通常依据一级处理后的出水情况选择适当的工艺，当废水通过一级处理后化学需氧量浓度大于 1 500 mg/L，宜采用厌氧与好氧相结合的方式，否则可选择好氧的方式进行处理。通过生化工段的处理，可有效降解悬浮和溶解在废水中的有机污染物。

三级处理一般可采用物理、化学或者物理化学相结合的方式，主要工艺技术包括吸附过滤、超滤/纳滤、反渗透、高级氧化（以 Fenton 氧化为主）等，通过三级处理能够使水中的污染物质进一步去除。

3.5.1.1　生活垃圾焚烧

垃圾渗滤液是生活垃圾焚烧排污单位的主要废水，卸料大厅、垃圾运输通道、地磅等的地面冲洗水及初期雨水成分与垃圾渗滤液性质相似，一般与垃圾渗滤液合并处理。垃圾渗滤液一般采用三级处理，典型垃圾渗滤液处理系统主要包括调节池、升流式厌氧污泥床（UASB）系统、管式膜生物反应器（TMBR）-外置式膜生物反应器系统、反渗透系统等。渗滤液由填埋场渗滤液导排系统收集至调节池，调节水量水质。渗滤液从调节池进入 UASB 池，UASB 反应器是利用该池中生长的兼性菌群在缺氧的条件下，将废水中的有机物质（如蛋白质、淀粉、脂肪等高分子物质）分解成氨基酸、单糖和脂肪酸等小分子的有机物，为后续的好氧生物处理创造条件。部分有机物氧化为甲烷气体。典型垃圾渗滤液处理工艺流程见图 3-18。

图 3-18　典型垃圾渗滤液处理工艺流程

3.5.1.2　危险废物焚烧

危险废物处置场废水主要由外来废液、车间地面冲洗水、运输车辆及容器冲洗水、化验室排水、焚烧车间设备冷却水、冲洗场地排水、物化处理车间排水、初期雨水和生活污水等组成。由于危险废物种类复杂多样，废水中的有机污染物种类多、水质成分复杂，采用单一的处理工艺很难使其处理后达标排放，采用物化法-生化法组合的二级处理工艺或者采用物化法-生化法-物化法（深度处理）组合的三级处理工艺才能取得较好的效果。

3.5.2　废气污染治理技术

固体废物焚烧企业的无组织废气尽量采取一些措施使无组织排放变为有组织排放，从而进行有效的集中治理。如车间、厂房利用密闭负压收集无组织气体集中排放；物料采用双管式输送等。固体废物焚烧企业的有组织废气主要有焚烧炉烟气、各类仓储产生的含尘废气及生产车间的有机废气和恶臭气体。集中处理的治理技术有以下几种。

3.5.2.1　焚烧炉烟气治理技术

焚烧炉烟气中污染物包括颗粒物、氮氧化物、酸性气体（SO_2、HCl）、重金属和二噁英类等。

（1）颗粒物脱除技术

颗粒物既包括焚烧过程中产生的烟尘，也包括喷射石灰和活性炭过程中产生的粉尘，对于焚烧烟气中颗粒物的去除通常采用布袋除尘技术，其除尘效率为99.50%～99.99%。国内固体废物焚烧企业采取布袋除尘设备后，烟尘排放浓度完全能够满足《生活垃圾焚烧污染控制标准》（GB 18485—2014）中规定的排放限值要求；如果企业自身对排放标准有更高要求的，可以考虑在布袋除尘的基础上增加湿法洗涤设备，可进一步去除颗粒物，确保稳定达标排放。

（2）氮氧化物脱除技术

焚烧烟气中的氮氧化物脱除技术，一般包括选择性非催化还原技术（SNCR）和选择性催化还原技术（SCR）。脱硝工艺采用的还原剂主要有液氨、尿素和氨水。SCR 工艺脱硝效率高，一般为 80%～90%，但需要消耗催化剂，设备结构复杂，投资和运行费用都比较高；SNCR 工艺是利用还原剂在不需要催化剂的情况下有选择地与烟气中的氮氧化物发生化学反应，配合余热锅炉结构的合理设计，脱硝效率能达到 50%～60%，设备结构简单，投资和运行费用低，非常适合应用于中小型烟气净化系统。为达到更好的氮氧化物去除效果，也可采用 SNCR+SCR 相结合技术。

（3）酸性气体脱除技术

酸性气体脱除工艺可分为干法、半干法和湿法 3 种。脱酸药剂主要有消石灰 [$Ca(OH)_2$]、小苏打（$NaHCO_3$）和烧碱（$NaOH$）。

干法脱酸工艺比较简单，投资低，运行维护方便，在排放要求不高的条件下是理想的选择，但净化效率相对较低。干法脱酸设置在急冷塔出口和除尘器之间，同时配合活性炭喷射，兼具对酸性气体和二噁英、重金属的脱除功能。

半干法脱酸工艺可达到较高的净化效率，投资和运行费用低，流程简单，不产生废水。常用的方法是旋转喷雾半干法和循环悬浮式半干法，这两种技术能够有效满足超低排放的标准，适用于排放标准要求较高的固体废物焚烧企业。

湿法净化工艺的污染物净化效率最高，可满足最严格的排放标准要求，其工艺组合形式也多种多样，但由于其流程复杂，配套设备较多，使用的药剂相对较贵，一次性投资和运行费用较高，而且使用过程中会产生废水，并且对温度的要求较高。

（4）重金属和二噁英类控制措施

烟气中的重金属主要以固态和气态的形式存在，当烟气经过余热锅炉和急冷塔冷却后，气态部分转化为固态颗粒，再利用活性炭将其吸附后通过布袋除尘器收集处置。减少烟气中二噁英类排放的控制措施主要包括：①选择合适的炉膛和炉排结构，使固体废物在焚烧炉内得以充分燃烧；②控制氧气浓度、烟气温度及其在炉膛和二次燃烧室内的停留时间，并合理控制助燃空气的风量、温度和注入位置；③减少烟气在 200～500℃温度区域的停留时间；④采取活性炭吸附措施，并设置高效袋式除尘器。

在布袋除尘器前喷入粉状活性炭，可吸附烟气中的重金属和二噁英类。这样，在袋式除尘器除尘的过程中，附着在粉尘中的重金属和二噁英类及被活性炭吸附的重金属和二噁英类同时被除去，从而降低烟气中重金属和二噁英类的排放。

焚烧炉炉膛内焚烧温度、烟气停留时间、焚烧残渣热灼减率等技术性能指标要符合《生活垃圾焚烧污染控制标准》（GB 18485—2014）及其修改单、《危险废物焚烧污染控制标准》（GB 18484—2020）和《医疗废物处理处置污染控制标准》（GB 39707—2020）要求。

3.5.2.2　有机废气和恶臭气体治理技术

有机废气主要来自危险废物焚烧企业危废贮存库及其他生产车间。恶臭气体主要产生于储存车间和污水处理系统，产生的恶臭气体以硫化氢和氨等为主要成分。有机废气和恶臭气体常见的处理工艺有两类：一类是破坏性方法，如燃烧法、生物法、光催化法、等离子体降解等；另一类是非破坏性方法，如吸收法、吸附法、冷凝法等。

（1）燃烧法是在高温下，把 VOCs 氧化分解为二氧化碳和水。燃烧法适用于高浓度、小气量的可燃性气体的处理，净化 VOCs 效率一般在 90%以上。热回收部分的设计尤为重要，管式热交换器的热回收率约为 60%，蓄热式热交换器的热回收率可达 80%～95%。

（2）生物法处理是利用生物菌或环境微生物在新陈代谢过程中将 VOCs 与异味物质转化为细胞质固相物质或代谢产物，其适用于处理水溶性的、可生物降解的低浓度臭气，同时适用于处理易降解、低浓度的 VOCs，处理效率一般为 60%～85%。运行过程中需严格控制酸碱度、营养物质投放、污染负荷等指标。

（3）光催化法是利用催化剂的光催化氧化性，使 VOCs 及恶臭气体发生氧化还原反应，最终变为 CO_2、H_2O 及无机小分子物质，其反应器分间歇式和流动式两种。光催化法适用于低浓度小气量、不易毒化催化剂的 VOCs 物质，其对恶臭气体去除率达 90%。常见的催化剂有氨、硫化氢、吲哚、三甲胺、甲硫醇、二甲二硫、甲硫醚、乙醛、低级醇、脂肪酸等。

（4）等离子体降解是利用高能电子、自由基等活性粒子和废气中的 VOCs 污染物作用，使污染物分子在极短的时间内发生分解，并发生后续的各种反应以达到降解污染物的目的。等离子体降解有辉光放电、电晕法、流光放电法、沿面放电法等方法。该技术适用于低浓度、小气量废气，不适用于易燃易爆或浓度接近爆炸极限的 VOCs 气体。同时，该技术可促使一些在通常条件下不易进行的化学反应得以进行，去除恶臭效率可达 95%～99%。

（5）吸收法技术成熟，净化效率较高，控制条件苛刻，消耗吸收剂，动力消耗大，投资运行费用高，易产生二次污染，可选择单级或多级串联操作。吸收法适用于治理大气量、高中浓度的 VOCs 及恶臭物质的废气净化，设备应选择气液接触充分、设备阻力小、耐腐蚀、操作容易、净化效率高的塔器设备，该技术净化效率大于 90%。酸碱吸收净化系统应配有自动加碱/酸调节装置。

（6）吸附法分为固定床吸附法、流动床吸附法和转轮浓缩吸附法。该技术对待处理的恶臭气体要求有较低的湿度和含尘量，适用于气量范围广、低浓度的恶臭气体处理。吸附剂与其吸附的 VOCs 可以通过升温或减压的方法进行分离，某些有价值的 VOCs 可以回收，溶剂也可以返回吸收工艺中循环使用。该技术对臭气浓度的平均去除率达 90%。

（7）冷凝法通常选用冷盐水或 CFC 作为冷却剂。该技术适用于高沸点和高浓度有机物的回收，效率可达 95%以上；采用盐水（冷却温度为-34.0～4.4℃）或CFC（冷却温度为-68.0～-34.4℃）作冷却剂较为合适。

3.5.2.3 含尘废气治理技术

固体废物焚烧企业贮存车间，脱酸中和剂、水泥、活性炭等原料储仓车间以及固化稳定车间产生的含尘废气多采用旋风除尘、袋式除尘、湿式除尘等高效除尘捕集技术。旋风除尘处理技术除尘效率为 70%～90%，适用于粒径＞8 μm 的粉尘治理；袋式除尘处理技术除尘效率＞99%，适用于粒径＞1 μm 的粉尘治理；湿法除尘处理技术除尘效率为 70%～90%，适用于粒径＞5 μm 的粉尘治理。

3.5.2.4　酸碱废气治理技术

生活垃圾焚烧企业的酸碱废气是在生产过程中，使用氨水的工序时，有氨的部分挥发产生。危险废物焚烧企业的酸碱废气是在酸碱储存过程中挥发产生或者物化等处理工艺过程中产生。酸碱废气常用的处理技术主要为酸碱吸收法处理技术，处理设备可采用塔式或降膜等。该技术适用范围广，对废气浓度限制较小，但产生的废吸收液可能造成二次污染，需要进一步处理。酸碱废气治理技术适用于较大气量酸碱废气的治理。

3.5.2.5　厌氧沼气

污水厌氧处理过程中产生的沼气，视沼气产生量的多少，可脱硫后通入锅炉作为燃料，用于发电或直接采用火炬燃烧的方式进行处置。

3.5.3　固体废物污染治理技术

3.5.3.1　焚烧飞灰

焚烧飞灰是指生活垃圾焚烧设施的烟气净化系统捕集物和烟道及烟囱底部沉降的底灰。根据《国家危险废物名录》（2021 年版），焚烧飞灰属于 HW18 类危险废物，应按危险废物进行管理。若运输、处置等环节满足相应的豁免条件，可不按危险废物管理。

根据生态环境部 2020 年 8 月发布的《生活垃圾焚烧飞灰污染控制技术规范（试行）》（HJ 1134—2020）中相关规定，生活垃圾焚烧飞灰的处置方式主要分为填埋和资源化两种。在飞灰填埋或资源化利用处置之前，均需要通过适当的预处理对焚烧飞灰中的重金属、二噁英类、氯盐等物质进行一定程度的去除，或者抑制其可浸出性或扩散性，使其满足后续利用处置的要求。焚烧飞灰预处理工艺主要包括水洗、固化/稳定化、高温烧结、高温熔融、低温热分解等。

目前国内焚烧飞灰处置技术方法主要有：

（1）固化/稳定化—填埋技术。固化/稳定化—填埋是指利用固化/稳定化预处理技术将飞灰中有毒有害组分包容覆盖起来，或者使其呈现化学惰性，然后进入填埋场进行填埋。固化/稳定化主要作用是控制和降低飞灰中的重金属溶出。固化/稳定化的预处理飞灰如满足《危险废物填埋污染控制标准》（GB 18598—2019）的要求，可进入危险废物填埋场处置；如满足《生活垃圾填埋场污染控制标准》（GB 16889—2008）的要求，可进入生活垃圾填埋场处置。固化/稳定化—填埋处理技术是目前我国飞灰最主要的处置方式，但是该技术占用大量土地资源，二噁英类和重金属仍然存在，存在潜在环境风险。

（2）水泥窑协同处置技术。水泥窑协同处置技术是将焚烧飞灰通过水洗处理去除氯盐后作为水泥原料，通过水泥窑高温焚烧后彻底分解二噁英类，将重金属固化/稳定化在水泥熟料中，同时水洗废水通过处理后全部回用，烟气经水泥窑系统处理满足标准后排放。水泥窑协同处置飞灰技术相对成熟，且具有处置彻底、无二次污染和资源化利用的优势，是国家鼓励推广应用的环保技术。

（3）高温烧结制陶粒技术。高温烧结制陶粒技术是将飞灰与工业固体废物或黏土等原料的混合物加入助熔剂、黏结剂等添加剂后，加热至飞灰的熔点，促使飞灰的物相重组，形成的轻质致密固体可作为陶粒使用，而产生的烟气采用高温燃烧、石灰脱酸、活性炭吸附等方法处理的技术。飞灰中的二噁英在高温烧结过程中得到分解，降解率可达 99% 以上。飞灰中难挥发的重金属固化在矿物晶格中，而其他重金属形成低熔点、易挥发的氯化物进入烟气中。高温烧结制陶粒的烟气处理系统会产生较多量的浓缩灰（二次飞灰），需要进一步处置，如果送至厂外处置应按危险废物管理。高温烧结制陶粒技术工艺路线较为复杂，尾气处理难度较大，产生的二次飞灰较多，还有许多技术难题需要克服。

（4）等离子体熔融技术。等离子体熔融技术是将飞灰与固体废物等原料的混合物加入添加剂后，利用等离子炬产生的热源，加热至飞灰完全熔融后冷却，形成致密玻璃体的过程。等离子体具有高温高热特性，内部一般温度可达 3 000℃以上，可完全分解二噁英及其他有机污染物。等离子体熔融最终产生无毒无害的玻璃体渣，可以直接用于制备微晶玻璃、人工砂石、免烧砖等建材产品。等离子体熔融技术是高温熔融处理的一种重要方式，经处理，飞灰中二噁英类物质被彻底分解，高沸点重金属被包封在硅酸盐的网状晶格中，形成的具有刚性的玻璃体浸出毒性远低于《危险废物鉴别标准　浸出毒性鉴别》（GB 5085.3—2007）中的标准限值。但由于处置成本高、技术难度大，又有二次飞灰的问题，目前处于小规模处置阶段。

（5）低温热解技术。低温热解技术是指在低温条件下将飞灰中二噁英类物质去除的技术。目前研究较少，技术成熟度不高，但其处置成本和技术难度相对较低，处置后的飞灰中二噁英类的残留总量可满足建材化利用条件，因此很有发展潜力。

3.5.3.2　焚烧炉渣

生活垃圾焚烧企业产生的焚烧炉渣属于一般固体废物，可直接进行填埋处理或资源化利用。其资源化利用主要集中在建筑材料，如环保砖路、基填充料等。危险废物焚烧企业产生的焚烧炉渣应根据《国家危险废物名录》（2021 版）和国家规定的危险废物鉴别标准等进行属性判定后，根据其特性确定处理方式。

3.5.3.3　其他固体废物

固体废物焚烧企业产生的烟气脱硝废钒钛系催化剂、废布袋、废离子交换树脂、废矿物油及经鉴别属于危险废物的厂区污水处理站污泥等，均属于危险废物，应按照危险废物处置。生产过程中产生的废活性炭、废树脂等吸附材料应优先考虑回收再利用，不能回收利用的再按照危险废物进行处置。

第 4 章　排污单位自行监测方案的制定

　　立足排污单位自行监测在我国污染源监测管理制度中的定位，根据固体废物焚烧行业发展概况和污染排放特征，我国发布了《总则》《排污单位自行监测技术指南　火力发电及锅炉》(HJ 820—2017)、《排污单位自行监测技术指南　固体废物焚烧》(HJ 1205—2021)，这是固体废物焚烧企业制定自行监测方案的依据。为了让标准规范的使用者更好地理解标准中规定的内容，本章重点围绕《排污单位自行监测技术指南　固体废物焚烧》(HJ 1205—2021)中的具体要求，一方面对其中部分要求的来源和考虑进行说明，另一方面对使用过程中需要注意的重点事项进行说明，以期为指南使用者提供更加详细的信息。

4.1　监测方案制定的依据

　　2017 年 4 月，环境保护部发布《总则》和《排污单位自行监测技术指南　火力发电及锅炉》(HJ 820—2017)，2021 年 11 月，生态环境部发布《排污单位自行监测技术指南　固体废物焚烧》(HJ 1205—2021)，这是固体废物焚烧排污单位确定监测方案的重要依据。

　　根据自行监测技术指南体系设计思路，固体废物焚烧排污单位主要是按照《排污单位自行监测技术指南　固体废物焚烧》(HJ 1205—2021)确定监测方案，其中指南中未规定，但《总则》中进行了明确规定，应按照《总则》执行。

4.2　废水排放监测

根据《总则》的 3.2 及 5.3.3 中相关要求，在废水排放监测时主要考虑了排放去向、排放口监测点位的设置、监测指标及监测频次等要求。排放去向按直接排放和间接排放划分；监测点位考虑了废水总排放口、渗滤液处理系统出口、车间或车间处理设施排放口、生活污水排放口和雨水排放口等。固体废物焚烧排污单位废水排放状况研究基础较为薄弱，废水监测指标主要参考《生活垃圾焚烧污染控制标准》（GB 18485—2014）、《生活垃圾填埋场污染控制标准》（GB 16889—2008）、《危险废物填埋污染控制标准》（GB 18598—2019）、《排污许可证申请与核发技术规范　工业固体废物和危险废物治理》（HJ 1033—2019）、《排污许可证申请与核发技术规范　危险废物焚烧》（HJ 1038—2019）、《排污许可证申请与核发技术规范　生活垃圾焚烧》（HJ 1039—2019）、《医疗废物处理处置污染控制标准》（GB 39707—2020）等标准。排污单位在制定废水监测方案时，主要考虑排污单位废水排放方式、监测点位的设置、监测指标及监测频次等方面内容。

4.2.1　监测点位及监测指标的确定

4.2.1.1　废水总排放口

根据排污单位废水产排污环节分析，生活垃圾焚烧排污单位和不设填埋场的危险废物焚烧排污单位废水总排放口主要监测指标为流量、pH、化学需氧量、氨氮、悬浮物、总磷、总氮、五日生化需氧量、粪大肠菌群数等污染物指标。设填埋场的危险废物排污单位废水总排放口主要监测指标除流量、pH、化学需氧量、氨氮、悬浮物、总磷、总氮、五日生化需氧量外，还包含总有机碳、总铜、总锌、总钡、氰化物、氟化物等。医疗废物焚烧排污单位废水总排放口主要监测指标为流量、pH、总余氯、化学需氧量、悬浮物、粪大肠菌群数、五日生化需氧量、氨氮及根据实际情况参照 GB 18466—2005 确定的其他污染物。

4.2.1.2 渗滤液处理系统排放口与车间或车间处理设施排放口

不同类型排污单位渗滤液特征污染物不同，生活垃圾焚烧排污单位渗滤液处理系统出口主要监测指标为总汞、总镉、总铬、六价铬、总砷、总铅等，设填埋场的危险废物焚烧排污单位渗滤液调节池废水排放口主要监测指标为总汞、烷基汞、总砷、总镉、总铬、六价铬、总铅、总铍、总镍、总银、苯并[a]芘等，不设填埋场的危险废物焚烧排污单位车间或车间处理设施排放口主要监测指标应根据生产单元工艺类型确定第一类污染物监测指标。

4.2.1.3 生活污水排放口与雨水排放口

生活污水排放口主要监测指标为 pH、流量、化学需氧量、氨氮、总磷、五日生化需氧量。主要考虑雨水对地面冲刷，导致污染物进入雨水中，因此雨水排放口的主要监测指标为化学需氧量、氨氮、悬浮物等。

4.2.2 最低监测频次的确定

对于废水总排放口，考虑到固体废物焚烧行业特征污染物，生活垃圾焚烧排污单位和不设填埋场的危险废物焚烧排污单位废水总排放口各监测指标的监测频次按《总则》中关于外排口废水的相关要求，排入外环境的每月至少监测一次，进入污水处理厂的每季度至少监测一次。设填埋场的危险废物焚烧排污单位废水总排放口中的各监测指标无论直接排放还是间接排放均每月至少监测一次。医疗废物焚烧排污单位废水总排放口各指标监测频次衔接《排污许可证申请与核发技术规范　工业固体废物和危险废物治理》（HJ 1033—2019）。

生活垃圾焚烧排污单位渗滤液处理系统出口与不设填埋场的危险废物焚烧排污单位车间或车间处理设施排放口废水直接排放的每月至少监测一次，间接排放的每季度至少监测一次。设填埋场的危险废物焚烧排污单位渗滤液调节池废水排放口第一类污染物监测指标，无论是直接排放还是间接排放均每月至少监测一次。

此外，仅排入外环境的排污单位需要开展生活污水的自行监测，生活污水监测指标按每季度一次开展监测。雨水的监测频次为每月有流动水排放时开展一次监测。如监测一年无异常情况，可放宽至每季度有流动水排放时开展一次监测。

根据《排污单位自行监测技术指南　固体废物焚烧》（HJ 1205—2021），固体废物焚烧排污单位废水排放口各监测指标最低监测频次按表 4-1 执行。排污单位可根据管理要求或实际情况在表 4-1 的基础上提高监测频次。

表 4-1　废水排放监测点位、监测指标及最低监测频次

排污单位类型	监测点位	监测指标	监测频次	
			直接排放	间接排放
生活垃圾焚烧排污单位	废水总排放口	流量、pH、化学需氧量、氨氮、悬浮物、总磷、总氮、五日生化需氧量、粪大肠菌群数	月	季度
	渗滤液处理系统废水排放口	总汞、总砷、总镉、总铅、总铬、六价铬	月	季度
危险废物焚烧排污单位（不含危险废物填埋场）	废水总排放口	流量、pH、化学需氧量、氨氮、悬浮物、总磷、总氮、五日生化需氧量、粪大肠菌群数	月	季度
	车间或车间处理设施排放口	废水中含有的《污水综合排放标准》（GB 8978—1996）中的第一类污染物[a]	月	季度
危险废物焚烧排污单位（含危险废物填埋场）	废水总排放口	流量、pH、化学需氧量、氨氮、悬浮物、总磷、总氮、五日生化需氧量、总有机碳、总铜、总锌、总钡、氰化物、氟化物	月	
	渗滤液调节池废水排放口	总汞、烷基汞、总砷、总镉、总铬、六价铬、总铅、总铍、总镍、总银、苯并[a]芘	月	

排污单位类型	监测点位	监测指标	监测频次	
			直接排放	间接排放
医疗废物焚烧排污单位	废水总排放口	流量	自动监测	
		pH、总余氯[b]	2 次/日	
		化学需氧量、悬浮物	周	
		粪大肠菌群数	月	
		五日生化需氧量、氨氮、其他污染物[c]	季度	
	生活污水排放口	pH、流量、化学需氧量、氨氮、总磷、五日生化需氧量	季度	—
	雨水排放口	化学需氧量、氨氮、悬浮物	月[d]	

注：1. 设区的市级以上生态环境部门明确要求安装自动监测设备的污染物指标，应采取自动监测。

　　2. 生活污水处理设施产生的污泥焚烧排污单位、一般工业固体废物焚烧排污单位等执行或参照执行 GB 18485—2014 的排污单位按照生活垃圾焚烧排污单位监测要求执行；执行或参照执行 GB 18484—2020 的排污单位按照危险废物焚烧排污单位监测要求执行；执行或参照执行 GB 39707—2020 的排污单位按照医疗废物焚烧排污单位监测要求执行。

[a] 根据生产单元工艺类型确定对应车间或车间处理设施排污口的污染物监测指标。

[b] 适用于采用含氯消毒剂消毒工艺的（采用间歇式消毒处理的，每次排放前监测）。

[c] 排污单位根据实际情况，参照 GB 18466—2005 确定其他污染物监测指标。

[d] 雨水排放口有流动水排放时按月监测。若监测一年无异常情况，可放宽至每季度开展一次监测。

4.3　废气排放监测

4.3.1　有组织废气

4.3.1.1　生活垃圾焚烧排污单位

生活垃圾焚烧厂整个工艺流程包括垃圾接收、焚烧及余热利用、烟气净化处理、灰渣收集处理等系统。

垃圾车从物流口进入厂区，经过地磅秤称重后进入垃圾卸料平台，卸入垃圾池。垃圾池是一个封闭式且正常运行时空气为负压的建筑物，采用半地下结构。贮坑内的垃圾通过垃圾吊车抓斗抓到焚烧炉给料斗，经溜槽落至给料炉排，再由给料炉排均匀送入焚烧炉内燃烧。

　　垃圾燃烧所需的助燃空气因其作用不同分为一次风和二次风。一次风取自垃圾池，使垃圾池维持负压，确保坑内臭气不会外逸。一次风经蒸汽空气预热器加热后由一次风机送入炉内。二次风从锅炉房上部吸风，由二次风机加压后送入炉膛，使炉膛烟气产生强烈湍流，以消除化学不完全燃烧损失和有利于飞灰中碳粒的燃烬。

　　焚烧炉设有点火燃烧器和辅助燃烧器，用天然气作为辅助燃料。点火燃烧器供点火升温用。当垃圾热值偏低、水分较高，炉膛出口烟气温度不能维持在 850℃ 以上，此时启用辅助燃烧器，以提高炉温和稳定燃烧。停炉过程中，辅助燃烧器必须在停止垃圾进料前启动，直至炉排上垃圾燃烬为止。

　　垃圾在炉排上通过干燥、燃烧和燃烬 3 个区域，垃圾中的可燃物已完全燃烧，灰渣落入出渣机，出渣机起水封和冷却渣作用。垃圾燃烧产生的高温烟气经余热锅炉冷却后进入烟气净化系统。每台焚烧炉配一套烟气净化系统，烟气经烟气净化系统处理达标后，通过引风机送至高烟囱排放至大气。

　　生活垃圾焚烧排污单位焚烧烟气中污染物为颗粒物、氮氧化物、二氧化硫、一氧化碳、氯化氢、二噁英类、汞及其化合物，镉、铊及其化合物，锑、砷、铅、铬、钴、铜、锰、镍及其化合物，考虑炉膛内焚烧温度是控制二噁英类形成的重要技术性能指标，故将其纳入监测指标。

　　根据 GB 18485—2014 中"9.7 焚烧炉运行工况在线监测指标应至少包括烟气中一氧化碳浓度和炉膛内焚烧温度"和"9.8 烟气在线监测指标应至少包括烟气中的一氧化碳、颗粒物、二氧化硫、氮氧化物和氯化氢"及《关于生活垃圾焚烧厂安装污染物排放自动监控设备和联网有关事项的通知》（环办环监〔2017〕33 号）要求，生活垃圾焚烧排污单位废气排放口烟气中的颗粒物、氮氧化物、二氧化硫、氯化氢、一氧化碳和炉膛内焚烧温度应采取自动监测。根据 GB 18485—2014 中规定"对烟气中二噁英类的监测应每年至少开展一次"，生活垃圾焚烧排污单位焚烧炉排气筒排放的二噁英类污染物监测频次确定为每年至少监测一次，如在后期监测过程中出现超标情况，则加大至每季度监测一次，直到连续 4 个季度稳定达标后，可恢复每年监测一次；地方排放标准有更高要求的，从其规定。重金属类污染物根据 GB 18485—2014 的规定，确定为每月开展一次监测。

贮存预处理车间、渗滤液处理站等排气筒主要考虑恶臭污染物排放，贮存预处理车间排气筒监测指标除恶臭污染物外还包括颗粒物，监测频次均为每季度监测一次。根据《生活垃圾焚烧飞灰污染控制技术规范（试行）》（HJ 1134—2020）"7.3 飞灰处理和处置污染物监测频次应符合以下要求"中的相关规定，飞灰贮存库排气筒监测指标颗粒物的监测频次为每季度监测一次，飞灰固化/稳定化车间排气筒监测指标颗粒物的监测频次为每月监测一次。脱酸中和剂储仓、水泥仓、活性炭原料仓等排气筒的监测指标为颗粒物，主要为辅料装卸料过程排放，毒性较小，根据《总则》中对其他排放口废气监测指标最低监测频次的确定原则，监测频次确定为每年监测一次。排污单位根据排气筒的实际设置情况开展贮存预处理车间、脱酸中和剂储仓、水泥仓、活性炭原料仓及飞灰贮存库等排气筒的自行监测。

综上，焚烧炉排气筒颗粒物、氮氧化物、二氧化硫、氯化氢、一氧化碳、炉膛内焚烧温度等采用自动监测，二噁英类每年监测一次，重金属类污染物每月监测一次，目前调研企业有组织废气的监测频次基本满足规定要求。

4.3.1.2 危险废物焚烧排污单位

危险废物焚烧排污单位焚烧烟气中污染物为颗粒物、氮氧化物、二氧化硫、一氧化碳、氯化氢、氟化氢、二噁英类、汞及其化合物、铊及其化合物、镉及其化合物、铅及其化合物、砷及其化合物、铬及其化合物，锡、锑、铜、锰、镍、钴及其化合物，考虑焚烧炉温度是控制二噁英类形成的重要技术性能指标，故将其纳入监测指标。

参考 GB 18484—2020 及 GB 39707—2020 相关内容"烟气在线监测指标应为 1 小时均值及日均值，且应至少包括氯化氢、二氧化硫、氮氧化物、颗粒物、一氧化碳和烟气含氧量等",本标准确定危险废物焚烧排污单位的颗粒物、一氧化碳、二氧化硫、氮氧化物、氯化氢须采用自动监测,同时自动监测指标还应包括焚烧炉温度。根据 GB 18484—2020 及 GB 39707—2020 中的相关规定"对大气污染物中二噁英类的监测应当每年至少2次",危险废物焚烧排污单位焚烧炉排放的二噁英类污染物监测频次确定为每半年监测一次,如在后期监测过程中出现超标情况,则加大至每季度监测一次,直到连续 4 个季度稳定达标,可恢复每半年监测一次。重金属类污染物根据 GB 18484—2020 及 GB 39707—2020 中的相关规定,确定为每月开展一次监测。氟化氢最低监测频次为每半年监测一次,同时要求排污单位有组织废气其他监测因子指标按照 HJ 819—2017、GB 18484—2020、GB 39707—2020 等标准规范执行。

危废贮存库、配伍料坑(进料斗)等排气筒污染因子为挥发性有机物、颗粒物、氯化氢、氟化物、氨、硫化氢等,其他特征污染物根据排污许可证、环境影响评价文件及其批复等相关环境管理规定及危险废物特性,从 GB 14554—93、GB 16297—1996 等相关排放标准中筛选确定。监测频次确定为每季度监测一次。

脱酸中和剂储仓、水泥仓、活性炭原料仓排气筒监测因子为颗粒物,监测频次确定为每年监测一次。飞灰、焚烧残渣贮存库和飞灰固化/稳定化车间排气筒颗粒物监测频次与生活垃圾焚烧排污单位保持一致。废水处理设施产生的废气主要考虑恶臭污染物,废水处理设施排气筒监测因子为硫化氢、氨,监测频次均为每季度监测一次。

危险废物焚烧排污单位根据排污许可证、环境影响评价文件及其批复等相关环境管理规定及危险废物特性,从 GB 14554—93、GB 16297—1996 等相关排放标准中筛选其他生产单元排气筒具体监测指标。最低监测频次为每半年监测一次。

本标准中确定的监测因子和监测频次符合现行环境管理需求,且目前调研企业有组织废气的监测基本可达。

垃圾焚烧厂及危废焚烧排污单位有组织废气具体监测指标及监测频次见表 4-2。

表 4-2　有组织废气排放监测点位、监测指标及最低监测频次

排污单位类型	监测点位	监测指标	监测频次
生活垃圾焚烧排污单位	焚烧炉	炉膛内焚烧温度	自动监测
	焚烧炉排气筒	颗粒物、氮氧化物、二氧化硫、氯化氢、一氧化碳	自动监测
		二噁英类	年 [a]
		汞及其化合物，镉、铊及其化合物，锑、砷、铅、铬、钴、铜、锰、镍及其化合物	月
	贮存预处理车间排气筒	颗粒物、硫化氢、氨、臭气浓度	季度
	脱酸中和剂储仓排气筒	颗粒物	年
	水泥仓排气筒		年
	活性炭原料仓排气筒		年
	飞灰贮存库排气筒		季度
	飞灰固化/稳定化车间排气筒		月
	渗滤液处理站排气筒	硫化氢、氨、臭气浓度	季度
危险废物焚烧排污单位	焚烧炉二燃室烟气二次燃烧段前后	焚烧炉温度	自动监测
	焚烧炉排气筒	颗粒物、氮氧化物、二氧化硫、氯化氢、一氧化碳	自动监测
		氟化氢	半年
		二噁英类	半年 [a]
		汞及其化合物，铊及其化合物，镉及其化合物，铅及其化合物，砷及其化合物，铬及其化合物，锡、锑、铜、锰、镍、钴 [b] 及其化合物	月
	危废贮存库排气筒	挥发性有机物 [c]、颗粒物、氯化氢、氟化物、氨、硫化氢、其他特征污染物 [d]	季度
	配伍料坑（进料斗）排气筒		季度
	脱酸中和剂储仓排气筒	颗粒物	年
	水泥仓排气筒		年
	活性炭原料仓排气筒		年

排污单位类型	监测点位	监测指标	监测频次
危险废物焚烧 排污单位	飞灰、焚烧残渣贮存库排气筒	颗粒物	季度
	飞灰固化/稳定化车间排气筒		月
	废水处理设施排气筒	硫化氢、氨	季度
	其他生产单元排气筒	特征污染物 d	半年

注：1. 废气监测应按照相应监测分析方法、技术规范同步监测废气参数。

　　2. 设区的市级以上生态环境部门明确要求安装自动监测设备的污染物指标，应采取自动监测。

　　3. 生活污水处理设施产生的污泥焚烧排污单位、一般工业固体废物焚烧排污单位等执行或参照执行 GB 18485—2014 的排污单位或焚烧设施按照生活垃圾焚烧排污单位监测要求执行；执行或参照执行 GB 18484—2020 或 GB 39707—2020 的排污单位或焚烧设施按照危险废物焚烧排污单位监测要求执行。

a 如出现超标，则加密至每季度监测一次，连续 4 个季度稳定达标后，生活垃圾焚烧排污单位可恢复每年监测一次，危险废物焚烧排污单位可恢复每半年监测一次。

b 仅执行 GB 18484—2020 的排污单位开展监测。

c 本标准暂以非甲烷总烃作为挥发性有机物排放的综合控制指标，待相关标准发布后，从其规定。

d 根据排污许可证、环境影响评价文件及其批复等相关生态环境管理规定及危险废物特性，从 GB 14554—93、GB 16297—1996 等相关排放标准中筛选具体监测指标。

4.3.2　无组织废气

4.3.2.1　生活垃圾焚烧排污单位

根据生活垃圾焚烧排污单位废气产排污环节分析，无组织废气主要污染因子为硫化氢、氨、臭气浓度和颗粒物。HJ 819—2017 中要求"钢铁、水泥、焦化、石油加工、有色金属冶炼、采矿业等无组织废气排放较重的污染源，每季度至少开展一次监测"，考虑到生活垃圾焚烧排污单位产生恶臭气体，受公众关注度高，本标准确定生活垃圾焚烧排污单位参照无组织废气排放较重的污染源确定最低监测频次，即硫化氢、氨、臭气浓度、颗粒物每季度监测一次，目前调研企业无组织废气的监测频次基本满足要求。挥发性有机物作为选测项目，企业可根据实际情况开展监测，监测频次为每季度监测一次。

4.3.2.2 危险废物焚烧排污单位

根据危险废物焚烧排污单位废气产排污环节分析，无组织废气主要污染因子为挥发性有机物、颗粒物、硫化氢、氨、氯化氢、氟化物、铬酸雾、硫酸雾等，排污单位可根据排污许可证、实际情况监测 GB 14554—93、GB 16297—1996 所列其他污染物。根据 HJ 819—2017 中要求"钢铁、水泥、焦化、石油加工、有色金属冶炼、采矿业等无组织废气排放较重的污染源，每季度至少开展一次监测"，考虑危险废物焚烧排污单位的社会关注度，本标准确定危险废物焚烧排污单位参照无组织废气排放较重的污染源确定最低监测频次，即每季度监测一次。目前调研企业无组织废气的监测基本满足要求。

垃圾焚烧厂及危废焚烧排污单位无组织废气具体监测指标及监测频次见表 4-3。

表 4-3 无组织废气排放监测点位、监测指标及最低监测频次

排污单位类型	监测点位	监测指标	监测频次
生活垃圾焚烧排污单位	厂界	硫化氢、氨、臭气浓度、颗粒物、挥发性有机物[a]、其他特征污染物[b]	季度
危险废物焚烧排污单位	厂界	硫化氢、氨、颗粒物、氯化氢、氟化物、挥发性有机物[a]、铬酸雾[c]、硫酸雾[c]、其他特征污染物[b]	季度

注：1. 无组织废气排放监测应同步监测气象参数。

2. 生活污水处理设施产生的污泥焚烧排污单位、一般工业固体废物焚烧排污单位等执行或参照执行 GB 18485—2014 的排污单位按照生活垃圾焚烧排污单位监测要求执行；执行或参照执行 GB 18484—2020 或 GB 39707—2020 的排污单位按照危险废物焚烧排污单位监测要求执行。

[a] 本标准暂用非甲烷总烃作为挥发性有机物排放的综合控制指标，待相关标准发布后，从其规定；相关标准或规定发布前生活垃圾焚烧排污单位选测。

[b] 根据排污许可证、环境影响评价文件及其批复等相关生态环境管理规定及危险废物特性，从 GB 14554—93、GB 16297—1996 等相关排放标准中筛选具体监测指标。

[c] 根据排污许可证、环境影响评价文件及其批复以及生产工艺等，确定是否监测该污染物项目。

4.4　固体废物监测

固体废物焚烧排污单位固体废物主要为飞灰和焚烧炉渣。飞灰自行监测要求按照《生活垃圾焚烧飞灰污染控制技术规范（试行）》（HJ 1134—2020）相关要求执行。根据《生活垃圾焚烧污染物控制标准》（GB 18485—2014）修改单"焚烧炉渣热灼减率的监测应每周至少开展一次"要求及 GB 18484—2020 和 GB 39707—2020 相关内容，确定焚烧炉渣热灼减率每周一次，具体要求见表4-4。

表 4-4　固体废物监测点位、监测指标及最低监测频次

监测点位	监测指标	监测频次
焚烧炉渣/焚烧残渣	热灼减率 [a]	周

注：[a] 应按焚烧炉分别开展监测。

4.5　厂界噪声监测

厂界环境噪声监测点位设置应遵循《排污单位自行监测技术指南　总则》（HJ 819—2017）中的原则：根据厂内主要噪声源距厂界位置布点；根据厂界周围敏感目标布点；"厂中厂"是否需要监测由内部和外围排污单位协商确定；面临海洋、大江、大河的厂界，原则上不布点；厂界紧邻交通干线不布点；厂界紧邻另一排污单位的，在临近另一排污单位是否布点由排污单位协商确定。

对于固体废物焚烧排污单位内的噪声源，主要考虑风机、水泵、破碎机、锅炉排汽、空气压缩机、出渣机、真空泵、曝气设备等噪声源在厂区内的分布情况和周边环境敏感点的位置。若排污单位内还存在其他噪声源，应一并考虑，同时根据不同噪声源的强度选择对周边居民影响最大的位置开展监测。厂界环境噪声每季度至少开展一次昼夜监测。监测的目的主要是促进排污单位做好降噪措施，

降低对周边居民的影响，因此周边有敏感点的，应提高监测频次，具体的监测频次可由周边居民、排污单位、管理部门共同协商确定。

厂界环境噪声每季度至少开展一次昼、夜间噪声监测，监测指标为等效连续 A 声级，夜间有频发、偶发噪声影响时同时测量频发、偶发最大声级。夜间不生产的可不开展夜间噪声监测，周边有敏感点的，应提高监测频次。

4.6 周边环境质量影响监测

若环境影响评价文件及其批复、相关环境管理政策有明确要求的，排污单位应按要求开展相应的周边环境质量要素监测。

对环境空气的影响监测主要考虑目前社会关注度较高的氨、硫化氢、臭气浓度、二噁英类。排污单位对于地表水或海水周边环境质量影响监测，主要针对废水直接排放的排污单位，监测指标主要考虑排污单位废水排放特征。监测指标参照《建设项目竣工环境保护验收技术规范 生活垃圾焚烧工程（征求意见稿）》和《建设项目竣工环境保护验收技术规范 危险废物处置（征求意见稿）》中的控制指标。

对于地下水和土壤周边环境质量的影响监测，监测指标主要考虑排污单位废水及废气产生排放特征。地下水监测指标参照《生活垃圾填埋场污染控制标准》（GB 16889—2008）及《危险废物填埋污染控制标准》（GB 18598—2019）中的控制指标。土壤监测指标根据周围土地类型分别参照《土壤环境质量 建设用地土壤污染风险管控标准（试行）》（GB 36600—2018）和《土壤环境质量 农用地土壤污染风险管控标准（试行）》（GB 15618—2018）确定监测指标。具体的监测指标和最低监测频次见表 4-5。

表 4-5　周边环境质量影响监测指标及最低监测频次

目标环境		监测指标	监测频次	备注
环境空气		氨、硫化氢、臭气浓度、二噁英类、其他特征污染物[a]	年	适用于所有排污单位
地表水		pH、悬浮物、化学需氧量、五日生化需氧量、总磷、溶解氧、氨氮、氯化物、氟化物、硫酸盐、石油类、铜、铅、锌、砷、铬、镉、汞、镍、粪大肠菌群等	年	适用于废水直接排入地表水的排污单位
海水		pH、化学需氧量、五日生化需氧量、溶解氧、活性磷酸盐、无机氮、动植物油等	年	适用于废水直接排入海水的排污单位
地下水		pH、总硬度、溶解性总固体、高锰酸盐指数、氨氮、硝酸盐、亚硝酸盐、硫酸盐、氯化物、挥发性酚类、氰化物、砷、汞、六价铬、铅、氟、镉、铁、锰、铜、锌、粪大肠菌群、其他特征污染物[a]	年[b]	适用于生活垃圾焚烧排污单位
		浑浊度、pH、溶解性总固体、氯化物、硝酸盐、亚硝酸盐、其他特征污染物[a]	年[b]	适用于危险废物焚烧排污单位
土壤	建设用地	镉、汞、砷、铅、六价铬、铜、镍、二噁英类、其他特征污染物[a]	年	适用于所有排污单位
	农用地	pH、镉、汞、砷、铅、铬、铜、镍、锌、二噁英类、其他特征污染物[a]	年	适用于所有排污单位

注：1. 监测应按照相应监测分析方法、技术规范同步监测相关参数。

　　2. 根据企业生产工艺过程，结合 GB 3095—2012、GB 15618—2018、GB 36600—2018、GB/T 14848—2017
　　　 和 HJ 2.2—2018，筛选确定具体监测指标。

[a] 根据排放标准及处置固体废物种类等实际生产情况，结合 GB 3095、HJ 2.2、GB 15618 和 GB 36600，筛选
　　确定具体监测指标。

[b] 设置填埋场的排污单位，地下水监测频次分别按照 GB 16889—2008、GB 18598—2019 执行。

4.7　其他要求

（1）《排污单位自行监测技术指南　固体废物焚烧》（HJ 1205—2021）中未规
定的污染物指标

固体废物焚烧排污单位所持的排污许可证中载明的其他污染物指标或其他环

境管理明确要求管控的污染物指标，也应纳入自行监测范围内。另外，除《排污单位自行监测技术指南　固体废物焚烧》（HJ 1205—2021）中所规定的典型工艺所涉及的污染物指标外，排污单位根据生产过程的原辅用料、生产工艺、中间及最终产品类型、监测结果确定实际排放的，在有毒有害或优先控制污染物相关名录中的污染物指标，或其他有毒污染物指标，也应纳入自行监测范围内。这些纳入自行监测范围的污染物指标，应参照《排污单位自行监测技术指南　固体废物焚烧》（HJ 1205—2021）中表1~表5，以及《排污单位自行监测技术指南　总则》（HJ 819—2017）确定监测点位和监测频次。

（2）监测频次的确定

《排污单位自行监测技术指南　固体废物焚烧》（HJ 1205—2021）中的监测频次均为最低监测频次，排污单位在确保各指标的监测频次满足《排污单位自行监测技术指南　固体废物焚烧》（HJ 1205—2021）的基础上，可根据《排污单位自行监测技术指南　总则》（HJ 819—2017）中监测频次的确定原则提高监测频次。监测频次的确定原则为不应低于国家或地方发布的标准、规范性文件、规划、环境影响评价文件及其批复等明确规定的监测频次；主要排放口的监测频次高于非主要排放口；主要监测指标的监测频次高于其他监测指标；排向敏感地区的应适当增加监测频次；排放状况波动大的，应适当增加监测频次；历史稳定达标状况较差的需增加监测频次，达标状况良好的可以适当降低监测频次；监测成本应与排污企业自身能力相一致，尽量避免重复监测。

（3）其他要求

对于《排污单位自行监测技术指南　固体废物焚烧》（HJ 1205—2021）中未规定的内容，如内部监测点位设置及监测要求，采样方法、监测分析方法、监测质量保证与质量控制，监测方案的描述、变更等按照《排污单位自行监测技术指南　总则》（HJ 819—2017）执行。

根据《环境二噁英类监测技术规范》（HJ 916—2017）与《危险废物（含医疗废物）焚烧处置设施二噁英排放监测技术规范》（HJ/T 365—2007）的相关规定，

确定大气污染物监测工况。排气筒中大气污染物监测期间，焚烧炉系统应处于正常的运行状态，生产负荷和运行状况应与日常生产负荷一致。

4.8　自行监测方案案例示例

为了便于对本章中监测方案示例的正确掌握和应用，特别强调以下两点：

第一，本书中附录 5 中列出了可供参考的完整的监测方案模板示例，排污单位可根据示例和本单位实际情况，进行相应的调整完善，作为本单位的监测方案使用。本章中重点针对附录 5 中的监测点位、监测指标、监测频次、监测方法等内容给出示例，对于共性较大的描述性内容和质量控制等相关内容，在本章中不再进行列举，但并不意味着不重要或者不需要。

第二，本书给出的排放限值仅用于示例，可能会存在与实际要求略有差异的情况，这与各地实际管理要求有关，也与案例企业的特殊情况有关，本书对此不作深入解释和说明。

4.8.1　示例 1：某生活垃圾焚烧排污单位

（1）企业基本情况

××××有限公司，主体项目为焚烧处理城市生活垃圾、销售所产生的电力。项目设计总规模为日处理生活垃圾××t，日处理餐厨垃圾××t，配置 4 条 750 t/d 的垃圾焚烧生产线，2 套 45 MW 的发电机组，并配备 1 条 200 t/d 的餐厨垃圾处理生产线，年处理城市生活垃圾约××万 t、餐厨垃圾××万 t，年发电量约××kW·h/a，年上网总电量约××kW·h。废气主要是焚烧炉和渗滤液处理站排放废气，废水包括渗滤液、生产废水和生活污水，渗滤液经过处理后达到××标准后汇入废水总排口，生活污水主要来源是全厂职工及其家属的日常生活废水，与其他生产废水排入现有污水处理站，经处理处置后直接排入地表水环境。

（2）自行监测方案

1）废气监测内容。

有组织废气排放监测内容及执行标准等信息详见表4-6。

表 4-6　有组织废气排放监测方案

排放口	监测指标	限值	取值时间	监测方式	监测频次	评价标准
1～4 号焚烧炉（DA001—DA004）	颗粒物/（mg/m³）	30	1 小时均值	自动监测	连续	《生活垃圾焚烧污染控制标准》（GB 18485—2014）
		20	24 小时均值	自动监测	连续	
	二氧化硫/（mg/m³）	100	1 小时均值	自动监测	连续	
		80	24 小时均值	自动监测	连续	
	氮氧化物/（mg/m³）	300	1 小时均值	自动监测	连续	
		250	24 小时均值	自动监测	连续	
	氯化氢/（mg/m³）	60	1 小时均值	自动监测	连续	
		50	24 小时均值	自动监测	连续	
	一氧化碳/（mg/m³）	100	1 小时均值	自动监测	连续	
		80	24 小时均值	自动监测	连续	
	炉膛内焚烧温度/℃	≥850	—	自动监测	连续	
	汞及其化合物/（mg/m³）	0.05	测定均值	手工	月	
	镉、铊及其化合物/（mg/m³）	0.1	测定均值	手工	月	
	锑、砷、铅、铬、钴、铜、锰、镍及其化合物/（mg/m³）	1.0	测定均值	手工	月	
	二噁英/（ngTEQ/m³）	0.1	测定均值	手工	年	
……	……	……	……	……	……	……
渗滤液处理站废气排放口（DA005）	臭气浓度（无量纲）	20 000	—	手工	季度	《恶臭污染物排放标准》（GB 14554—93）表 2
	氨/（kg/h）	35	—	手工	季度	
	硫化氢/（kg/h）	2.3	—	手工	季度	
……	……	……	……	……	……	……

2）无组织废气。

根据企业实际情况，在厂界设置无组织废气排放监测点位，具体见表4-7。

表 4-7　无组织废气排放监测方案

监测点位	监测指标	限值	监测方式	监测频次	评价标准
厂界	颗粒物	0.5 mg/m³	手工	季度	《大气污染物综合排放标准》（GB 16297—1996）
	挥发性有机物（非甲烷总烃）	4.0 mg/m³	手工	季度	
	硫化氢	0.06 mg/m³	手工	季度	《恶臭污染物排放标准》（GB 14554—93）
	氨	1.5 mg/m³	手工	季度	
	臭气浓度	20（无量纲）	手工	季度	

3）废水监测内容。

废水总排放口及渗滤液处理系统废水排放口监测方案见表4-8。

表 4-8　废水排放口监测方案

排放口	监测指标	排放限值	监测方式	监测频次	执行标准
废水总排放口（DW001）	流量	—	手工	月	《生活垃圾填埋场污染控制标准》（GB 16889—2008）
	pH	6～9	手工	月	
	化学需氧量	100 mg/L	手工	月	
	氨氮	25 mg/L	手工	月	
	悬浮物	30 mg/L	手工	月	
	总氮	40 mg/L	手工	月	
	总磷	3 mg/L	手工	月	
	五日生化需氧量	30 mg/L	手工	月	
	粪大肠菌群数	10 000 个/L	手工	月	
渗滤液处理系统废水排放口（DW002）	总汞	0.001 mg/L	手工	月	
	总砷	0.1 mg/L	手工	月	
	总镉	0.01 mg/L	手工	月	
	总铅	0.1 mg/L	手工	月	
	总铬	0.1 mg/L	手工	月	
	六价铬	0.05 mg/L	手工	月	

注：排放限值中"—"表示该项目暂无排放标准。

4）厂界环境噪声。

对工厂四周环境噪声开展监测，监测方案见表4-9。

表4-9 厂界环境噪声监测方案

监测点位	监测指标	排放限值/dB（A）	监测方式	监测频次	评价标准
厂界北外1 m处	等效声级	60（昼）；50（夜）	手工	季度	《工业企业厂界环境噪声排放标准》（GB 12348—2008）
厂界西外1 m处		60（昼）；50（夜）			
厂界南外1 m处		60（昼）；50（夜）			
厂界东外1 m处		60（昼）；50（夜）			

5）周边环境质量影响。

对周边环境空气及土壤环境状况开展监测，见表4-10。

表4-10 周边环境监测方案

检测介质	监测方式	监测项目	筛选值/（mg/kg）	评价标准
土壤	手工监测	汞	38	《建设用地土壤污染风险管控标准（试行）》（GB 36600—2018）二类用地筛选值
		镉	65	
		铅	800	
		砷	60	
		六价铬	5.7	
		铜	18 000	
		镍	900	
		二噁英类	4×10^{-5}	

4.8.2 示例2：某危险废物焚烧企业

（1）企业基本情况

××××有限公司负责运营的××市危险废物处理处置中心，是××市重要的危险废物处理处置单位，企业成立于××年，具备焚烧处理危险废物××t/a；医疗废物无害化处理××t/a；固化及安全填埋危险废物××t/a；物化处理及资源化处理废物××t/a 的处理处置能力，是集资源化、焚烧、安全填埋为一体化的现代化危险废物处理处置示范基地。

公司废气污染源主要是危废焚烧炉尾气，污染治理措施较完善，颗粒物、二氧化硫、氮氧化物、氯化氢、一氧化碳均已安装在线，其他废气污染物严格按照《排污单位自行监测技术指南　固体废物焚烧》（HJ 1205—2021）规定的频次开展监测。废水主要有生产废水、生活废水及填埋场渗滤液废水，填埋场渗滤液送入物化车间预处理后排入厂区污水处理站，处理后排入××污水处理厂。

（2）自行监测方案

1）有组织废气。

有组织废气排放监测方案见表 4-11。

表 4-11　有组织废气排放监测方案

排放口	监测指标	限值	取值时间	技术手段	监测频次	分析方法	公开时限
焚烧炉排放口（DA001）	颗粒物/（mg/m³）	20	24 小时均值	自动	连续	——	次日 9 时公开前已日在线数据
		30	1 小时均值				
	二氧化硫/（mg/m³）	80	24 小时均值	自动	连续	——	
		100	1 小时均值				
	氮氧化物/（mg/m³）	250	24 小时均值	自动	连续	——	
		300	1 小时均值				
	氯化氢/（mg/m³）	50	24 小时均值	自动	连续	——	
		60	1 小时均值				
	一氧化碳/（mg/m³）	80	24 小时均值	自动	连续	——	
		100	1 小时均值				
	炉膛内焚烧温度/℃	≥850	测定均值	自动	连续	——	
	氟化氢/（mg/m³）	2.0	24 小时均值	手工	半年	《大气固定污染源　氟化物的测定　离子选择电极法》（HJ/T 67—2001）	出具监测报告后次日公布
		4.0	1 小时均值				
	汞及其化合物（以 Hg 计）/（mg/m³）	0.005	测定均值	手工	月	《固定污染源废气　汞的测定　冷原子吸收分光光度法（暂行）》（HJ 543—2009）	

排放口	监测指标	限值	取值时间	技术手段	监测频次	分析方法	公开时限
焚烧炉排放口（DA001）	镉及其化合物（以 Cd 计）/（mg/m³）	0.005	测定均值	手工	月	《空气和废气 颗粒物中铅等金属元素的测定 电感耦合等离子体质谱法》（HJ 657—2013）	出具监测报告后次日公布
	铅及其化合物（以 Pb 计）/（mg/m³）	0.5	测定均值	手工	月		
	砷及其化合物（以 As 计）/（mg/m³）	0.5	测定均值	手工	月		
	铬及其化合物（以 Cr 计）/（mg/m³）	0.5	测定均值	手工	月		
	铊及其化合物（以 Tl 计）/（mg/m³）	0.005	测定均值	手工	月		
	锡、锑、铜、锰、镍、钴及其化合物（以 Sn+Sb+Cu+Mn+Ni+Co 计）/（mg/m³）	2.0	测定均值	手工	月		
	二噁英类/（ngTEQ/m³）	0.5	测定均值	手工	半年	《环境二噁英类监测技术规范》（HJ 916—2017）	
活性炭原料仓（DA002）	颗粒物/（mg/m³）	10	测定均值	手工	年	《固定污染源废气 低浓度颗粒物的测定 重量法》（HJ 836—2017）	
飞灰、焚烧残渣贮存库（DA003）	颗粒物/（mg/m³）	10	测定均值	手工	季度		
飞灰固化/稳定化车间（DA004）	颗粒物/（mg/m³）	10	测定均值	手工	月		
……	……	……	……	……	……		……

2）无组织废气。

每季度对企业厂界开展无组织废气排放监测，监测点位、监测指标及排放限值见表 4-12。

表 4-12　无组织废气排放监测方案

监测点位	监测指标	限值	监测方式	分析方法	公开时限
厂界	颗粒物/（mg/m³）	0.1	手工	《环境空气　总悬浮颗粒物的测定　重量法》（GB/T 15432—1995）	出具监测报告后次日公布
	非甲烷总烃/（mg/m³）	4.0	手工	《环境空气总烃、甲烷和非甲烷总烃的测定　直接进样-气相色谱法》（HJ 604—2017）	
	硫化氢/（mg/m³）	0.06	手工	《空气质量　硫化氢、甲硫醇、甲硫醚、二甲二硫的测定　气相色谱法》（GB/T 14678—93）	
	氨/（mg/m³）	0.5	手工	《环境空气　氨、甲胺、二甲胺和三甲胺的测定　离子色谱法》（HJ 1076—2019）	
	臭气浓度/无量纲	20	手工	《空气质量　恶臭的测定　三点比较式臭袋法》（GBT 14675—93）	
	氟化物/（μg/m³）	20	手工	《大气固定污染源　氟化物的测定　离子选择电极法》（HJ/T 67—2001）	
	铬酸雾/（mg/m³）	0.006	手工	《固定污染源排气中铬酸雾的测定　二苯基碳酰二肼分光光度法》（HJ/T 29—1999）	
	硫酸雾/（mg/m³）	1.2	手工	《固定污染源废气　硫酸雾的测定　离子色谱法》（HJ 544—2016）	

3）废水。

每月对企业废水总排口及渗滤液调节池废水排放口开展监测，监测点位、监测指标及排放限值见表 4-13。

表 4-13　废水排放监测方案

监测点位	监测指标	排放限值	技术手段	分析方法	公开时限
废水总排口（DW001）	pH	6～9（无量纲）	手工	《水质　pH 值的测定　电极法》（HJ 1147—2020）	出具监测报告后次日公布
	氨氮	30 mg/L		《水质　氨氮的测定　纳氏试剂分光光度法》（HJ 535—2009）	
	悬浮物	10 mg/L		《水质　悬浮物的测定　重量法》（GB 11901—89）	

监测点位	监测指标	排放限值	技术手段	分析方法	公开时限
废水 总排口 （DW001）	化学需氧量	200 mg/L	手工	《水质 化学需氧量的测定 重铬酸盐法》（HJ 828—2017）	出具监测报告后次日公布
	五日生化需氧量	50 mg/L		《水质 五日生化需氧量（BOD₅）的测定 稀释与接种法》（HJ 505—2009）	
	总磷	3 mg/L		《水质 总磷的测定 钼酸铵分光光度法》（GB 11893—89）	
	总氮	50 mg/L		《水质 总氮的测定 碱性过硫酸钾消解紫外分光光度法》（HJ 636—2012）	
	总有机碳	8 mg/L		《水质 总有机碳的测定 燃烧氧化-非分散红外吸收法》（HJ 501—2009）	
	总铜	0.5 mg/L		《水质 铜的测定 2,9-二甲基-1,10-菲啰啉分光光度法》（HJ 486—2009）	
	总锌	1 mg/L		《水质 锌的测定 双硫腙分光光度法》（GB 7472—1987）	
	总钡	1 mg/L		《水质 钡的测定 石墨炉原子吸收分光光度法》（HJ 602—2011）	
	氰化物	0.2 mg/L		《水质 氰化物的测定 流动注射-分光光度法》（HJ 823—2017）	
	氟化物	1 mg/L		《水质 氟化物的测定 氟试剂分光光度法》（HJ 488—2009）	
渗滤液调节池废水排放口 （DW002）	总汞	0.05 mg/L	手工	《水质 总汞的测定 冷原子吸收分光光度法》（HJ 597—2011）	出具监测报告后次日公布
	烷基汞	不得检出		《水质 烷基汞的测定 气相色谱法》（GB/T 14204—93）	
	总砷	0.05 mg/L		《水质 汞、砷、硒、铋和锑的测定 原子荧光法》（HJ 694—2014）	
	总镉	0.01 mg/L		《水质 镉的测定 双硫腙分光光度法》（GB 7471—87）	
	总镍	0.05 mg/L		《水质 65 种元素的测定 电感耦合等离子体质谱法》（HJ 700—2014）	
	总铬	0.1 mg/L			
	六价铬	0.05 mg/L		《水质 六价铬的测定 二苯碳酰二肼分光光度法》（GB 7467—87）	
	总铅	0.05 mg/L		《水质 铅的测定 双硫腙分光光度法》（GB 7470—87）	
	总铍	0.002 mg/L		《水质 铍的测定 石墨炉原子吸收分光光度法》（HJ/T 59—2000）	
	总银	0.5 mg/L		《水质 银的测定 火焰原子吸收分光光度法》（GB 11907—89）	
	苯并[a]芘	0.000 03 mg/L		《水质 多环芳烃的测定 液液萃取和固相萃取高效液相色谱法》（HJ 478—2009）	

4）厂界环境噪声。

厂界环境噪声监测方案见表 4-14。

表 4-14　厂界环境噪声监测方案

监测点位	监测指标	排放限值/dB（A）	监测频次	监测方法
厂界（7 个点）	等效声级	55（夜） 65（昼）	季度	《工业企业厂界环境噪声排放标准》（GB 12348—2008）

5）周边环境质量影响。

在大气环境防护距离处设置监测点位，对周边环境中氨、硫化氢、臭气浓度及二噁英开展监测，见表 4-15。

表 4-15　周边环境空气监测方案

监测点位	监测指标	监测方式	监测频次	监测方法
车间主导风向下风向 500 m 处	氨	手工	年	《环境空气和废气　氨的测定　纳氏试剂分光光度法》（HJ 533—2009）
	硫化氢			《空气质量　硫化氢、甲硫醇、甲硫醚和二甲二硫的测定　气相色谱法》（GB/T 14678—93）
	臭气浓度			《空气质量　恶臭的测定　三点比较式臭袋法》（GB/T 14675—93）
	二噁英			《环境空气和废气　二噁英类的测定　同位素稀释高分辨气相色谱-高分辨质谱法》（HJ 77.2—2008）

4.8.3　示例 3：某医疗废物焚烧有限公司

医疗废物焚烧企业焚烧炉焚烧废气排放种类、监测项目及监测频次与危废焚烧企业基本相同，噪声及周边环境监测内容可参考示例 1 和示例 2，此节不再赘述，仅以废水监测方案示例。

××××有限公司专门从事××市医疗废物的集中处理工作。公司有两条××t/d

的热解气化焚烧生产线，该套生产设备自动化程度高、污染度低，采用国际主流和国内领先的医疗废物集中处置技术，实现达标排放。其中颗粒物、二氧化硫、氮氧化物、氯化氢、一氧化碳均已安装在线，其他废气污染物严格按照《排污单位自行监测技术指南　固体废物焚烧》（JH 1205—2021）规定的频次开展监测。公司生产废水和生活废水经公司内部污水处理站预处理后部分回用，多余部分排至××污水处理厂。

废水排放监测方案见表 4-16。

表 4-16　废水排放监测方案

监测点位	监测指标	排放限值	技术手段	监测频次	分析方法
	流量	—	自动	连续	—
废水总排口（DW001）	pH	6～9（无量纲）	手工	2次/日	《水质　pH 值的测定　电极法》（HJ 1147—2020）
	总余氯	0.5 mg/L			《水质　游离氯和总氯的测定　N,N-二乙基 -1,4- 苯二胺分光光度法》（HJ 586—2010）
	悬浮物	20 mg/L		周	《水质　悬浮物的测定　重量法》（GB 11901—89）
	化学需氧量	60 mg/L			《水质　化学需氧量的测定　重铬酸盐法》（HJ 828—2017）
	五日生化需氧量	20 mg/L		季度	《水质　五日生化需氧量（BOD$_5$）的测定　稀释与接种法》（HJ 505—2009）
	氨氮	15 mg/L			《水质　氨氮的测定　纳氏试剂分光光度法》（HJ 535—2009）
	粪大肠菌群数	200 MPN/L		月	《水质　总大肠菌群和粪大肠菌群的测定　纸片快速法》（HJ 755—2015）

注：排放限值中"—"表示该项目暂无排放标准。

第5章 监测设施设置与维护要求

监测设施是监测活动开展的重要基础，监测设施的规范性直接影响监测数据质量。我国涉及的监测设施设置与维护要求的标准规范有很多，但相对零散，且存在一定的衔接不够紧密的地方。本章立足现有的标准规范，结合污染源监测实际开展情况，对监测设施设置与维护要求进行全面梳理和总结，供开展污染源监测的相关人员参考。

5.1 基本原则和依据

5.1.1 基本原则

排污单位应当依据国家污染源监测相关标准规范、污染物排放标准、自行监测相关技术指南和其他相关规定等进行监测点位的确定和排污口规范化设置；地方颁布执行的污染源监测标准规范、污染物排放标准等对监测点位的确定和排污口规范化设置有要求时，可按照地方规范、标准从严执行。

5.1.2 相关依据

排污单位的排污口主要包括废水排放口和废气排放口。

目前，国家有关废水监测点位确定及排污口规范化设置的标准规范主要包括

《污水监测技术规范》（HJ 91.1—2019）、《水污染物排放总量监测技术规范》（HJ/T 92—2002）、《固定污染源监测质量保证与质量控制技术规范（试行）》（HJ/T 373—2007）、《水污染源在线监测系统（COD$_{Cr}$、NH$_3$-N 等）安装技术规范》（HJ 353—2019）等。

废气监测点位确定及规范化设置的标准规范主要包括《固定污染源排气中颗粒物测定与气态污染物采样方法》（GB/T 16157—1996）、《固定源废气监测技术规范》（HJ/T 397—2007）、《固定污染源监测质量保证与质量控制技术规范（试行）》（HJ/T 373—2007）、《固定污染源烟气（SO$_2$、NO$_x$、颗粒物）排放连续监测技术规范》（HJ 75—2017）、《固定污染源烟气（SO$_2$、NO$_x$、颗粒物）排放连续监测系统技术要求及检测方法》（HJ 76—2017）等。

对于各类污染物排放口监测点位标志牌的规范化设置，主要依据国家环境保护总局发布的《排放口标志牌技术规格》（国家环保总局 环办〔2003〕95 号），以及《环境保护图形标志——排放口（源）》（GB 15562.1—1995）等执行。

此外，国家环境保护局发布的《排污口规范化整治技术要求（试行）》（国家环保局 环监〔1996〕470 号）对排污口规范化整治技术提出了总体要求，部分省、自治区、直辖市、地级市也对本辖区排污口的规范化管理发布了技术规定、标准；各行业污染物排放标准以及各重点行业的排污单位自行监测的相关技术指南则对废水、废气排放口监测点位进行明确。

5.2 废水监测点位的确定及排污口规范化设置

5.2.1 废水排放口的类型及监测点位确定

排污单位的废水排放口一般包括排污单位废水总排口、排污单位车间废水排放口、雨水排放口、生活污水排放口等。

废水总排口排放的废水一般应包括排污单位的生产废水、生活污水、初期雨水、事故废水等，开展自行监测的排污单位均须在废水总排放口设置监测点位。

对于排放一类污染物的排污单位，即排放环境中难以降解或能在动植物体内蓄积，对人体健康和生态环境产生长远不良影响，具有致癌、致畸、致突变污染物的排污单位，必须在车间废水排放口设置监测点位，对一类污染物进行监测。

考虑排污单位生产过程中，可能会有部分污染物通过雨排系统排入外环境，因此排污单位还应在雨水排放口设置监测点位，并在雨水排放口有雨水排放时开展监测。

部分排污单位的生产废水和生活污水分别设置了排放口，对于此类排污单位，除在生产废水排放口设置监测点位外，还应在生活污水排放口设置监测点位。

此外，排污单位还应根据各行业自行监测技术指南的相关要求，设置监测点位。

5.2.2　废水排放口的规范化设置

废水排放口的设置，应满足以下要求：

（1）排放口应按照《环境保护图形标志——排放口（源）》（GB 15562.1—1995）的要求设置明显标志，废水排放口可以是矩形、圆形或梯形，一般使用混凝土、钢板或钢管等原料。

（2）排放口应满足现场采样和流量测定要求，用暗管或暗渠排污的，应设置一段能满足采样条件和流量测量的明渠。测流段水流应平直、稳定、集中，无下游水流顶托影响，上游顺直长度应大于 5 倍测流段最大水面宽度，同时测流段水深应大于 0.1 m 且不超过 1 m。

（3）废水排放口应能够方便安装三角堰、矩形堰、测流槽等测流装置或其他计量装置。有废水自动监测设施的排放口，还应能够满足安装污水水量自动计量装置（如超声波明渠流量计、管道式电磁流量计等）、采样取水系统、水质自动采样器等设备、设施的要求。

（4）排污单位应单独设置各类废水排放口，避免多家不同排污单位共用一个废水排放口。

5.2.3 采样点及监测平台的规范化设置

各类废水排放口监测点位的实际具体采样位置即采样点，一般应设在厂界内或厂界外不超过 10 m 范围内。压力管道式排放口应安装取样阀门；废水直接从暗渠排入市政管道的，应在企业界内或排入市政管道前设置取样口。有条件的排污单位应尽量设置一段能满足采样条件的明渠，以方便采样。

污水面在地下或距地面超过 1 m，应配建取样台阶或梯架。监测平台面积应不小于 1 m²，平台应设置高度不低于 1.2 m 的防护栏、高度不低于 10 cm 的脚部挡板。监测平台、梯架通道及防护栏的相关设计载荷及制造安装应符合《固定式钢梯及平台安全要求 第 3 部分：工业防护栏杆及钢平台》（GB 4053.3—2009）的要求。

应保证污水监测点位场所通风、照明正常，还应在有毒有害气体的监测场所设置强制通风系统，并安装相应的气体浓度报警装置。

5.2.4 废水自动监测设施的规范化设置

5.2.4.1 监测站房

废水自动监测站房的设置，应满足如下要求：

（1）应建有专用监测站房，新建监测站房面积应满足不同监控站房的功能需要，并保证水污染源在线监测系统的摆放、运转和维护，使用面积应不小于 15 m²，站房高度应不低于 2.8 m。

（2）监测站房应尽量靠近采样点位，与采样点位的距离应小于 50 m。

（3）监测站房应安装空调和冬季采暖设备，空调具有来电自启动功能，具备温湿度计，保证室内清洁，环境温度、相对湿度和大气压等应符合《工业过程测量和控制装置的工作条件 第 1 部分：气候条件》（GB/T 17214.1—1998）的要求。

（4）监测站房内应配置安全合格的配电设备，能提供足够的电力负荷，功率≥5 kW，站房内应配置稳压电源。

（5）监测站房内应配置合格的给排水设施，使用符合实验要求的用水清洗仪器及有关装置。

（6）监测站房应有完善规范的接地装置和避雷措施、防盗和防止人为破坏的设施，接地装置安装工程的施工应满足《电气装置安装工程　接地装置施工及验收规范》（GB 50169—2016）的相关要求，建筑物防雷设计应满足《建筑物防雷设计规范》（GB 50057—2010）的相关要求。

（7）监测站房内应配备灭火器箱、手提式二氧化碳灭火器、干粉灭火器或沙桶等，并按消防相关要求布置。

（8）监测站房不应位于通讯盲区，应能够实现数据传输。

（9）监测站房的设置应避免对企业安全生产和环境造成影响。

（10）监测站房内、采样口等区域应安装视频监控设施。

5.2.4.2　水质自动采样单元的设置

废水自动监测设备的水质自动采样单元设置，应满足如下要求：

（1）水质自动采样单元应具有采集瞬时水样及混合水样，混匀及暂存水样、自动润洗及排空混匀桶，以及留样功能。

（2）pH 水质自动分析仪和温湿度计应原位测量或测量瞬时水样。

（3）COD_{Cr}、TOC、NH_3-N、TP、TN 水质自动分析仪应测量混合水样。

（4）水质自动采样单元的构造应保证将水样不变质地输送到各水质分析仪，应有必要的防冻和防腐设施。

（5）水质自动采样单元应设置混合水样的人工比对采样口。

（6）水质自动采样单元的管路宜设置为明管，并标注水流方向。

（7）水质自动采样单元的管材应采用优质的聚氯乙烯（PVC）、三丙聚丙烯（PPR）等不影响分析结果的硬管。

（8）采用明渠流量计测量流量时，水质自动采样单元的采水口应设置在堰槽前方，合流后充分混合的场所尽量设在流量监测单元标准化计量堰（槽）取水口头部的流路中央，采水口朝向与水流的方向一致，减少采水部前端的堵塞。采水装置宜设置成可随水面的涨落而上下移动的形式。

（9）采样泵应根据采样流量、水质自动采样单元的水头损失及水位差合理选择。应使用寿命长、易维护，并且对水质参数没有影响的采样泵，安装位置应便于采样泵的维护。

5.2.4.3　水污染源在线监测仪器安装要求

水污染源在线监测仪器的安装，应满足如下要求：

（1）水污染源在线监测仪器的各种电缆和管路应加保护管，保护管应在地下铺设或空中架设，空中架设的电缆应附着在牢固的桥架上，并在电缆、管路以及电缆和管路的两端设立明显标识。电缆线路的施工应满足《电气装置安装工程电缆线路施工及验收标准》（GB 50168—2018）的相关要求。

（2）各仪器应落地或壁挂式安装，有必要的防振措施，保证设备安装牢固稳定。在仪器周围应留有足够空间，方便仪器维护。其他要求参照仪器相应说明书相关内容，应满足《自动化仪表工程施工及质量验收规范》（GB 50093—2013）的相关要求。

（3）必要时（如南方的雷电多发区），仪器和电源也应设置防雷设施。

5.2.4.4　流量计的安装要求

流量计的安装，应满足如下要求：

（1）采用明渠流量计测定流量，应按照《明渠堰槽流量计》（JJG 711—1990）、《城市排水流量堰槽测量标准　三角形薄壁堰》（CJ/T 3008.1—1993）、《城市排水流量堰槽测量标准　矩形薄壁堰》（CJ/T 3008.2—1993）、《城市排水流量堰槽测量标准　巴歇尔量水槽》（CJ/T 3008.3—1993）等技术要求修建或安装标准化计量堰（槽），并通过计量部门检定。主要流量堰槽的安装规范见 HJ 353—2019 附录 D。

（2）应根据测量流量范围选择合适的标准化计量堰（槽），根据计量堰（槽）的类型确定明渠流量计的安装点位，具体要求如表 5-1 所示。

表 5-1　明渠流量计的安装点位

序号	堰槽类型	测量流量范围/（m³/s）	流量计安装位置
1	巴歇尔槽	$0.1×10^{-3}$～93	应位于堰槽入口段（收缩段）1/3 处
2	三角形薄壁堰	$0.2×10^{-3}$～1.8	应位于堰板上游 3～4 倍最大液位处
3	矩形薄壁堰	$1.4×10^{-3}$～49	应位于堰板上游 3～4 倍最大液位处

（3）采用管道电磁流量计测定流量，应按照《环境保护产品技术要求　电磁管道流量计》（HJ/T 367—2007）等进行选型、设计和安装，并通过计量部门检定。

（4）电磁流量计在垂直管道上安装时，被测流体的流向应自下而上，在水平管道上安装时，两个测量电极不应在管道的正上方和正下方位置。流量计上游直管段长度和安装支撑方式应符合设计文件要求。管道设计应保证流量计测量部分管道水流时刻满管。

（5）流量计应安装牢固稳定，有必要的防振措施。仪器周围应留有足够空间，方便仪器维护与比对。

5.3　废气监测点位的确定及规范化设置

5.3.1　废气排放口类型及监测点位的确定

排污单位的废气排放口一般包括生产设施工艺废气排放口、自备火力发电机组（厂）或配套动力锅炉废气排放口、污染处理设施排放口（如自备危险废物焚烧炉废气排放口、污水处理设施废气排放口）等。

排气筒（烟道）是目前排污单位废气有组织排放的主要排放口，因此，有组织废气的监测点位通常设置在排气筒（烟道）的横截断面（监测断面）上，并通过监测断面上的监测孔完成废气污染物的采样监测及流速、流量等废气参数的测量。

废气排放口监测点位的确定包括监测断面的设置及监测孔的设置两个部分。排污单位应按照相关技术规范、标准的规定，根据所监测的污染物类别、监测技术手段的不同要求，先确定具体的废气排放口监测断面位置，再确定监测断面上监测孔的位置、数量。

5.3.2　监测断面规范化设置

5.3.2.1　基本要求

废气排放口监测断面包括手工监测断面和自动监测断面，监测断面设置应满足以下基本要求：

（1）监测断面应避开对测试人员操作有危险的场所，并在满足相关监测技术规范、标准规定的前提下，尽量选择方便监测人员操作及设备运输、安装的位置进行设置。

（2）若一个固定污染源排放的废气先通过多个烟道或管道后进入该固定污染源的总排气管，应尽可能将废气监测断面设置在总排气管上，不得只在其中一个烟道或管道上设置监测断面开展监测并将测定值作为该污染源的排放结果；但允许在每个烟道或管道上均设置监测断面并同步开展废气污染物排放监测。

（3）监测断面一般优先选择设置在烟道垂直管段和负压区域，应避开烟道弯头和断面急剧变化的部位，确保所采集样品的代表性。

5.3.2.2　手工监测断面设置的具体要求

对于废气手工监测断面，在满足 5.3.2.1 中基本要求的同时，还应按照以下具体规定进行设置：

（1）颗粒态污染物及流速、流量监测断面

①监测断面的流速应不小于 5 m/s。

②监测断面位置应位于在距弯头、阀门、变径管下游方向不小于 6 倍直径（当量直径）和距上述部件上游方向不小于 3 倍直径（当量直径）处。

对矩形烟道，其当量直径按式（5-1）计算：

$$D = \frac{2AB}{A+B} \tag{5-1}$$

式中，A、B——边长。

③现场空间位置有限，很难满足②中要求时，可选择比较适宜的管段采样。手工监测位置与弯头、阀门、变径管等的距离至少是烟道直径的 1.5 倍，并应适当增加测点的数量和采样频次。

（2）气态污染物监测断面

手工监测时若需要同步监测颗粒态污染物及流速、流量，则监测断面应按照 5.3.2.2（1）中相关要求设置；否则，可不按上述要求设置，但要避开涡流区。

5.3.2.3　自动监测断面设置的具体要求

对于废气自动监测断面，在满足 5.3.2.1 中基本要求的同时，还应按照以下具体规定进行设置：

（1）一般要求

①位于固定污染源排放控制设备的下游和比对监测断面、比对采样监测孔的上游，且便于用参比方法进行校验；

②不受环境光线和电磁辐射的影响；

③烟道振动幅度尽可能小；

④安装位置应尽量避开烟气中水滴和水雾的干扰，如不能避开，应选用能够适用的检测探头及仪器；

⑤安装位置不漏风；

⑥固定污染源烟气净化设备设置有旁路烟道时，应在旁路烟道内安装自动监测设备采样和分析探头。

（2）颗粒态污染物及流速、流量监测断面

①监测断面的流速应不小于 5 m/s。

②用于颗粒物及流速自动监测设备采样和分析探头安装的监测断面位置，应设置在距弯头、阀门、变径管下游方向不小于 4 倍烟道直径，以及距上述部件上游方向不小于 2 倍烟道直径处。矩形烟道当量直径可按照式（5-1）计算。

③无法满足②中要求时，颗粒物及流速自动监测设备采样和分析探头的安装位置尽可能选择在气流稳定的断面，并采取相应措施保证监测断面烟气分布相对均匀，断面无紊流。对烟气分布均匀程度的判定采用相对均方根 σ_r 法，当 $\sigma_r \leqslant 0.15$ 时视为烟气分布均匀，σ_r 按式（5-2）计算：

$$\sigma_r = \sqrt{\frac{\sum_{i=1}^{n}(v_i - \bar{v})^2}{(n-1) \times \overline{v^2}}} \tag{5-2}$$

式中，v_i——测点烟气流速，m/s；

$\bar{v}$——截面烟气平均流速，m/s；

n——截面上的速度测点数目，测点的选择按照《固定污染源排气中颗粒物测定与气态污染物采样方法》执行。

（3）气态污染物监测断面

①对于气态污染物自动监测设备采样和分析探头的安装位置，应设置在距弯头、阀门、变径管下游方向不小于 2 倍烟道直径，以及距上述部件上游方向不小于 0.5 倍烟道直径处。矩形烟道当量直径可按照式（5-1）计算。

②无法满足①中要求时，应按照 5.3.2.3（2）③中的相关要求及式（5-2）计算，设置监测断面。

③同步进行颗粒态污染物及流速、流量监测的，应优先满足颗粒态污染物及其流速、流量监测断面的设置条件，监测断面的流速应不小于 5 m/s。

5.3.3　监测孔的规范化设置

5.3.3.1　监测孔规范化设置的基本要求

监测孔一般包括用于废气污染物排放监测的手工监测孔及用于废气自动监测设备校验的参比方法采样监测孔。

监测孔的设置应满足以下基本要求：

（1）监测孔位置应便于人员开展监测工作，应设置在规则的圆形或矩形烟道上，不宜设置在烟道的顶层。

（2）对于输送高温或有毒有害气体的烟道，监测孔应开在烟道的负压段；若负压段满足不了开孔需求，对正压下输送高温和有毒气体的烟道，应安装带有闸板阀的密封监测孔，见图 5-1。

1—闸板阀手轮；2—闸板阀阀杆；3—闸板阀阀体；4—烟道；5—监测孔管；6—采样枪。

图 5-1　带有闸板阀的密封监测孔

（3）监测孔的内径一般不小于 80 mm，新建或改建污染源废气排放口监测孔的内径应不小于 90 mm；监测孔管长不大于 50 mm（安装闸板阀的监测孔管除外）。监测孔在不使用时用盖板或管帽封闭，在监测使用时应易开合。

5.3.3.2　手工监测开孔的具体要求

在确定的监测断面上设置手工监测的监测孔时，应在满足 5.3.3.1 中基本要求的同时，按照以下具体规定设置：

（1）若监测断面为圆形的烟道，监测孔应设在包括各测点在内的互相垂直的直径线上，其中，断面直径小于 3 m 时，应设置相互垂直的 2 个监测孔；断面直径大于 3 m 时，应尽量设置相互垂直的 4 个监测孔，见图 5-2。

（2）若监测断面为矩形烟道，监测孔应设在包括各测点在内的延长线上，其中，监测断面宽度大于 3 m 时，应尽量在烟道两侧对开监测孔，具体监测孔数量按照《固定污染源排气中颗粒物测定与气态污染物采样方法》（GB/T 16157—1996）的要求确定，见图 5-3。

1—测点；2—监测孔。

图 5-2　圆形断面测点与监测孔

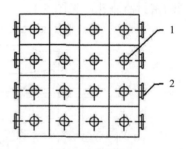

1—测点；2—监测孔。

图 5-3　矩形断面测点与监测孔

5.3.3.3　自动监测设备参比方法采样监测开孔的具体要求

废气自动监测设备参比方法采样监测孔的设置，在满足 5.3.3.1 中基本要求的同时，还应按照以下具体规定设置：

（1）应在自动监测断面下游预留参比方法采样监测孔，在互不影响测量的前提下，参比方法采样监测孔应尽可能靠近废气自动监测断面，距离约 0.5 m 为宜。

（2）对于监测断面为圆形的烟道，参比方法采样监测孔应设在包括各测点在内的互相垂直的直径线上，其中，断面直径小于 4 m 时，应设置相互垂直的 2 个监测孔；断面直径大于 4 m 时，应尽量设置相互垂直的 4 个监测孔。

（3）若监测断面为矩形烟道，参比方法采样监测孔应设在包括各测点在内的延长线上，监测断面宽度大于 4 m 时，应尽量在烟道两侧对开监测孔，具体监测孔数量按照《固定污染源排气中颗粒物测定与气态污染物采样方法》（GB/T 16157—1996）的要求确定。

5.3.4　监测平台的规范化设置

监测平台应设置在监测孔的正下方 1.2～1.3 m 处，应安全、便于开展监测活动，必要时应设置多层平台以满足与监测孔距离的要求。

仅用于手工监测的平台可操作面积至少应大于 1.5 m²（长度、宽度均不小于 1.2 m），最好在 2 m² 以上。用于安装废气自动监测设备和进行参比方法采样监测的平台面积至少在 4 m² 以上（长度、宽度均不小于 2 m），或不小于采样枪长度外延 1 m。

监测平台应易于人员和监测仪器到达。应根据平台高度，按照《固定式钢梯及平台安全要求　第 1 部分：钢直梯》（GB 4053.1—2009）、《固定式钢梯及平台安全要求　第 2 部分：钢斜梯》（GB 4053.2—2009）的要求，设置直梯或斜梯。当监测平台距离地面或其他坠落面距离超过 2 m 时，不应设置直梯，应有通往平台的斜梯、旋梯或通过升降梯、电梯到达，斜梯、旋梯宽度应不小于 0.9 m，梯子倾角不超过 45°，其他具体指标详见 GB 4053.1—2009 和 GB 4053.2—2009。监测平台距离地面或其他坠落面距离超过 20 m 时，应有通往平台的升降梯，见图 5-4。

监测平台、通道的防护栏杆的高度应不低于 1.2 m，踢脚板不低于 10 cm。监测平台、通道、防护栏的设计载荷、制造安装、材料、结构及防护要求应符合《固定式钢梯及平台安全要求　第 3 部分：工业防护栏杆及钢平台》（GB 4053.3—2009）的要求，见图 5-5。

1—踏板；2—梯梁；3—中间栏杆；4—立柱；5—扶手；H—梯高；L—梯跨；

h_1—栏杆高；h_2—扶手高；α—梯子倾角；i—踏步高；g—踏步宽。

图 5-4 固定式钢斜梯

1—扶手（顶部栏杆）；2—中间栏杆；3—立柱；4—踢脚板；H—栏杆高度。

图 5-5 防护栏杆

监测平台应设置一个防水低压配电箱，内设漏电保护器、不少于 2 个 16A 插座及 2 个 10A 插座，保证监测设备所需电力。

监测平台附近有造成人体机械伤害、灼烫、腐蚀、触电等危险源的，应在平台相应位置设置防护装置。监测平台上方有坠落物体隐患时，应在监测平台上方高处设置防护装置。防护装置的设计与制造应符合《机械安全　防护装置　固定式和活动式防护装置设计与制造一般要求》（GB/T 8196—2018）的要求。

排放剧毒、致癌物及对人体有严重危害物质的监测点位应储备相应安全防护装备。

5.3.5　废气自动监测设施的规范化设置

5.3.5.1　监测站房的设置

废气自动监测站房的设置，应满足以下要求：

（1）应为室外的 CEMS 提供独立站房，监测站房与采样点之间距离应尽可能近，原则上不超过 70 m。

（2）监测站房的地面使用荷载 ≥20 kN/m²。若站房内仅放置单台机柜，面积应 ≥2.5 m×2.5 m。若同一站房放置多套分析仪表的，每增加一台机柜，站房面积应至少增加 3 m²，以便于开展运维操作。站房空间高度应 ≥2.8 m，站房建在标高 ≥0 m 处。

（3）监测站房内应安装空调和采暖设备，室内温度应保持在 15～30℃，相对湿度应 ≤60%，空调应具有来电自动重启功能，站房内应安装排风扇或其他通风设施。

（4）监测站房内配电功率能够满足仪表实际要求，功率不少于 8 kW，至少预留三孔插座 5 个、稳压电源 1 个、UPS 电源 1 个。

（5）监测站房内应配备不同浓度的有证标准气体，且在有效期内。标准气体应当包含零气（含二氧化硫、氮氧化物浓度均 ≤0.1 μmol/mol 的标准气体，一般为高纯氮气，纯度 ≥99.999%；当测量烟气中二氧化碳时，零气中二氧化碳 ≤400 μmol/mol，含有其他气体的浓度不得干扰仪器的读数）和 CEMS 测量的各种气体（SO_2、NO_x、O_2）的量程标气，以满足日常零点、量程校准、校验的需要。低浓度标准气体可由高浓度标准气体通过经校准合格的等比例稀释设备获得（精密度≤1%），也可单独配备。

（6）监测站房应有必要的防水、防潮、隔热、保温措施，在特定场合还应具备防爆功能。

（7）监测站房应具有能够满足废气自动监测系统数据传输要求的通信条件。

5.3.5.2 自动监测设备的安装施工要求

（1）废气自动监测系统安装施工应符合《自动化仪表工程施工及质量验收规范》（GB 50093—2013）、《电气装置安装工程电缆线路施工及验收标准》（GB 50168—2018）的规定。

（2）施工单位应熟悉废气自动监测系统的原理、结构、性能，应编制施工方案、施工技术流程图、设备技术文件、设计图样、监测设备及配件货物清单交接明细表、施工安全细则等有关文件。

（3）设备技术文件应包括资料清单、产品合格证、机械结构、电气和仪表安装的技术说明书、装箱清单、配套件、外购件检验合格证和使用说明书等。

（4）设计图样应符合技术制图、机械制图、电气制图、建筑结构制图等标准的规定。

（5）设备安装前的清理、检查及保养应符合以下要求：

①按交货清单和安装图样明细表清点检查设备及零部件，缺损件应及时处理，更换补齐；

②运转部件如取样泵、压缩机、监测仪器等，滑动部位均须清洗、注油润滑防护；

③因运输造成变形的仪器，设备的结构件应校正，并重新涂刷防锈漆及表面油漆，保养完毕后应恢复原标记。

（6）现场端连接材料（垫片、螺母、螺栓、短管、法兰等）为焊件组对成焊时，壁（板）的错边量应符合以下要求：

①管子或管件对口、内壁齐平，最大错边量≤1 mm；

②采样孔的法兰与连接法兰几何尺寸极限偏差不超过±5 mm，法兰端面的垂直度极限偏差≤0.2%；

③采用透射法原理颗粒物监测仪器发射单元和颗粒物监测仪反射单元，测量光束从发射孔的中心出射到对面中心线相叠合的极限偏差≤0.2%。

（7）从探头到分析仪的整条采样管线的铺设应采用桥架或穿管等方式，保证整条管线具有良好的支撑。管线倾斜度≥5º，防止管线内积水，在每隔 4～5 m 处装线卡箍。当使用伴热管线时应具备稳定、均匀加热和保温的功能；其设置加热温度≥120℃，且应高于烟气露点温度 10℃以上，其实际温度值应能够在机柜或系统软件中显示查询。

（8）电缆桥架安装应满足最大直径电缆的最小弯曲半径要求。电缆桥架的连接应采用连接片。配电套管应采用钢管和 PVC 管材质配线管，其弯曲半径应满足最小弯曲半径要求。

（9）应将动力与信号电缆分开敷设，保证电缆通路及电缆保护管的密封，自控电缆应符合输入和输出分开、数字信号和模拟信号分开配线和敷设的要求。

（10）安装精度和连接部件坐标尺寸应符合技术文件和图样规定。监测站房仪器应排列整齐，监测仪器顶平直度和平面度应不大于 5 mm，监测仪器牢固固定，可靠接地。二次接线正确、牢固可靠，所配导线的端部应标明回路编号。配线工艺整齐，绑扎牢固，绝缘性好。

（11）各连接管路、法兰、阀门封口垫圈应牢固完整，均不得有漏气、漏水现象。保持所有管路畅通，保证气路阀门、排水系统安装后的畅通和启闭灵活。自动监测系统空载运行 24 小时后，管路不得出现脱落、渗漏、振动强烈的现象。

（12）反吹气应为干燥清洁气体，反吹系统应进行耐压强度试验，试验压力为常用工作压力的 1.5 倍。

（13）电气控制和电气负载设备的外壳防护应符合《外壳防护等级（IP 代码）》（GB 4208—2017）的技术要求，户内达到防护等级 IP24 级，户外达到防护等级 IP54 级。

（14）防雷、绝缘要求。

①系统仪器设备的工作电源应有良好的接地措施，接地电缆应采用大于 4 mm^2 的独芯护套电缆，接地电阻小于 4 Ω，且不能和避雷接地线共用。

②平台、监测站房、交流电源设备、机柜、仪表和设备金属外壳、管缆屏蔽层和套管的防雷接地，可利用厂内区域保护接地网，采用多点接地方式。厂区内不能提供接地线或提供的接地线达不到要求的，应在子站附近重做接地装置。

③监测站房的防雷系统应符合《建筑物防雷设计规范》（GB 50057—2010）的规定，电源线和信号线设防雷装置。

④电源线、信号线与避雷线的平行净距离≥1 m，交叉净距离≥0.3 m，见图 5-6。

图 5-6　电源线、信号线与避雷线距离

⑤由烟囱或主烟道上数据柜引出的数据信号线要经过避雷器引入监测站房，应将避雷器接地端同站房保护地线可靠连接。

⑥信号线为屏蔽电缆线，屏蔽层应有良好绝缘，不可与机架、柜体发生摩擦、

打火，屏蔽层两端及中间均须做接地连接，见图 5-7。

接地线　　　　接地线　　　　　　　接地线

图 5-7　信号线接地

5.4　排污口标志牌的规范化设置

5.4.1　标志牌设置的基本要求

排污单位应在排污口及监测点位设置标志牌，标志牌分为提示性标志牌和警告性标志牌。提示性标志牌用于向人们提供某种环境信息，警告性标志牌用于提醒人们注意污染物排放可能会造成危害。

一般性污染物排放口及监测点位应设置提示性标志牌。排放剧毒、致癌物及对人体有严重危害物质的排放口及监测点位应设置警告性标志牌，警告标志图案应设置于警告性标志牌的下方。

标志牌应设置在距污染物排放口及监测点位较近且醒目处，并能长久保留。

排污单位可根据监测点位情况，设置立式或平面固定式标志牌。

5.4.2　标志牌技术规格

5.4.2.1　环保图形标志

（1）环保图形标志必须符合原国家环境保护局和原国家技术监督局发布的中华人民共和国国家标准《环境保护图形标志——排放口（源）》（GB 15562.1—1995）。

（2）图形颜色及装置颜色：

①提示标志：底和立柱为绿色，图案、边框、支架和文字为白色；

②警告标志：底和立柱为黄色，图案、边框、支架和文字为黑色。

（3）辅助标志内容：

①排放口标志名称；

②单位名称；

③排放口编号；

④污染物种类；

⑤××生态环境局监制；

⑥排放口经纬度坐标、排放去向、执行的污染物排放标准、标志牌设置依据的技术标准等。

（4）辅助标志字型：黑体字。

（5）标志牌尺寸：

①平面固定式标志牌外形尺寸：提示标志牌为 480 mm×300 mm；警告标志牌边长为 420 mm；

②立式固定式标志牌外形尺寸：提示标志牌为 420 mm×420 mm；警告标志牌边长为 560 mm；高度为标志牌最上端距地面 2 m。

5.4.2.2 其他要求

（1）标志牌材料

①标志牌采用 1.5～2 mm 冷轧钢板；

②立柱采用 38×4 无缝钢管；

③表面采用搪瓷或者反光贴膜。

（2）标志牌的表面处理

①搪瓷处理或贴膜处理；

②标志牌的端面及立柱要经过防腐处理。

（3）标志牌的外观质量要求

①标志牌、立柱无明显变形；

②标志牌表面无气泡，膜或搪瓷无脱落；

③图案清晰，色泽一致，不得有明显缺损；

④标志牌的表面不应有开裂、脱落及其他破损。

5.5　排污口规范化的日常管理与档案记录

排污单位应将排污口规范化建设纳入企业生产运行的管理体系中，制定相应的管理办法和规章制度，选派专职人员对排污口及监测点位进行日常管理和维护，并保存相关管理记录。

排污单位应建立排污口及监测点位档案。档案内容除包括排污口及监测点位的位置、编号、污染物种类、排放去向、排放规律、执行的排放标准等基本信息外，还应包括相关日常管理的记录，如标志牌的内容是否清晰完整，监测平台、各类梯架、监测孔、自动监测设施等是否能够正常使用，废水排放口是否损坏及排气筒有无漏风、破损现象等方面的检查记录，以及相应的维护、维修记录。

排污口及监测点位一经确认，排污单位不得随意变动。监测点位位置、排污口排放的污染物发生变化的，或排污口须拆除、增加、调整、改造或更新的，应按相关要求及时向生态环境主管部门报备，并及时设立新的标志牌或更换标志牌相应内容。

第6章 废水手工监测技术要点

废水手工监测是一个全面性、系统性的工作。为了规范手工监测活动的开展，我国发布了一系列监测技术规范和方法标准。总体来说，废水手工监测要按照相关的技术规范和方法标准开展。为了便于理解和应用，本章立足现有的技术规范和标准，结合日常工作经验，分别对流量监测、现场手工监测和实验室分析3个方面归纳总结了常见的方法和操作要求，以及方法使用过程中的重点注意事项。对于一些虽然适用，但不够便捷，目前实际应用很少的方法，本书中未进行列举，若排污单位根据实际情况，确实需要采用这类方法的，应严格按照方法的适用条件和要求开展相关监测活动。

6.1 流量

流量是排污单位排污总量核算的重要指标，在废水排放监测和管理中有重要的地位。流量测量最初始于水文水利领域对天然河流、人工运河、引水渠道等的流量监测。对于工业废水的流量监测，目前常用的方法有自动测流和手工测流两种方式。

6.1.1 自动测流

自动测流是采用污水流量计进行测量，通常包括明渠流量计和管道流量计。

通过污水流量计来测量渠道内和管道内废水（或污水）的体积流量。

（1）明渠流量计

利用明渠流量计进行自动测量时，采用超声波液位计和巴歇尔量水槽（以下简称巴氏槽）配合使用进行流量测定，并根据不同尺寸巴氏槽的经验公式计算出流量。需要注意的事项如下：

①巴氏槽安装前，应测算废水排放量并充分考虑污水处理设施的远期扩容，确保巴氏槽能满足最大流量下的测量。巴氏槽的材质要根据污水性质考虑防腐蚀。

②巴氏槽应安装于顺直平坦的渠道段，该段渠道长度不小于槽宽的 10 倍，下游渠道应无阻塞、不壅水，确保巴氏槽的水流处于自由出流状态。渠道应保持清洁，底部无障碍物，水槽应保持牢固可靠、不受损坏，凡漏水部位应及时修补，每年应校验一次液位计的精度和水头零点。详细的安装和维护要求见《城市排水流量堰槽测量标准　巴歇尔量水槽》（CJ/T 3008.3—1993）。

③与巴氏槽配合使用的超声波液位计应注意日常维护，确保稳定运行，出现故障应及时更换。

（2）管道流量计

利用管道流量计测量时，可选择电磁流量计或超声流量计，宜优先选择电磁流量计。需要注意的事项如下：

①电磁流量计的选型应充分考虑测量精度、污水性质、流量范围、排水规律等。流量计的口径通常与管道相同，也可以根据设计流量、流速范围来选择流量计和配套管道，管道中的流速通常以 2～4 m/s 为宜。

②电磁流量计选型时，应充分考虑废水的电导率、最大流量、常用流量、最小流量、工艺管径、管内温度、压力，以及是否有负压存在等信息。

③电磁流量计一定要安装在管路的最低点或者管路的垂直段且务必保证管内满流，若安装在垂直管线，要求水流自下而上，尽量不要自上而下，否则容易出现非满流，使读数波动变化较大。流量计前后应避免有阀门、弯头、三通等结构

存在，以防产生涡流或气泡，影响测流。

④电磁流量计应避免安装在温度变化很大或受到设备高温辐射的场所，若必须安装时，须有隔热、通风的措施；电磁流量计最好安装在室内，若必须安装于室外，应避免雨水淋浇、积水受淹及太阳暴晒，须有防潮和防晒的措施；避免安装在含有腐蚀性气体的环境中，必须安装时，须有通风的措施；为了安装、维护、保养方便，在电磁流量计周围需有充裕的空间；避免有磁场及强振动源，如管道振动强，在电磁流量计两边应有固定管道的支座。

⑤应对电磁流量计进行周期性检查，定期扫除尘垢确保无沾污，检查接线是否良好。

6.1.2 手工测流

手工测流方法是相对于自动测流方法而言的，这种方法操作复杂、准确度较低，仅建议在不满足自动测流条件或自动测流设施损坏时使用，不建议用作长期自行监测手段。常用的测流方法有明渠流速仪、便携式超声波管道测流仪和容积法。

（1）明渠流速仪

明渠流速仪（图 6-1）适用于明渠排水流量的测量，它是通过流速仪测量过水断面不同位置的流速，计算平均流速，再乘以断面面积即得测量时刻的瞬时流量，见图6-1。

用这种方法测量流量时，排污截面底部需硬质平滑，截面形状为规则的几何形，排污口处有不小于 3 m 的平直过流水段，且水位高度不小于 0.1 m。在明渠流量计自动测量断电或损坏时，可用此法临时测量排水流量。

便携式超声波流速仪

便携式旋桨流速仪

便携式旋杯流速仪

图 6-1　明渠流速仪

（2）便携式超声波管道测流仪

便携式超声波管道测流仪（图 6-2）的使用条件与电磁式自动测流仪一致，适用于顺直管道的满流测量。测量时，沿着管道的流向，将 2 个传感器分别贴合于管道，错开一定距离，通过 2 个传感器的时差测量流速，再乘以管道截面积，最终得出流量。测量的管壁应为能传导超声波的密实介质，如铸铁、碳钢、不锈钢、玻璃钢、PVC 等。测点应避开弯头、阀门等，确保流态稳定，无气泡和涡流。测点应避开大功率变频器和强磁场设备，以免产生干扰。在电磁流量计断电或损坏时，可用此法临时测量排水流量。

图 6-2　便携式超声波管道测流仪

（3）容积法

容积法是将废水纳入已知容量的容器中，测定其充满容器所需要的时间，从而计算水量的方法。该方法简单易行，适用于计量污水量较小的连续或间歇排放的污水。用此方法测量流量时，溢流口与受纳水体应有适当的落差或能用导水管形成落差。

用手工测量时，一般遵循以下原则：

①如果排放污水的"流量—时间"排放曲线波动较小，即用瞬时流量代表平均流量所引起的误差小于 10%，则在某一时段内的任意时间测得的瞬时流量乘以该时间即为该时段的流量；

②如果排放污水的"流量—时间"排放曲线虽有明显波动，但其波动有固定的规律，可以用该时段中几个等时间间隔的瞬时流量来计算出平均流量，再乘以时间得到流量；

③如果排放污水的"流量—时间"排放曲线既有明显波动又无规律可循，则必须连续测定流量，流量对时间的积分即为总量。

6.2　现场采样

采样前要根据采样任务确定监测点位、各监测点位的监测指标、各监测指标需要使用的采样容器、采样要求和保存运输要求等。

6.2.1　采样点位

《排污单位自行监测技术指南　固体废物焚烧》(HJ 1205—2021)均对每个监测点位的监测指标进行了明确规定。对于属于第一类污染物的采样点位一律设在车间或车间处理设施的排放口或专门处理此类污染物设施的排放口。第一类污染物包括总汞、烷基汞、总镉、总铬、六价铬、总砷、总铅、总镍、苯并[a]芘、总铍、总银、总 α 放射性、总 β 放射性。对于废水外排的固体废物焚烧排污单位，需要对总汞、总镉、总铬、六价铬、总砷、总铅等开展自行监测。

对于第二类污染物，采样点位一律设在排污单位的外排口。固体废物焚烧排污单位其他废水监测指标均在外排口开展监测。

进入集中式污水处理厂和进入城市污水管网的污水采样点位应根据地方生态环境主管部门的要求确定。

污水处理设施效率监测采样点的布设：

（1）对整体污水处理设施效率监测时，在各种进入污水处理设施的污水入口和污水设施的总排口设置采样点。

（2）对各污水处理单元效率监测时，在各种进入处理设施单元的污水入口和设施单元的排口设置采样点。

实际采样位置应位于污水排放管道中间位置，当水深大于 1 m 时，应在表层下 1/4 深度处采样；水深小于或等于 1 m 时，在水深的 1/2 处采样。

6.2.2　采样方法

废水的监测项目根据行业类型有不同的要求，排污单位根据本行业自行监测技术指南要求设置。采集样品时应设在废水混合均匀处，避免引入其他干扰。

采样方法主要分为瞬时采样和连续采样。

在分时间单元采集瞬时样品时，测定 pH、化学需氧量、五日生化需氧量、硫化物、动植物油和悬浮物不能混合，只能单独采样。

根据监测项目选择不同的采样器，主要包括聚乙烯塑料桶、不锈钢采水器、有机玻璃水质采样器、泵式采水器、油类采样器、自动采样装置并用采样容器直接灌装。当水深很浅，以上采样器均不适用时，可考虑使用不锈钢或塑料水瓢采集水样，采样人员距水面较远时可使用长柄瓢。废水排口有较大落差的，可使用上方开口的容器，如吊桶、提桶等采集水样。不同的废水采样器见图 6-3。

有需求和条件的排污单位可配备水质自动采样装置进行时间比例采样和流量比例采样。当污水排放量较稳定时可采用时间比例采样，否则必须采用流量比例采样。所用自动采样器必须符合生态环境部颁布的污水采样技术要求。

（a）不锈钢采水器　　　　　　　　　　（b）有机玻璃水质采样器

（c）油类采样器

（d）塑料水瓢

（e）长柄瓢

（f）吊桶

（g）提桶

（h）水质自动采样装置

图 6-3　不同的废水采样器

样品采集时还应针对具体的监测项目注意以下事项：

（1）采样时应去除表面的杂物、垃圾等漂浮物，不可搅动水底的沉积物。

（2）采样前先用水样荡涤采样容器和样品容器 2～3 次（动植物油类、石油类、挥发性有机物、微生物不可涤荡）。

（3）部分监测项目在不同时间采集的水样不能混合，如水温、pH、色度、动植物油类、石油类、五日生化需氧量、硫化物、挥发性有机物、氰化物、余氯、微生物、放射性等。

（4）部分监测项目须单独采集储存，如动植物油类、石油类、硫化物、挥发酚、氰化物、余氯、微生物等。

（5）部分监测项目水样采集须注满容器，如五日生化需氧量、挥发性有机物等。

（6）采样结束后，应核对采样计划、记录与水样，如有错误或遗漏，应立即补采或重采。如采样现场水体很不均匀，无法采到有代表性的样品，则应详细记录不均匀的情况和实际采样情况，供使用该数据者参考。

（7）对于 pH 和流量需现场监测的项目，应进行现场监测。

（8）采样时应认真填写《污水采样记录表》，表中应有以下内容：企业名称、行业名称、监测项目、样品编号、采样时间、采样口位置、样品类别、样品表观、采样口流量、采样人姓名及其他有关事项。具体格式可由各排污单位制定，可参考表 6-1。

表 6-1　污水采样记录表

企业名称	行业名称	监测项目	样品编号	采样时间	采样口位置（需标明车间或出厂口）	样品类别	样品表观	采样口流量/（m³/s）	采样人

6.2.3　采样容器

当前市面上常见的采样容器按材质主要分为硬质玻璃瓶和聚乙烯瓶，在表 6-2 中分别用 G、P 表示，硬质玻璃瓶有透明和棕色两种。硬质玻璃瓶适用于化学需氧量、总有机碳、氨氮、总氮、总磷等监测项目的样品采集。氟化物、总余氯采集时，应用棕色玻璃瓶，以降低光敏作用。五日生化需氧量采集时应用专门的溶氧瓶采集。聚乙烯瓶则适用于总铜、总锌、总镍、总镉等金属元素的样品采集。关于采样容器选择，分析方法中有要求的按照分析方法来处理，没有明确要求的可按表 6-2 执行。

表 6-2　样品保存和容器洗涤

项目	采样容器 [1]	采集或保存方法	保存期限 [2]	建议采样量 [3]/mL	容器洗涤 [4]	备注
pH	P 或 G		12 h	250	I	
悬浮物	P 或 G	冷藏 [a]，避光	14 d	500	I	
化学需氧量	G	H_2SO_4, pH≤2	2 d	500	I	
	P	−20℃冷冻	30 d	100		
五日生化需氧量	溶解氧瓶	冷藏 [a]，避光	12 h	250	I	
	P	−20℃冷冻	30 d	1 000		
总有机碳	G	H_2SO_4, pH≤2	7 d	250	I	
	P	−20℃冷冻	30 d	100		
氨氮	P 或 G	H_2SO_4, pH≤2	24 h	250	I	
	P 或 G	H_2SO_4, pH≤2, 冷藏 [a]	7 d	250		
总磷	P 或 G	HCl, H_2SO_4, pH≤2	24 h	250	IV	
	P	−20℃冷冻	30 d	250		
总氮	P 或 G	H_2SO_4, pH≤2	7 d	250	I	
	P	−20℃冷冻	30 d	200		
氰化物	P 或 G	NaOH, pH≥9, 冷藏 [a]	7 d	250	I	如果硫化物存在，保存 12 h
氟化物	P	冷藏 [a]，避光	14 d	250	I	
烷基汞	P	如在数小时内样品不能分析，应在样品瓶中预先加入		2 500		

项目	采样容器[1]	采集或保存方法	保存期限[2]	建议采样量[3]/mL	容器洗涤[4]	备注
		$CuSO_4$,加入量为每升 1 g(水样处理时不再加入),冷藏[a]				
总余氯	P 或 G	避光	5 min	500		最好在采集后 5 min 内现场分析
粪大肠菌群数	G(灭菌)或无菌袋	与其他项目一同采样时,先单独采集微生物样品,不预洗采样瓶,冷藏[a],避光,样品采集至采样瓶体积的80%左右,冷藏[a]	6 h	250		如水样中有余氯,每1L样品中加入 80 mg $Na_2S_2O_3 \cdot 5H_2O$
六价铬	P 或 G	NaOH, pH 为 8～9	14 d	250	酸洗III	
总铬	P 或 G	HNO_3, 1 L 水样中加浓 HNO_3 10 mL	30 d	100	酸洗	
总镍	P 或 G	HNO_3, 1 L 水样中加浓 HNO_3 10 mL	14 d	250	III	
总铜	P	HNO_3, 1 L 水样中加浓 HNO_3 10 mL,如用溶出伏安法测定,可改用 1 L 水样中加 19 mL 浓 $HClO_4$	14 d	250	III	
总锌	P	HNO_3, 1 L 水样中加浓 HNO_3 10 mL,如用溶出伏安法测定,可改用 1 L 水样中加 19 mL 浓 $HClO_4$	14 d	250	III	
总砷	P 或 G	HNO_3, 1 L 水样中加浓 HNO_3 10 mL, DDTC 法,HCl 2 mL,如用原子荧光法测定,1 L 水样中加 10 mL 浓 HCl	14 d	250	III	
总镉	P 或 G	HNO_3, 1 L 水样中加浓 HNO_3 10 mL,如用溶出伏安法测定,可改用 1 L 水样中加 19 mL 浓 $HClO_4$	14 d	250	III	
总汞	P 或 G	HCl, 1%,如水样为中性,1 L 水样中加浓 HCl 10 mL	14 d	250	III	
总铅	P 或 G	HNO_3, 1%,如水样为中性,1 L 水样中加浓 HNO_3 10 mL,如用溶出伏安法测定,可改用 1 L 水样中加 19 mL 浓 $HClO_4$	14 d	250	III	

项目	采样容器[1]	采集或保存方法	保存期限[2]	建议采样量[3]/mL	容器洗涤[4]	备注
总钡	P	HNO₃，pH≤2，冷藏[a]	14 d	250		
总铍	P 或 G	HNO₃，1 L 水样中加浓 HNO₃ 10 mL	14 d	250	酸洗Ⅲ	
总银	P 或 G	HNO₃，1 L 水样中加浓 HNO₃ 10 mL	14 d	250	Ⅲ	
苯并[a]芘	G（带聚四氟乙烯瓶盖）	冷藏[a]，避光	7 d	500		如水样中有余氯，每 1 L 样品中加入 80 mg Na₂S₂O₃·5H₂O

注：1. P 为聚乙烯瓶等材质塑料容器，G 为硬质玻璃容器。

　　2. min：分钟；h：小时；d：天。

　　3. 每个监测项目的建议采样量应保证满足分析所需的最小采样量，同时考虑重复分析和质量控制等的需要。

　　4. Ⅰ、Ⅱ、Ⅲ、Ⅳ表示 4 种洗涤方法，如下：

　　Ⅰ：洗涤剂洗 1 次，自来水洗 3 次，蒸馏水洗 1 次；

　　Ⅱ：洗涤剂洗 1 次，自来水洗 2 次，1+3HNO₃ 荡洗 1 次，自来水洗 3 次，蒸馏水洗 1 次；

　　Ⅲ：洗涤剂洗 1 次，自来水洗 2 次，1+3HNO₃ 荡洗 1 次，自来水洗 3 次，去离子水洗 1 次；

　　Ⅳ：铬酸洗液洗 1 次，自来水洗 3 次，蒸馏水洗 1 次。

　　[a]冷藏温度为：0～5℃。

　　在采样之前，采样容器应经过相应的清洗和处理，采样之后要对容器进行适当的封存。排污单位可根据监测项目自行选择采样容器并按照合适的方法进行清洗和处理。常用的采样容器见图 6-4。

图 6-4　采样容器（透明硬质玻璃瓶、棕色硬质玻璃瓶和聚乙烯瓶）

采样容器选择时一般遵守以下原则：

（1）最大限度防止容器及瓶塞对样品的污染。由于一般的玻璃瓶在贮存水样时可溶出钠、钙、镁、硅、硼等元素，在测定这些项目时应避免使用玻璃容器，以防止新的污染。一些有色瓶塞也会含有大量的重金属，因此采集金属项目时最好选用聚乙烯瓶。

（2）容器壁应易于清洗和处理，以减少如重金属对容器的表面污染。

（3）容器或容器塞的化学和生物性质应该是惰性的，以防止容器与样品组分发生反应。

（4）防止容器吸收或吸附待测组分，引起待测组分浓度的变化。微量金属易受这些因素的影响。

（5）选用深色玻璃能降低光敏作用。

采样容器准备时，应遵循以下原则：

（1）所有的采样容器准备都应确保对待测组分不发生正负干扰。

（2）尽可能使用专用容器。如不能使用专用容器，那么最好准备一套容器进行特定污染物的测定，以减少交叉污染。同时应注意防止以前采集高浓度分析物的容器因洗涤不彻底污染随后采集的低浓度污染物样品。

（3）对于新容器，一般应先用洗涤剂清洗，再用纯水彻底清洗。但是，用于清洁的清洁剂和溶剂可能引起干扰，所用的洗涤剂类型和选用的容器材质要随待测组分来确定。如测总磷的容器不能使用含磷洗涤剂；测重金属的玻璃容器及聚乙烯容器通常用盐酸或硝酸（$c=1\ mol/L$）洗净并浸泡 1～2 天后用蒸馏水或去离子水冲洗。

采样容器清洗时，应注意：

（1）用清洁剂清洗塑料或玻璃容器：用水和清洗剂的混合稀释溶液清洗容器和容器帽；用实验室用水清洗两次；控干水并盖好容器帽。

（2）用溶剂洗涤玻璃容器：用水和清洗剂的混合稀释溶液清洗容器和容器帽；用自来水彻底清洗；用实验室用水清洗两次；用丙酮清洗并干燥；用与分析方法

匹配的溶剂清洗并立即盖好容器帽。

（3）用酸洗玻璃或塑料容器：用自来水和清洗剂的混合稀释溶液清洗容器和容器帽；用自来水彻底清洗；用 10%硝酸溶液清洗；控干后，注满 10%硝酸溶液；密封贮存至少 24 小时；用实验室用水清洗，并立即盖好容器帽。

6.2.4　样品保存与运输

6.2.4.1　样品保存

样品采集后应尽快送到实验室进行分析，样品如果长时间放置，易受生物、化学、物理等因素影响，某些组分的浓度可能会发生变化。一般可通过冷藏、冷冻和添加保存剂等方式对样品进行保存。

（1）样品的冷藏、冷冻

在大多数情况下，从采集样品到运输最后到实验室期间，样品在 0～5℃冷藏并暗处保存就足够了。-20℃的冷冻温度一般能延长贮存期。但冷冻需要掌握冷冻和融化技术，以使样品在融化时能迅速、均匀地恢复其原始状态，用干冰快速冷冻是令人满意的方法。一般选用聚氯乙烯或聚乙烯等塑料容器。

（2）添加保存剂

添加的保存剂一般包括酸、碱、抑制剂、氧化剂和还原剂，样品保存剂如酸、碱或其他试剂在采样前应进行空白试验，其纯度和等级必须达到分析的要求。

①加入酸和碱：控制溶液 pH，测定金属离子的水样常用硝酸酸化至 pH 为 1～2，这样既可以防止重金属的水解沉淀，又可以防止金属在器壁表面上的吸附，同时，在 pH 为 1～2 的酸性介质中还能抑制生物的活动。用此法保存，大多数金属可稳定数周或数月。测定氰化物的水样须加氢氧化钠调至 pH 为 12。测定六价铬的水样应加氢氧化钠调至 pH 为 8，因在酸性介质中，六价铬的氧化电位高，易被还原。

②加入氧化剂：水样中痕量汞易被还原，引起汞的挥发性损失，加入硝酸—重铬酸钾溶液可使汞维持在高氧化态，汞的稳定性大为改善。

③加入还原剂：测定硫化物的水样，加入抗坏血酸对保存有利。含余氯水样能氧化氢离子，可使酚类等物质氯化生成相应的衍生物，在采样时加入适当的硫代硫酸钠予以还原，可除去余氯干扰。

加入一些化学试剂可固定水样中的某些待测组分，保存剂可事先加入空瓶中，也可在采样后立即加入水样中。所加入的保存剂不能干扰待测成分的测定，如有疑义应先做必要的试验。

当加入保存剂的样品经过稀释，在分析计算结果时要充分考虑。但如果加入足够浓的保存剂，若加入体积很小，可以忽略其稀释影响。固体保存剂因为会引起局部过热，反而影响样品，所以应该避免使用。

所加入的保存剂有可能改变水中组分的化学或物理性质，因此选用保存剂时一定要考虑到对测定项目的影响。如待测项目是溶解态物质，酸化会引起胶体组分和固体的溶解，则必须在过滤后酸化保存。

必须要做保存剂空白试验，特别是对微量元素的检测。要充分考虑加入保存剂所引起待测元素数量的变化。例如，酸类会增加砷、铅、汞的含量。因此，样品中加入保存剂后，应保留做空白试验。

针对技术指南中涉及的不同的监测项目应选用的容器材质、保存剂及其加入量、保存期限、采样量和容器洗涤的方法见表 6-2。

6.2.4.2 样品运输

水样采集后必须立即送回实验室。若采样地点与实验室距离较远，应根据采样点位的地理位置和每个项目分析前最长可保存时间，选用适当的运输方式，在现场工作开始之前，就要安排好水样的运输工作，以防延误。

水样运输前应将容器的外（内）盖盖紧。装箱时应用泡沫塑料等分隔，以防破损。同一采样点的样品应装在同一包装箱内，如需分装在 2 个或几个箱子中时，则需在每个箱内放入相同的现场采样记录表。运输前应检查现场记录上的所有水样是否全部装箱。要用醒目的色彩在包装箱顶部和侧面标上"切勿倒置"的标记。

每个水样瓶均需贴上标签，内容有采样点位编号、采样日期和时间、测定项目。

装有水样的容器必须加以妥善保存和密封，并装在包装箱内固定，以防在运输途中破损。除防振、避免日光照射和低温运输外，还要防止新的污染物进入容器或沾污瓶口使水样变质。

在水样运送过程中，应有押运人员，每个水样都要附有一张样品交接单。在转交水样时，转交人和接收人都必须清点和检查水样并在样品交接单上签字，注明日期和时间。样品交接单是水样在运输过程中的文件，应防止差错并妥善保管以备查。

6.2.5　留样

有污染物排放异常等特殊情况要留样分析时，应根据具体项目的分析用量采集留样样品，并填写留样记录表，表中应涵盖以下内容：污染源名称、监测项目、采样点位、采样时间、样品编号、污水性质、污水流量、采样人姓名、留样时间、留样人姓名、固定剂添加情况、保存时间、保存条件及其他有关事项。

6.3　监测指标测试

6.3.1　测试方法概述

固体废物焚烧排污单位自行监测项目包括理化指标（如 pH、色度、悬浮物等）、无机阴离子（如氟化物等）、有机污染综合指标（如化学需氧量、五日生化需氧量等）、金属及其化合物（如总铬、六价铬、总铅、总镉等）等几大类。这些监测项目所涉及的分析方法主要包括重量法、分光光度法、容量分析法、原子吸收分光光度法、电感耦合等离子体发射光谱法、电感耦合等离子体质谱法、离子色谱法、原子荧光法、气相色谱法和气相色谱-质谱法等。

（1）重量法

重量法是将被测组分从试样中分离出来，经过精确称量来确定待测组分含量的分析方法。它是分析方法中最直接的测定方法，可以直接称量得到分析结果，不需标准试样或基准物质进行比较，具有精确度高等特点。图 6-5 为重量法所用的分析天平。

（2）分光光度法

分光光度法测定样品的基本原理是利用朗伯-比尔定律，根据不同浓度样品溶液对光信号具有不同的吸光度，对待测组分进行定量测定。分光光度法是环境监测中常用的方法，具有灵敏度高、准确度高、适用范围广、操作简便和快速及价格低廉等特点。图 6-6 为分光光度法所用的分光光度计。

图 6-5　分析天平

图 6-6　分光光度计

（3）容量分析法

容量分析法是将一种已知准确浓度的标准溶液滴加入被测物质的溶液中，直到所加的标准溶液与被测物质按化学计量定量反应为止，然后根据标准溶液的浓度和用量计算被测物质的含量。按反应的性质，容量分析法可分为酸碱滴定法、氧化还原滴定法、络合滴定法和沉淀滴定法。容量分析法具有操作简便、快速、比较准确和仪器普通易得等特点。图 6-7 为滴定时所使用的套件。

图 6-7　滴定套件

适合容量分析的化学反应应该具备的条件有以下几种：

1）反应必须定量进行而且进行完全。

2）反应速度要快。

3）有比较简便可靠的方法确定理论终点（或滴定终点）。

4）共存物质不干扰滴定反应，采用掩蔽剂等方法能予以消除。

（4）原子吸收分光光度法

原子吸收分光光度法的测量对象是呈原子状态的金属元素和部分非金属元素，是由待测元素灯发出的特征谱线通过供试品经原子化产生的原子蒸气时，为蒸气中待测元素的基态原子所吸收，通过测定辐射光强度减弱的程度，求出供试品中待测元素的含量，并能够灵敏可靠地测定微量或痕量元素。原子吸收分光光度法由光源、原子化器（分为火焰原子化器、石墨炉原子化器、氢化物发生原子化器及冷蒸汽发生原子化器 4 种）、单色器、背景校正系统、自动进样系统和检测系统等组成。根据原子化器的不同，其又可分为火焰原子吸收分光光度法、石墨炉原子吸收分光光度法、氢化物发生原子吸收分光光度法、冷原子吸收分光光度法。图 6-8 为原子吸收分光光度法所用的一种仪器设备。

图 6-8　火焰原子吸收光谱仪

1）火焰原子吸收分光光度法是最常用的技术，非常适合含有目标分析物的液体或溶解样品，非常适用于 mg/L 级的痕量元素检测。缺点是原子化效率低，灵敏度不够高，一般不能直接分析固体样品。

2）石墨炉原子吸收分光光度法能够分析低体积的液体样品，适用于实验室处理日常工作中的复杂基质，可高效去除干扰，敏感度高于火焰原子吸收分光光度法分析数个数量级，可以检测低至μg/L级的痕量元素。缺点是试样组成不均匀性的影响较大，共存化合物的干扰比火焰原子分光光度法大，干扰背景比较严重，一般都需要校正背景。

3）冷原子吸收分光光度法由汞蒸气发生器和原子吸收池组成，专门用于汞的测定。

（5）电感耦合等离子体发射光谱法

电感耦合等离子体发射光谱法是指以电感耦合等离子体作为激发光源，根据处于激发态的待测元素原子回到基态时发射的特征谱线对待测元素进行分析的仪器。具有检出限低、准确度及精密度高、分析速度快等优点。图6-9为电感耦合等离子体光谱仪。

图 6-9　电感耦合等离子体光谱仪

（6）电感耦合等离子体质谱法

电感耦合等离子体质谱法是以独特的接口技术将电感耦合等离子体的高温电

离特性与质谱检测器的灵敏、快速扫描的优点相结合而形成的一种高灵敏度的分析技术。水样经预处理后，采用电感耦合等离子体质谱进行检测，根据元素的质谱图或特征离子进行定性，内标法定量。其具有灵敏度高、速度快，可在几分钟内完成几十个元素的定量测定的优点，常用于测定地下水中微量、痕量和超痕量的金属元素，及某些卤素元素、非金属元素。图 6-10 为电感耦合等离子体质谱仪。

图 6-10　电感耦合等离子体质谱仪

（7）离子色谱法

离子色谱法是以低交换容量的离子交换树脂为固定相对离子性物质进行分离，用电导检测器连续检测流出物电导变化的一种色谱方法。其主要用于环境样品的分析，包括地表水、饮用水、雨水、生活污水和工业废水、酸沉降物和大气颗粒物等样品中的阴离子、阳离子，与微电子工业有关的水和试剂中痕量杂质的分析。图 6-11 为离子色谱仪。

（8）原子荧光法

原子荧光法是根据测量待测元素的原子蒸气在一定波长的辐射能激发下发射的荧光强度进行定量分析的方法，是测定微量砷、锑、铋、汞、硒、碲、锗等元素最成功的分析方法之一。图 6-12 为原子荧光光谱仪。

图 6-11　离子色谱仪

图 6-12　原子荧光光谱仪

（9）气相色谱法

气相色谱法其原理主要是利用物质的沸点、极性及吸附性质的差异实现混合物的分离，然后利用检测器依次检测已分离出来的组分。其具有快速、有效、灵敏度高等优点，能直接用于气相色谱分析的样品必须是气体或液体，常用的前处理方法有索氏提取法、超声提取法、振荡提取法、微波提取法等。图 6-13 为气相色谱仪。

（10）气相色谱-质谱法

气相色谱-质谱法中气相色谱对有机化合物具有有效的分离、分辨能力，质谱则是准确鉴定化合物的有效手段。由两者结合构成的色谱-质谱联用技术，是分离和检测复杂化合物的最有力的工具，可实现复杂体系中有机物的定性及定量测定。气相色谱-质谱法分析虽然结果准确可靠，但相对于光谱分析等方法其预处理、分析步骤较复杂。图 6-14 为气相色谱-质谱联用仪。

图 6-13　气相色谱仪

图 6-14　气相色谱-质谱联用仪

6.3.2　指标测定

通过对固体废物焚烧技术指南废水监测项目的梳理，除现场测量的流量在前面已经介绍外，对其余的监测指标的常用监测分析方法和注意事项分别进行了介绍，排污单位根据行业排放污染物的特征及单位实验室实际情况选择适合的监测方法开展自行监测。若有其他适用的方法，经过开展相关验证也可以使用。

6.3.2.1　pH

（1）常用方法

pH 是水中氢离子活度的负对数，$pH = -\log_{10} a_{H^+}$。pH 是环境监测中常用和重要的检验项目之一，可间接表示水的酸碱程度，测量常用的分析方法见《水质　pH值的测定　电极法》（HJ 1147—2020）和便携式 pH 计法［《水和废水监测分析方法》（第四版）］。

（2）注意事项

1）最好能够现场测定，否则样品采集后，应保持在 0～4℃，并在 6 小时内进行测定。当 pH 大于 12 或小于 2 时，不宜使用便携式 pH 计方法，以免损伤电极。

2）便携式 pH 计由不同的复合电极构成，其浸泡方式会有所不同，有些电极要用蒸馏水浸泡，有些则严禁用蒸馏水浸泡，应当严格遵守操作手册，以免损伤电极。

3）玻璃电极在使用前先放入蒸馏水中浸泡 24 小时以上。用完后冲洗干净，浸泡在纯水中。

4）测定 pH 时，玻璃电极的球泡应全部浸入溶液中，并使其稍高于甘汞电极的陶瓷芯端，以免搅拌时碰坏。

5）必须注意玻璃电极的内电极与球泡之间、甘汞电极的内电极和陶瓷芯之间不得有气泡，以防短路。

6）测定 pH 时，为减少空气和水样中二氧化碳的溶入或挥发，在测水样之前，不应提前打开水样瓶。

7）玻璃电极表面受到污染时，需进行处理。如果附着无机盐结垢，可用温稀盐酸溶解；对钙镁等难溶性结垢，可用 EDTA 二钠溶液溶解；沾有油污时，可由丙酮清洗。电极按上述方法处理后，应在蒸馏水中浸泡一昼夜再使用。注意忌用无水乙醇、脱水性洗涤剂处理电极。

6.3.2.2　悬浮物

（1）常用方法

水质中的悬浮物是指水样通过孔径为 0.45 μm 的滤膜，截留在滤膜上并于 103～105℃烘干至恒重的物质。悬浮物的测定常用方法见《水质　悬浮物的测定　重量法》（GB 11901—89）。

（2）注意事项

1）所用聚乙烯瓶或硬质玻璃瓶要用洗涤剂清洗，再依次用自来水和蒸馏水冲洗干净。采样前用即将采集的水样清洗 3 次。采集 500～1 000 mL 样品，盖严瓶塞。

2）采样时漂浮或浸没的不均匀固体物质不属于悬浮物，应从水样中除去。

3）样品应尽快分析，如需放置，应贮存在 4℃冷藏箱中，但最长不得超过 7 天。采样时不能加任何保存剂，以防破坏物质在固液间的分配平衡。

4）滤膜上截留过多的悬浮物可能夹带过多的水分，除延长干燥时间外，还可能造成过滤困难，遇此情况，可酌情少取试样。

5）滤膜上的悬浮物过少，则会增大称量误差，影响测定精度，必要时可增大试样体积，一般以 5～100 mg 悬浮物量作为量取试样体积的使用范围。

6.3.2.3　氟化物

（1）常用方法

水质中的氟化物是指水中游离的氟离子，无机氟化物的水溶液含有 F^- 和氟化氢根离子 HF^{2-}。氟化物的测定常用方法见《水质　氟化物的测定　离子选择电极法》（GB 7484—87）。

（2）注意事项

1）电极用后应用水充分冲洗干净，并用滤纸吸去水分，放在空气中，或者放在稀的氟化物标准溶液中。如果短时间不再使用，应洗净，吸去水分，套上保护电极敏感部位的保护帽。电极使用前仍应洗净，并吸去水分。

2）如果试液中氟化物含量低，则应从测定值中扣除空白试验值。

3）不得用手触摸电极的敏感膜；如果电极膜表面被有机物等沾污，必须先清洗干净后才能使用。

4）插入电极前不要搅拌溶液，以免在电极表面附着气泡，影响测定的准确度。

5）搅拌速度应适中，稳定，不要形成涡流，测定过程中应连续搅拌。

6.3.2.4　化学需氧量

（1）常用方法

化学需氧量是指在强酸并加热条件下，用重铬酸钾作为氧化剂处理水样时所消耗氧化剂的量。常用分析方法见《水质　化学需氧量的测定　重铬酸盐法》（HJ 828—2017）、《水质　化学需氧量的测定　快速消解分光光度法》（HJ/T 399—2007）和《高氯废水　化学需氧量的测定　氯气校正法》（HJ/T 70—2001）。

（2）注意事项

1）实验试剂硫酸汞剧毒，实验人员应避免与其直接接触。样品前处理过程应在通风橱中进行。该方法的主要干扰物为氯化物，可加入硫酸汞溶液去除。经回流后，氯离子可与硫酸汞结合成可溶性的氯汞配合物。硫酸汞溶液的用量可根据水样中氯离子的含量，按质量比 $m[HgSO_4]：m[Cl^-] \geqslant 20：1$ 的比例加入，最大加入量为 2 mL（按照氯离子最大允许浓度 1 000 mg/L 计）。水样中氯离子的含量可采用《水质　氯化物的测定　硝酸银滴定法》（GB 11896—89）或《水质　化学需氧量的测定　重铬酸盐法》（HJ 828—2017）附录 A 进行测定或粗略判定。

2）采集水样的体积不得少于 100 mL，采集的水样应置于玻璃瓶中，并尽快分析。如不能立即分析时，应加入硫酸至 pH<2，置于 4℃以下保存，保存时间不能超过 5 天。

3）对于污染严重的水样，可选取所需体积的 1/10 的水样放入硬质玻璃管，加入 1/10 的试剂，摇匀后加热沸腾数分钟，观察溶液是否变成蓝绿色。若呈蓝绿色，应再适当少取水样，直至溶液不变蓝绿色为止，从而可以确定待测水样的稀释倍数。

4）消解时应使溶液缓慢沸腾，不宜爆沸。如出现爆沸，说明溶液中出现局部过热，会导致测定结果有误。爆沸的原因可能是加热过于激烈，或是防爆沸玻璃珠的效果不好。

6.3.2.5　五日生化需氧量

（1）常用方法

水体中所含的有机物成分复杂，难以一一测定其成分。人们常常利用水中有机物在一定条件下所消耗的氧来间接表示水体中有机物的含量，生化需氧量即属于这类的重要指标之一。常用分析方法见《水质　五日生化需氧量（BOD_5）的测定　稀释与接种法》（HJ 505—2009）。

（2）注意事项

1）丙烯基硫脲属于有毒化合物，操作时应按规定要求佩戴防护器具，避免接触皮肤和衣物；标准溶液的配制应在通风橱内进行操作；检测后的残渣废液应做妥善的安全处理。

2）采集的样品应充满并密封于棕色玻璃瓶中，样品量不小于 1 000 mL，在 0～4℃的暗处运输保存，并于 24 小时内尽快分析。24 小时内不能分析，可冷冻保存（冷冻保存时避免样品瓶破裂），冷冻样品分析前须解冻、均质化和接种。

3）若样品中的有机物含量较多，BOD_5 的质量浓度大于 6 mg/L，样品需适当稀释后测定。

4）对不含或含微生物少的工业废水，如酸性废水、碱性废水、高温废水、冷冻保存的废水或经过氯化处理等的废水，在测定 BOD_5 时应进行接种，以引进能分解废水中有机物的微生物。

5）当废水中存在难以被一般生活污水中的微生物以正常的速度降解的有机物或含有剧毒物质时，应将驯化后的微生物引入水样中进行接种。

6）每一批样品做 2 个分析空白试样，稀释空白试样的测定结果不能超过

0.5 mg/L，非稀释接种法和稀释接种法空白试样的测定结果不能超过 1.5 mg/L，否则应检查可能的污染来源。

6.3.2.6　氨氮

（1）常用方法

氨氮（NH_3-N）以游离氮（NH_3）或铵盐（NH_4^+）形式存在于水中。氨氮常用测定方法见《水质　氨氮的测定　蒸馏-中和滴定法》（HJ 537—2009）、《水质　氨氮的测定　气相分子吸收光谱法》（HJ/T 195—2005）、《水质　氨氮的测定　纳氏试剂分光光度法》（HJ 535—2009）、《水质　氨氮的测定　水杨酸分光光度法》（HJ 536—2009）、《水质　氨氮的测定　连续流动-水杨酸分光光度法》（HJ 665—2013）和《水质　氨氮的测定　流动注射-水杨酸分光光度法》（HJ 666—2013）。

（2）注意事项

1）水样采集在聚乙烯或玻璃瓶内，要尽快分析。如需保存，应加硫酸使水样酸化至 pH<2，2～5℃下可保存 7 天。

2）水样中含有悬浮物、余氯、钙镁等金属离子、硫化物和有机物时会产生干扰，含有此类物质时要做适当处理，以消除对测定的影响。

3）如果水样的颜色过深、含盐量过多，酒石酸钾盐对水样中的金属离子掩蔽能力不够，或水样中存在高浓度的钙、镁和氯化物时，需要预蒸馏。

4）试剂和环境温度会影响分析结果，冰箱贮存的试剂需放置到室温后再分析，分析过程中室温波动不超过±5℃。

5）当同批分析的样品浓度波动较大时，可在样品与样品之间插入空白当试样分析，以减小高浓度样品对低浓度样品的影响。

6）标定盐酸标准滴定溶液时，至少平行滴定 3 次，平行滴定的最大允许偏差不大于 0.05 mL。

7）分析过程中发现检测峰形异常，一般情况下平峰为超量程，双峰为基体干扰，不出峰为泵管堵塞或试剂失效。

8）每天分析完毕后，用纯水对分析管路进行清洗，并及时将流动检测池中的滤光片取下放入干燥器中，防尘防湿。

6.3.2.7　总磷

（1）常用方法

总磷的常用测定方法见《水质　总磷的测定　钼酸铵分光光度法》（GB 11893—89）、《水质　磷酸盐和总磷的测定　连续流动-钼酸铵分光光度法》（HJ 670—2013）和《水质　总磷的测定　流动注射-钼酸铵分光光度法》（HJ 671—2013）。

（2）注意事项

1）用硝酸-高氯酸消解需要在通风橱中进行。高氯酸和有机物的混合物经加热易发生危险，需将试样先用硝酸消解，然后再加入高氯酸消解。

2）在采样前，用水冲洗所有接触样品的器皿，样品采集于清洗过的聚乙烯或玻璃瓶中。用于测定磷酸盐的水样，取样后于 0～4℃暗处保存，可稳定 24 小时。用于测定总磷的水样，采集后应立即加入硫酸至 pH≤2，常温可保存 24 小时；于 −20℃冷冻，可保存 30 天。

3）对于磷酸含量较少的样品（磷酸盐或总磷浓度≤0.1 mg/L），不可用聚乙烯瓶保存，冷冻保存状态除外。

4）绝不可把消解的试样蒸干。

5）如消解后有残渣时，用滤纸过滤于具塞比色管中。

6）水样中的有机物用过硫酸钾氧化不能完全破坏时，可用此法消解。

7）当同批分析的样品浓度波动大时，可在样品与样品之间插入空白当试样分析，以减小高浓度样品对低浓度样品的影响。

8）每次分析完毕后，用纯水对分析管路进行清洗，并及时将流动检测池中的滤光片取下放入干燥器中，防尘防湿。

6.3.2.8　总氮

（1）常用方法

总氮指能测定的样品中溶解态氮及悬浮物中氮的总和，包括亚硝酸盐氮、硝酸盐氮、无机铵盐、溶解态氮及大部分有机含氮化合物中的氮。常用测定方法有《水质　总氮的测定　碱性过硫酸钾消解紫外分光光度法》（HJ 636—2012）、《水质　总氮的测定　连续流动-盐酸萘乙二胺分光光度法》（HJ 667—2013）、《水质　总氮的测定　流动注射-盐酸萘乙二胺分光光度法》（HJ 668—2013）和《水质　总氮的测定　气相分子吸收光谱法》（HJ/T 199—2005）。

（2）注意事项

1）将采集好的样品贮存在聚乙烯瓶或硬质玻璃瓶中，用浓硫酸调节 pH 至 1～2，常温下可保存 7 天。贮存在聚乙烯瓶中，−20℃冷冻，可保存 1 个月。

2）某些含氮有机物在本标准规定的测定条件下不能完全转化为硝酸盐。

3）测定应在无氨的实验室环境中进行，避免环境交叉污染对测定结果产生影响。

4）实验所用的器皿和高压蒸汽灭菌器等均应无氨污染。实验中所用的玻璃器皿应用盐酸溶液或硫酸溶液浸泡，用自来水冲洗后再用无氨水冲洗数次，洗净后立即使用。高压蒸汽灭菌器应每周清洗。

5）在碱性过硫酸钾溶液配制过程中，温度过高会导致过硫酸钾分解失效，因此要控制水浴温度在 60℃以下，而且应待氢氧化钠溶液温度冷却至室温后，再将其与过硫酸钾溶液混合、定容。

6）使用高压蒸汽灭菌器时，应定期检定压力表，并检查橡胶密封圈密封情况，避免因漏气而减压。

7）当同批分析的样品浓度波动大时，可在样品与样品之间插入空白当试样分析，以减小高浓度样品对低浓度样品的影响。

6.3.2.9　总有机碳

（1）常用方法

总有机碳（TOC），是以碳的含量表示水体中有机物质总量的综合指标，常用测定方法是《水质　总有机碳的测定　燃烧氧化-非分散红外吸收法》（HJ 501—2009）。

（2）注意事项

1）水样应采集在棕色玻璃瓶中并应充满采样瓶，不留顶空。水样采集后应在 24 小时内测定。否则应加入硫酸将水样酸化至 pH≤2，在 4℃条件下可保存 7 天。

2）当水中苯、甲苯、环己烷和三氯甲烷等挥发性有机物含量较高时，宜用差减法测定；当水中挥发性有机物含量较少而无机碳含量相对较高时，宜用直接法测定。

3）当元素碳微粒（煤烟）、碳化物、氰化物、氰酸盐和硫氰酸盐存在时，可与有机碳同时测出。

4）水中含大颗粒悬浮物时，由于受自动进样器孔径的限制，测定结果不包括全部颗粒态有机碳。

5）每次实验前应检测无二氧化碳水的 TOC 含量，测定值应不超过 0.5 mg/L。

6.3.2.10　氰化物

（1）常用方法

氰化物是指在 pH＜2 介质中，磷酸和 EDTA 存在的情况下，加热蒸馏形成氰化氢的氰化物，包括全部简单氰化物（多为碱金属和碱土金属的氰化物，铵的氰化物）和绝大部分络合氰化物（锌氰络合物、铁氰络合物、镍氰络合物、铜氰络合物等），不包括钴氰络合物。常用分析方法有《水质　氰化物的测定　流动注射-分光光度法》（HJ 823—2017）、《水质　氰化物的测定　容量法和分光光度法》（HJ 484—2009）和《水质　氰化物等的测定　真空检测管-电子比色法》（HJ 659—2013）。

（2）注意事项

1）氰化物属于剧毒物质，操作时应按规定要求佩戴防护器具，应避免接触皮肤和衣物，检测后的残渣废液应做妥善的安全处理。

2）有明显颗粒物或沉淀的样品应用超声仪超声粉碎后进样。

3）当样品中含有大量硫化物时，应先加碳酸镉或碳酸铅固体粉末，除去硫化物后，再加氢氧化钠固定。否则，在碱性条件下，氰离子和硫离子作用会生成硫氰酸离子而干扰测定。

4）分析过程中如果有氰化物的废液产生，应集中回收，交有资质的废弃物专业处理公司处理。

5）在废液收集瓶中，应加入氢氧化钠使 pH≥11（一般 1 L 废液中加入约 7 g 氢氧化钠），以防止气态 HCN 逸出。应定期摇动废液瓶，以防在瓶中形成浓度梯度。

6）应注意流动注射仪管路系统的保养，经常清洗管路；每次实验前都应检查泵管是否磨损，并及时更换已损坏的泵管。

6.3.2.11 烷基汞

（1）常用方法

水中烷基汞常用的分析方法有《水质 烷基汞的测定 气相色谱法》（GB/T 14204—93）和《水质 烷基汞的测定 吹扫捕集/气相色谱-冷原子荧光光谱法》（HJ 977—2018）。

（2）注意事项

1）相关溶液配制应在通风橱中进行，操作时应按规定佩戴防护器具，避免吸入或接触皮肤和衣物。

2）样品应当采集在塑料品中，如果样品不能及时分析，应在样品瓶中预先加入硫酸铜，在 4℃下避光冷藏保存。

3）实验所用的器皿应在硝酸溶液中浸泡至少 24 小时，用水洗净。玻璃瓶放入马弗炉于 400℃下灼烧 4 小时，冷却后使用。

6.3.2.12　总砷

（1）常用方法

水中的总砷是指未经过滤的样品经消解后测得的砷，包括单体形态、无机和有机结合化合物中砷的总量。常用的测定方法主要有《水质　汞、砷、硒、铋和锑的测定　原子荧光法》（HJ 694—2014）、《水质　65 种元素的测定　电感耦合等离子体质谱法》（HJ 700—2014）、《水质　总砷的测定　二乙基二硫代氨基甲酸银分光光度法》（GB 7485—87）和《水质　32 种元素的测定　电感耦合等离子体发射光谱法》（HJ 776—2015）。

（2）注意事项

1）样品采集后应当按照每升水样加入 2 mL 盐酸的比例添加保存剂。

2）测定可滤态砷时，采样后尽快通过 0.45 μm 滤膜过滤，然后再按要求添加保存剂。

3）砷化氢为剧毒气体，故砷化氢发生系统应严防漏气。加入锌粒后要立即接好导气管，以免砷化氢中毒且影响测定结果。应在通风良好的条件下操作。

4）三氧化二砷为剧毒药品，建议购买砷标准中间液，避免中毒。

5）盐酸、硝酸均具有强烈的化学腐蚀性和刺激性，操作时应按规定要求佩戴防护器具，并在通风橱中进行，避免酸雾吸入呼吸道和接触皮肤、衣物。

6）测定试样（或空白试样）：每个试样测定前，先用硝酸和水的体积比为 2∶98（2+98）的稀硝酸溶液冲洗系统直到信号降至最低，待分析信号稳定后才可开始测定。

6.3.2.13　总镉

（1）常用方法

水中的总镉是指未经过滤的水样经消解后测得的镉。常用的测定方法主要有《水质　铜、锌、铅、镉的测定　原子吸收分光光度法》（GB 7475—87）、《水质　镉

的测定　双硫腙分光光度法》（GB 7471—87）、《水质　65 种元素的测定　电感耦合等离子体质谱法》（HJ 700—2014）和《水质　32 种元素的测定　电感耦合等离子体发射光谱法》（HJ 776—2015）。

（2）注意事项

1）用聚乙烯塑料瓶采集样品。采样瓶先用洗涤剂洗净，再在盐酸溶液中浸泡，使用前用自来水和去离子水冲洗干净。

2）采样后，每 1 000 mL 水样立即加入 2 mL 硝酸酸化至 pH 为 1.5。

3）所用玻璃器皿使用前应用盐酸浸泡，再用自来水和去离子水冲洗干净。

4）实验中所用氢氧化钠-氰化钾溶液剧毒，称量和配置时要特别小心，取时要戴胶皮手套，避免沾污皮肤。

5）禁止用嘴通过移液管来吸取氰化钾溶液。

6.3.2.14　总铅

（1）常用方法

水中的总铅是指未经过滤的水样，经消解后测得的铅。常用的测定方法主要有《水质　铜、锌、铅、镉的测定　原子吸收分光光度法》（GB 7475—87）、《水质　铅的测定　双硫腙分光光度法》（GB 7470—87）、《水质　65 种元素的测定　电感耦合等离子体质谱法》（HJ 700—2014）和《水质　32 种元素的测定　电感耦合等离子体发射光谱法》（HJ 776—2015）。

（2）注意事项

1）用聚乙烯塑料瓶采集样品。采样瓶先用洗涤剂洗净，再在硝酸溶液中浸泡，使用前用水冲洗干净。

2）采样后，每 1 000 mL 水样立即加入 2 mL 硝酸酸化至 pH 为 1.5，加入 5 mL 碘溶液以免挥发性有机铅化合物在水样处理和消化过程中损失。

3）所用玻璃仪器，在使用前都应用硝酸清洗，并用自来水和无铅蒸馏水冲洗干净。

6.3.2.15　总汞

（1）常用方法

水中的总汞是指未经过滤的样品经消解后测得的汞，包括无机的、有机结合的、可溶的和悬浮的全部汞。常用的测定方法主要有《水质　总汞的测定　冷原子吸收分光光度法》（HJ 597—2011）、《水质　汞、砷、硒、铋和锑的测定　原子荧光法》（HJ 694—2014）和《水质　总汞的测定　高锰酸钾-过硫酸钾消解法双硫腙分光光度法》（GB 7469—87）。

（2）注意事项

1）样品采集后应当按照每升水样加入 5 mL 盐酸的比例添加保存剂。

2）测定可滤态汞时，采样后尽快通过 0.45 μm 滤膜过滤，然后再按要求添加保存剂。

3）试验所用试剂（尤其是高锰酸钾）中的汞含量对空白试验测定值影响较大。因此，试验中应选择汞含量尽可能低的试剂。

4）在样品还原前，所有试剂和试样的温度应保持一致（<25℃）。环境温度低于 10℃时，灵敏度会明显降低。

5）汞的测定易受到环境中的汞污染，在汞的测定过程中应加强对环境中汞的控制，保持清洁、加强通风。

6）水蒸气对汞的测定有影响，会导致测定时响应值降低，应注意保持连接管路和汞吸收池干燥。可通过红外灯加热的方式去除汞吸收池中的水蒸气。

7）反应装置的连接管宜采用硼硅玻璃、高密度聚乙烯、聚四氟乙烯、聚砜等材质，不宜采用硅胶管。

8）实验中产生的废液和废物不可随意倾倒，应置于密闭容器中保存，委托有资质单位处理。

6.3.2.16　总铬

（1）常用方法

水中的总铬是指未经过滤的样品，经消解后测得的铬的总量。常用的测定方法主要有《水质　总铬的测定》（GB 7466—87）、《水质　铬的测定　火焰原子吸收分光光度法》（HJ 757—2015）、《水质　65 种元素的测定　电感耦合等离子体质谱法》（HJ 700—2014）和《水质　32 种元素的测定　电感耦合等离子体发射光谱法》（HJ 776—2015）。

（2）注意事项

1）测定地下水和地表水中的总铬时，尽量使用电感耦合等离子体质谱法；测定工业废水和受铬污染的环境水中总铬时，可使用其余 3 种方法。使用前应注意不同方法的适用范围。

2）所有玻璃器皿、聚乙烯容器等内壁应保持光洁，防止铬离子被吸附，不得用重铬酸钾洗液洗涤，须先用洗涤剂洗净，再用硝酸溶液浸泡 24 小时以上，使用前再依次用自来水和实验用水洗净。

3）实验室样品采集时，加入硝酸调节样品 pH<2。在采集后尽快测定，如需放置，不宜超过 24 小时。

6.3.2.17　六价铬

（1）常用方法

地面水和工业废水中六价铬的测定常用方法见《水质　六价铬的测定　二苯碳酰二肼分光光度法》（GB 7467—87）。

（2）注意事项

1）所有玻璃仪器不能使用重铬酸钾洗液洗涤，可用硝酸、硫酸混合液或洗涤剂洗涤。玻璃器皿内壁应保持光洁，防止铬被吸附。

2）实验室样品应当使用玻璃瓶采集，采集后应加入氢氧化钠，调节样品 pH

约为 8，尽快测定，如需放置，不宜超过 24 小时。

3）样品经锌盐沉淀分离法前处理后，仍含有机物干扰测定时，可用酸性高锰酸钾氧化法破坏有机物后再测定。

6.3.2.18　总镍

（1）常用方法

水中的总镍是指未经过滤的样品经消解后测得的镍的总量。常用的测定方法主要有《水质　镍的测定　火焰原子吸收分光光度法》（GB 11912—89）、《水质　镍的测定　丁二酮肟分光光度法》（GB 11910—89）、《水质　65 种元素的测定　电感耦合等离子体质谱法》（HJ 700—2014）和《水质　32 种元素的测定　电感耦合等离子体发射光谱法》（HJ 776—2015）。

（2）注意事项

1）测定地表水和地下水中总镍时，只能使用电感耦合等离子体质谱法；测定工业废水和受镍污染的环境水中总镍时，3 种方法均可使用。使用前应注意不同方法的适用范围。

2）样品采集后应当立即加入硝酸调节水样 pH 为 1～2。

3）测定可滤态镍时，采样后尽快通过 0.45 μm 滤膜过滤，然后再加入硝酸调节水样 pH。

4）实验用的玻璃器皿或塑料器皿洗涤干净后，在稀硝酸溶液中浸泡至少 12 小时，使用前用蒸馏水冲洗干净。

5）实验中产生的废液应集中收集，并清楚地做好标记贴上标签，委托有资质的单位处理。

6.3.2.19　总铜

（1）常用方法

水中的总铜是指未经过滤的水样经消解后测得的铜。常用的测定方法主要有

《水质　铜、锌、铅、镉的测定　原子吸收分光光度法》（GB 7475—87）、《水质　铜的测定　2,9-二甲基-1,10-菲啰啉分光光度法》（HJ 486—2009）、《水质　铜的测定　二乙基二硫代氨基甲酸钠分光光度法》（HJ 485—2009）、《水质　65 种元素的测定　电感耦合等离子体质谱法》（HJ 700—2014）和《水质　32 种元素的测定　电感耦合等离子体发射光谱法》（HJ 776—2015）。

（2）注意事项

1）用聚乙烯塑料瓶采集样品。采样瓶先用洗涤剂洗净，再在硝酸溶液中浸泡 24 小时以上，使用前用水冲洗干净，采样后立即加硝酸酸化至 pH 为 1~2。

2）每批样品至少做 2 个实验室空白，空白值应低于方法测定下限。否则应检查实验用水质量、试剂纯度、器皿洁净度及仪器性能等。

3）实验过程中产生的废液和废物应分类收集和保管，委托有资质的单位处理。

6.3.2.20　总锌

（1）常用方法

水中的总锌是指未经过滤的水样经消解后测得的锌。常用的测定方法主要有《水质　铜、锌、铅、镉的测定　原子吸收分光光度法》（GB 7475—87）、《水质　锌的测定　双硫腙分光光度法》（GB 7472—87）、《水质　65 种元素的测定　电感耦合等离子体质谱法》（HJ 700—2014）和《水质　32 种元素的测定　电感耦合等离子体发射光谱法》（HJ 776—2015）。

（2）注意事项

1）用聚乙烯塑料瓶采集样品。采样瓶先用洗涤剂洗净，再在硝酸溶液中浸泡 24 小时，使用前用无锌水冲洗干净。

2）采样后，每 1 000 mL 水样立即加入 2 mL 硝酸酸化至 pH 为 1.5。

3）所用玻璃器皿均先后用 1+1 硫酸和无锌水浸泡和洗净。

6.3.2.21   总钡

（1）常用方法

水中的总钡是指未经过滤的样品经消解后测得的钡。常用的测定方法主要有《水质   钡的测定   石墨炉原子吸收分光光度法》（HJ 602—2011）、《水质   钡的测定   火焰原子吸收分光光度法》（HJ 603—2011）、《水质   65 种元素的测定   电感耦合等离子体质谱法》（HJ 700—2014）和《水质   32 种元素的测定   电感耦合等离子体发射光谱法》（HJ 776—2015）。

（2）注意事项

1）实验所用的玻璃器皿、聚乙烯容器等需先用洗涤剂洗净，再用 1+9 HNO_3 溶液浸泡 24 小时以上，使用前再依次用自来水和实验用水洗净。可溶性钡和总钡的样品应分别采集。

2）可溶性钡样品采集后应尽快用抽滤装置过滤，弃去初始的滤液。收集 100 mL 滤液于样品瓶中，加入 0.5 mL 浓硝酸，于 4℃下冷藏保存，14 天内测定。

3）总钡测定采集样品后应加入浓硝酸酸化至 pH≤2，于 4℃下冷藏保存，14 天内测定。

6.3.2.22   总铍

（1）常用方法

水中的总铍是指未经过滤的水样经消解后测得的铍。常用的测定方法主要有《水质   铍的测定   石墨炉原子吸收分光光度法》（HJ/T 59—2000）、《水质   65 种元素的测定   电感耦合等离子体质谱法》（HJ 700—2014）和《水质   32 种元素的测定   电感耦合等离子体发射光谱法》（HJ 776—2015）。

（2）注意事项

1）用聚乙烯塑料瓶采集样品。采样瓶先用洗涤剂洗净，再用 10% 的硝酸溶液荡洗，最后用水冲洗干净。

2）需测定铍的总量时，样品采集后立即加入硫酸，使样品 pH 为 1～2。

3）需测定可滤态铍时，采样后尽快用 0.45μm 滤膜过滤，然后将样品酸化到 pH 为 1～2。

6.3.2.23　总银

（1）常用方法

水中的总银是指未经过滤的水样经消解后测得的银。常用的测定方法主要有《水质　银的测定　火焰原子吸收分光光度法》（GB 11907—89）、《水质　65 种元素的测定　电感耦合等离子体质谱法》（HJ 700—2014）和《水质　32 种元素的测定　电感耦合等离子体发射光谱法》（HJ 776—2015）。

（2）注意事项

1）用聚乙烯塑料瓶采集样品。采样瓶先用洗涤剂洗净，再在硝酸溶液中浸泡，使用前用蒸馏水冲洗干净。

2）采样后，立即用浓硝酸将样品酸化至 pH 为 1～2，不宜贮存，应尽快分析。

3）试样在消解过程中不宜蒸干，否则银会有损失。

4）所用玻璃仪器在使用前都应用硝酸清洗，并用自来水和无银蒸馏水冲洗洁净。

6.3.2.24　总余氯

（1）常用方法

总余氯是指以"游离氯"或"化合氯"，或两者共存形式存在的氯。常用的测定方法主要有《水质　游离氯和总氯的测定　N,N-二乙基-1,4-苯二胺滴定法》（HJ 585—2010）和《水质　游离氯和总氯的测定　N,N-二乙基-1,4-苯二胺分光光度法》（HJ 586—2010）。

（2）注意事项

1）游离氯或总余氯不稳定，样品应尽量现场测定。如样品不能现场测定，可预先加入采样体积 1% 的 2 mol/L 的 NaOH 溶液到棕色玻璃瓶中，采集水样使其充满采样瓶，立即加盖塞紧并密封，避免水样接触空气。若样品呈酸性，应加大 NaOH 溶液的加入量，确保水样 pH＞12。

2）水样用冷藏箱运送，在实验室内 4℃、避光条件下保存，5 天内测定。

3）进行低浓度样品总氯测定时，应加入浓度为 1.1 g/L 的 N,N-二乙基-1,4-苯二胺（DPD）硫酸盐溶液 1 mL。

6.3.2.25 粪大肠菌群数

（1）常用方法

常用的测定方法主要有《水质 总大肠菌群和粪大肠菌群的测定 纸片快速法》（HJ 755—2015）、《水质 粪大肠菌群的测定 滤膜法》（HJ 347.1—2018）和《水质 粪大肠菌群的测定 多管发酵法》（HJ 347.2—2018）。

（2）注意事项

1）与其他项目一同采样时，先单独采集微生物样品，采样瓶不得用样品洗涤，按无菌操作的要求采集水样于无菌袋或灭菌的采样瓶中。

2）采样后应在 2 小时内检测，否则，应 10℃ 以下冷藏但不得超过 6 小时。实验室接样后，不能立即开展检测的，将样品在 4℃ 以下冷藏并在 2 小时内检测。

3）使用后的废物及器皿须经 121℃ 高压蒸汽灭菌 30 分钟或使用液体消毒剂（自制或市售）灭菌后，器皿方可清洗，废物作为一般废物处置。

4）当样品浑浊度较高时，不宜选用滤膜法进行测定，应选用其他方法。

6.3.2.26 苯并[a]芘

（1）常用方法

苯并[a]芘是一种五环多环芳香烃。常用的测定方法主要有《水质 苯并[a]芘的测定 乙酰化滤纸层析荧光分光光度法》（GB 11895—89）和《水质 多环芳烃的测定 液液萃取和固相萃取高效液相色谱法》（HJ 478—2009）。

（2）注意事项

1）采样瓶应使用具磨口塞的棕色玻璃细口瓶，采样前应预先洗净烘干。

2）采样时不能用水样预洗采样瓶，防止样品的沾染或吸附。采样瓶要完全注满，不留气泡。若水中有残余氯存在，要在每升水中加入 80 mg 硫代硫酸钠除氯。

3）样品采集后应避光于 4℃以下冷藏，在 7 天内萃取，萃取后的样品避光于 4℃以下冷藏，在 40 天内分析完毕。

第 7 章　废气手工监测技术要点

与废水手工监测类似,废气手工监测也是一个全面性、系统性的工作。我国同样有一系列监测技术规范和方法标准用于指导和规范废气手工监测。本章立足现有的技术规范和标准,结合日常工作经验,分别针对有组织废气、无组织废气归纳总结了常见的方法和操作要求,以及方法使用过程中的重点注意事项。对于一些虽然适用,但不够便捷,目前实际应用很少的方法,本书中未列举,若排污单位根据实际情况,确实需要采用这类方法,应严格按照方法的适用条件和要求开展相关监测活动。

7.1　有组织废气监测

7.1.1　监测方式

有组织废气监测主要是针对排污单位通过排气筒排放的污染物排放浓度、排放速率、排气参数等开展的监测,主要的监测方式有现场测试和现场采样+实验室分析。

1)现场测试:采用便携式仪器在污染源现场直接采集气态样品,通过预处理后进行即时分析,现场得到污染物的相关排放信息。目前,采用现场测试的主要指标包括二氧化硫、氮氧化物、颗粒物、硫化氢、排气参数(温度、氧含量、含湿量、流速）等，测试方法主要包括定电位电解法、非分散红外法、皮托管法、热电偶法、干湿球法等。

2）现场采样+实验室分析：采用特定仪器采集一定量的污染源废气，并将其妥善保存带回实验室进行分析。目前我国多数污染物指标仍采用这种监测方式，主要的采样方式包括现场直接采样法（气袋、注射器、真空瓶等）和富集（浓缩）采样法（活性炭吸附、滤筒、滤膜捕集、吸收液吸收等），主要的分析方法包括重量法、色谱法、质谱法、分光光度法等。

7.1.2 现场采样

7.1.2.1 现场采样方式

（1）现场直接采样

现场直接采样包括注射器采样、气袋采样、采样管采样和真空瓶（管）采样。现场采样时，应按照《固定污染源排气中颗粒物测定与气态污染物采样方法》（GB/T 16157—1996）中的规定配备相应的采样系统采样。

1）注射器采样。

常用 100 mL 注射器采集样品。采样时，先用现场气体抽洗 2～3 次，然后抽取 100 mL 样气，密封进气口，带回实验室分析。样品存放时间不宜过长，一般当天分析完。

气相色谱分析法常采用此法取样。取样后，应将注射器进气口朝下，垂直放置，以使注射器内压略大于外压，避光保存。

2）气袋采样。

应选不吸附、不渗漏，也不与样气中污染组分发生化学反应的气袋，如聚四氟乙烯袋、聚乙烯袋、聚氯乙烯袋和聚酯袋等，还有用金属薄膜作衬里（如衬银、衬铝）的气袋。

采样时，先用待测废气冲洗 2～3 次，再充满样气，夹封进气口，带回实验室尽快分析。

3）采样管采样。

采样时，打开两端旋塞，用抽气泵接在采样管的一端，迅速抽进比采样管容积大 6～10 倍的待测气体，使采样管中原有气体被完全置换出，关上旋塞，采样管体积即为采气体积。

4）真空瓶采样。

真空瓶是一种具有活塞的耐压玻璃瓶。采样前，先用抽真空装置把真空瓶内气体抽走，抽气减压到绝对压力为 1.33 kPa。采样时，打开旋塞采样，采完关闭旋塞，采样体积即为真空瓶体积。

（2）富集（浓缩）采样法

富集（浓缩）采样法主要包括溶液吸收法、填充柱阻留法和滤料阻留法等。

1）溶液吸收法。

原理：采样时，用抽气装置将待测废气以一定流量抽入装有吸收液的吸收瓶，并采集一段时间。采样结束后，送实验室进行测定。

常用吸收液：酸碱溶液、有机溶剂等。

吸收液选用应遵循的原则：

①反应快，溶解度大；

②稳定时间长；

③吸收后利于分析；

④毒性小，价格低，易于回收。

2）填充柱阻留法。

原理：填充柱是用一根长 6～10 cm、内径 3～5 mm 的玻璃管或塑料管，内装颗粒状填充剂制成。采样时，让气样以一定流速通过填充柱，待测组分因吸附、溶解或化学反应等作用被阻留在填充剂上，达到浓缩采样的目的。采样后，通过解吸或溶剂洗脱，使被测组分从填充剂上释放出来，并进行测定。

填充剂主要类型：

①吸附型，指活性炭、硅胶、分子筛、高分子多孔微球等；

②分配型，指涂高沸点有机溶剂的惰性多孔颗粒物；

③反应型，指惰性多孔颗粒物、纤维状物表面能与被测组分发生化学反应。

3）滤料阻留法。

原理：该方法是将过滤材料（滤筒、滤膜等）放在采样装置内，用抽气装置抽气，废气中的待测物质被阻留在过滤材料上，根据相应分析方法测定出待测物质的含量。

常用过滤材料：玻璃纤维滤筒、石英滤筒、刚玉滤筒、玻璃纤维滤膜、过氯乙烯滤膜、聚苯乙烯滤膜、微孔滤膜、核孔滤膜等。

7.1.2.2　现场采样技术要点

有组织废气排放监测时，采样点位布设、采样频次、时间、监测分析方法以及质量保证等均应符合《固定污染源排气中颗粒物测定与气态污染物采样方法》（GB/T 16157—1996）和《固定源废气监测技术规范》（HJ/T 397—2007）的规定。

（1）采样位置和采样点

1）采样位置应避开对测试人员操作有危险的场所。

2）采样位置应优先选择在垂直管段，避开烟道弯头和断面急剧变化的部位。采样位置应设置在距弯头、阀门、变径管下游方向不小于 6 倍直径处，以及距上述部件上游方向不小于 3 倍直径处。采样断面的气流速度最好在 5 m/s 以上。采样孔内径应不小于 80 mm，宜选用 90～120 mm 内径的采样孔。

3）测试现场空间位置有限，很难满足上述要求时，可选择比较适宜的管段采样，但距采样断面与弯头等的距离至少是烟道直径的 1.5 倍，并应适当增加测点的数量和采样频次。

4）对于气态污染物，由于混合比较均匀，其采样位置可不受上述规定限制，但应避开涡流区。

5）采样平台应有足够的工作面积使工作人员安全、方便地操作。监测平台长度应≥2 m、宽度≥2 m 或不小于采样枪长度外延 1 m，周围设置 1.2 m 以上的安全护栏，有牢固并符合要求的安全措施；当采样平台设置在离地面高度≥2 m 的位置时，应有通往平台的斜梯（或 Z 字梯、旋梯），宽度应≥0.9 m；当采样平台设置在离地面高度≥20 m 的位置时，应有通往平台的升降梯。

6）颗粒物和废气流量测量时，根据采样位置尺寸进行多点分布采样测量；一般情况下排气参数（温度、含湿量、氧含量）和气态污染物在管道中心位置测定。

（2）排气参数的测定

1）温度的测定：常用测定方法为热电偶法或电阻温度计法。一般情况下可在靠近烟道中心的一点测定，封闭测孔，待温度计读数稳定后读取数据。

2）含湿量的测定：常用测定方法为干湿球法。在靠近烟道中心的一点测定，封闭测孔，使气体在一定的速度下流经干球、湿球温度计，根据干球、湿球温度计的读数和测点处排气的压力，计算出排气的水分含量。

3）氧含量的测定：常用测定方法为电化学法或氧化锆氧分仪法。在靠近烟道中心的一点测定，封闭测孔，待氧含量读数稳定后读取数据。

4）流速、流量的测定：常用测定方法为皮托管法。根据测得的某点处的动压、静压及温度、断面截面积等参数计算出排气流速和流量。

（3）采样频次和采样时间

对采样频次和采样时间确定的主要依据：相关标准和规范的规定和要求；实施监测的目的和要求；被测污染源污染物排放特点、排放方式及排放规律，生产设施和治理设施的运行状况；被测污染源污染物排放浓度的高低和所采用的监测分析方法的检出限。

具体要求如下：

1）相关标准中对采样频次和采样时间有规定的，按相关标准的规定执行。

2）相关标准中没有明确规定的，对排气筒中的废气采样时，以连续 1 小时的采样获取平均值，或在 1 小时内，以相等时间间隔采集 3～4 个样品，并计算其平均值。

3）特殊情况下，若某排气筒的排放为间断性排放，排放时间小于 1 小时，应在排放时段内实行连续采样，或在排放时段内等间隔采集 2～4 个样品，并计算其平均值；若某排气筒的排放为间断性排放，排放时间大于 1 小时，则应在排放时段内按"具体要求"中 2）的要求采样。

（4）监测分析方法选择

对监测分析方法进行选择时，应遵循以下原则：

1）监测分析方法的选用应充分考虑相关排放标准的规定、被测污染源排放特点、污染物排放浓度的高低、所采用监测分析方法的检出限和干扰等因素。

2）相关排放标准中有监测分析方法的规定时，应采用相关排放标准中规定的方法。

3）对相关排放标准未规定监测分析方法的污染物项目，应选用国家环境保护标准、环境保护行业标准规定的方法。

4）在对某些项目的监测中，尚无方法标准的，可采用国际标准化组织（ISO）或其他国家的等效方法标准，但这些标准应经过验证合格，其检出限、准确度和精密度应能达到质控要求。

（5）质量保证要求

1）属于国家强制检定目录内的工作计量器具，必须按期送计量部门检定，检定合格，取得检定证书后方可用于监测工作。

2）排气温度、氧含量、含湿量、流速、烟气、烟尘测定等仪器应根据要求定期校准，对一些仪器使用的电化学传感器应根据使用情况及时更换。

3）采样系统采样前应进行气密性检查，防止系统漏气。检查采样嘴、皮托管等是否变形或损坏。

4）滤筒、滤料等外观无裂纹、空隙或破损，无挂毛或碎屑，能耐受一定的高温和机械强度。采样管、连接管、滤筒、滤料等不被腐蚀、不与待测组分发生化学反应。

5）样品采集后注意样品的保存要求，应尽快送实验室分析。

7.1.3   指标测定

各监测指标除遵循 7.1.1 监测方式和 7.1.2 现场采样的相关要求外，还应遵循各自的具体要求。

7.1.3.1   二氧化硫

（1）常用方法

二氧化硫（SO_2）是有组织废气排放的主要常规污染物之一，目前主要的监测方法有定电位电解法、非分散红外吸收法、紫外吸收法、傅立叶变换红外吸收法 4 种现场测试方法，常用二氧化硫监测标准方法见表 7-1。

表 7-1   常用二氧化硫监测标准方法

序号	标准方法	原理及特点
1	《固定污染源废气二氧化硫的测定 定电位电解法》（HJ 57—2017）	（1）废气被抽入主要由电解槽、电解液和电极组成的传感器中，二氧化硫通过渗透膜扩散到电极表面，发生氧化反应，产生的极限电流大小与二氧化硫浓度成正比。 （2）需要配备除湿性能好的预处理器，以去除水分对监测的影响。 （3）测定时，易受一氧化碳干扰
2	《固定污染源废气二氧化硫的测定 非分散红外吸收法》（HJ 629—2011）	（1）二氧化硫气体对 6.82～9 μm 红外光谱波长具有选择性吸收。一束恒定波长为 7.3 μm 的红外光通过二氧化硫气体时，其光通量的衰减与二氧化硫的浓度符合朗伯-比尔定律定量。 （2）需要配备除湿性能好的预处理器，以消除或减少排出水分对监测结果的影响
3	《固定污染源废气二氧化硫的测定 便携式紫外吸收法》（HJ 1131—2020）	（1）二氧化硫对紫外光区内 190～230 nm 或 280～320 nm 特征波长光具有选择性吸收。根据朗伯-比尔定律定量测定废气中二氧化硫的浓度。 （2）需要配备除湿性能好的预处理器，以消除或减少排出水分对监测结果的影响。 （3）应通过高效过滤除尘等方法消除或减少废气中颗粒物对仪器的污染
4	《固定污染源废气气态污染物（SO_2、NO、NO_2、CO、CO_2）的测定 便携式傅立叶变换红外光谱法》（HJ 1240—2021）	（1）在一定条件下，红外吸收光谱中目标化合物的特征吸收峰强度与其浓度遵循朗伯-比尔定律，根据吸收峰强度可对目标化合物进行定量分析。 （2）需要配备除湿性能好的预处理器，以消除或减少排出水分对监测结果的影响。 （3）应通过高效过滤除尘等方法消除或减少废气中颗粒物对仪器的污染

（2）注意事项

1）水分对二氧化硫测定影响较大。废气中的高含水量和水蒸气会对测定结果造成负干扰，还会对仪器检测器/检测室造成损坏和污染，因此在监测时，特别是在废气含湿量较高的情况下，应使用除湿性能较好的预处理设备，及时排空除湿装置的冷凝水，以防止影响测定结果。

2）对于定电位电解法而言，一氧化碳对二氧化硫监测会存在一定程度的干扰。监测仪器应具有一氧化碳测试功能，当一氧化碳浓度高于 50 μmol/mol 时，应根据《固定污染源废气　二氧化硫的测定　定电位电解法》（HJ 57—2017）中的附录 A 进行一氧化碳干扰试验，以确定仪器的适用范围，根据一氧化碳、二氧化硫浓度是否超出了干扰试验允许的范围，来对二氧化硫数据是否有效进行判定。

3）监测结果一般应在校准量程的 20%～100%，特别注意的是不能超过校准量程，因此在监测活动正式开展前，应根据历史监测资料，预判二氧化硫可能的浓度范围，从而选择合适的标准气体进行校准，确定校准量程。

4）在监测活动开展全过程中，仪器不得关机。

5）定电位电解法仪器测定二氧化硫的传感器更换后，应重新开展干扰试验。对于未开展一氧化碳干扰试验的定电位电解法仪器，在进行有组织废气监测过程中，一氧化碳浓度高于 50 μmol/mol 时同步测得的二氧化硫数据，应作为无效数据予以剔除。

7.1.3.2　氮氧化物

（1）常用方法

有组织废气中的氮氧化物（NO_x）包括以一氧化氮（NO）和二氧化氮（NO_2）两种形式存在的氮氧化物，因此对有组织废气中氮氧化物（NO_x）的监测实际上是通过对一氧化氮（NO）和二氧化氮（NO_2）的监测实现的。

表 7-2 给出了有组织废气中氮氧化物监测标准方法。

表 7-2 常用氮氧化物监测标准方法

序号	标准方法	原理及特点
1	《固定污染源废气氮氧化物的测定定电位电解法》（HJ 693—2014）	（1）废气被抽入主要由电解槽、电解液和电极组成的传感器中，一氧化氮或二氧化氮通过渗透膜扩散到电极表面，发生氧化还原反应，产生的极限电流大小与一氧化氮或二氧化氮浓度成正比。 （2）两个不同的传感器分别测定一氧化氮（结果以 NO_2 计）和二氧化氮，两者测定之和为氮氧化物（以 NO_2 计）
2	《固定污染源废气氮氧化物的测定非分散红外吸收法》（HJ 692—2014）	（1）利用 NO 对红外光谱区，特别是对 $5.3\ \mu m$ 波长光具有的选择性吸收，由朗伯-比尔定律定量 NO 和废气中 NO_2 通过转换器还原为 NO 后的浓度。 （2）一般先将废气通入转换器，将废气中的二氧化氮还原为一氧化氮，再将废气通入非分散红外吸收法仪器进行监测，此时，由二氧化氮转化而来的一氧化氮，将和废气中原有的一氧化氮一起经过分析测试，测得结果为总的氮氧化物（以 NO_2 计）
3	《固定污染源废气氮氧化物的测定便携式紫外吸收法》（HJ 1132—2020）	（1）一氧化氮对紫外光区内 $200\sim235\ nm$ 特征波长光，二氧化氮对紫外光区内 $220\sim250\ nm$ 或 $350\sim500\ nm$ 特征波长光具有选择性吸收。根据朗伯-比尔定律定量测定废气中一氧化氮和二氧化氮的浓度。 （2）需要配备除湿性能好的预处理器，以消除或减少排出水分对监测结果的影响。 （3）应通过高效过滤除尘等方法消除或减少废气中颗粒物对仪器的污染
4	《固定污染源废气气态污染物（SO_2、NO、NO_2、CO、CO_2）的测定 便携式傅立叶变换红外光谱法》（HJ 1240—2021）	（1）在一定条件下，红外吸收光谱中目标化合物的特征吸收峰强度与其浓度遵循朗伯-比尔定律，根据吸收峰强度可对目标化合物进行定量分析。 （2）需要配备除湿性能好的预处理器，以消除或减少排出水分对监测结果的影响。 （3）应通过高效过滤除尘等方法消除或减少废气中颗粒物对仪器的污染

从表 7-2 中可以看出，常用的有组织废气中氮氧化物（NO_x）监测方法主要包括定电位电解法、非分散红外吸收法、紫外吸收法、傅立叶变换红外吸收法 4 种现场测试方法，这 4 种方法实现氮氧化物测定的过程和方式是有所不同的，但最终监测的结果均以 NO_2 计。

（2）注意事项

1）测定结果一般应在校准量程的 20%～100%，特别注意的是不能超过校准量程。

2）在监测活动开展的全过程中，仪器不得关机。

3）在用非分散红外吸收法测定氮氧化物时，应注意至少每半年做一次 NO_2 的转化效率的测定，转化效率不能低于 85%，否则应更换还原剂；在监测活动中，进入转换器 NO_2 浓度不要大于 200 μmol/mol。

7.1.3.3　颗粒物

（1）常用方法

颗粒物的监测一般使用重量法，采用现场采样+实验室分析的监测方式，利用等速采样原理，抽取一定量的含颗粒物的废气，根据所捕集的颗粒物的质量和同时抽取的废气体积，计算出废气中颗粒物的浓度。

目前颗粒物监测方法标准主要有《固定污染源排气中颗粒物测定与气态污染物采样方法》（GB/T 16157—1996）和《固定污染源废气　低浓度颗粒物的测定　重量法》（HJ 836—2017）。根据环境保护部的相关规定，在测定有组织废气中颗粒物浓度时，应遵循表 7-3 中的规定，选择合适的监测方法标准。

表 7-3　常用颗粒物监测标准方法的适用范围

序号	废气中颗粒物浓度范围	适用的标准方法
1	≤20 mg/m³	《固定污染源废气　低浓度颗粒物的测定　重量法》（HJ 836—2017）
2	>20 mg/m³ 且≤50 mg/m³	《固定污染源废气　低浓度颗粒物的测定　重量法》（HJ 836—2017）、《固定污染源排气中颗粒物测定与气态污染物采样方法》（GB/T 16157—1996），均适用
3	>50 mg/m³	《固定污染源排气中颗粒物测定与气态污染物采样方法》（GB/T 16157—1996）

依据《固定污染源排气中颗粒物测定与气态污染物采样方法》（GB/T 16157—1996）进行颗粒物监测时，仅将滤筒作为样品，进行采样前后的分析称量。

（2）注意事项

依据《固定污染源废气　低浓度颗粒物的测定　重量法》（HJ 836—2017）进行低浓度颗粒物监测时，需要将装有滤膜的采样头作为样品，进行采样前后的整体称量。监测时注意以下事项：

1）样品采集时，采样嘴应对准气流方向，与气流方向的偏差不得大于10°；不同于气态污染物，颗粒物在排气筒监测断面（横截面）上的分布是不均匀的，须多点等速采样，各点等时长采样，每个点采样时间不少于3分钟。

2）应选择在气流平稳的工况下进行采样。采样前后，排气筒内气流流速变化不应大于10%，否则应重新测量。

3）每次开展低浓度颗粒物监测时，每批次应采集全程序空白样品。实际监测样品的增重若低于全程序空白样品的增重，则认定该实际监测样品无效，低浓度颗粒物样品采样体积为 1 m³ 时，方法检出限为 1.0 mg/m³；废气中颗粒物浓度低于方法检出限时，全程序空白样品采样前后重量之差的绝对值不得超过 0.5 mg。

4）采样前后样品称重环境条件应保持一致。低浓度颗粒物样品称重使用的恒温恒湿设备的温度控制在15～30℃任意一点，控温精度为±1℃；相对湿度应保持在（50±5）% RH 范围内。

7.1.3.4　非甲烷总烃

在固体废物焚烧的自行监测技术指南中，废气的挥发性有机物指标暂时使用非甲烷总烃作为其综合控制指标。

（1）常用方法

对废气中总烃、甲烷和非甲烷总烃排放监测时，主要依据《固定污染源废气 总烃、甲烷和非甲烷总烃的测定　气相色谱法》（HJ 38—2017）。采用气袋或玻璃注射器进行现场采集样品，之后送实验室，将气体样品直接注入具氢火焰离子化检测器的气相色谱仪，分别在总烃柱和甲烷柱上测定总烃和甲烷的含量，两者之差即非甲烷总烃的含量。同时以除烃空气代替样品，测定氧在总烃柱上的响应值，来排除样品中的氧对总烃测定的干扰。

（2）注意事项

1）用气袋采样时，连接采样装置，开启加热采样管电源，将采样管加热并保持在（120±5）℃（有防爆安全要求的除外），气袋须用样品气清洗至少 3 次，结束采样后样品应立即放入样品保存箱内保存，直至样品分析时取出。用玻璃注射器采样时，除遵循上述规定外，采集样品的玻璃注射器还应用惰性密封头密封。

2）样品采集时应采集全程序空白，将注入除烃空气的采样容器带至采样现场，与同批次采集的样品一起送回实验室分析。

3）采集样品的玻璃注射器应小心轻放，防止破损，保持针头端向下状态放入样品保存箱内保存和运送。样品常温避光保存，采样后尽快完成分析。玻璃注射器保存的样品，放置时间不超过 8 小时；气袋保存的样品，放置时间不超过 48 小时，如仅测定甲烷，应在 7 天内完成。

4）分析高沸点组分样品后，可通过提高柱温等方式去除分析系统残留的影响，并通过分析除烃空气予以确认。

7.1.3.5　汞

（1）常用方法

对废气中汞排放监测时，主要依据《固定污染源废气　汞的测定　冷原子吸收分光光度法（暂行）》（HJ 543—2009）。采用气泡吸收管+烟气采样器进行现场吸收液采集样品，之后送实验室，采用冷原子吸收分光光度法分析测定。

（2）注意事项

1）由于橡皮管对汞有吸附作用，采样管与吸收管之间应采用聚乙烯管连接，接口处用聚四氟乙烯生料带密封。

2）当汞浓度较高时，可采用大型冲击式吸收采样瓶。全部玻璃器皿在使用前要用 10%硝酸溶液浸泡过夜或用（1+1）硝酸溶液浸泡 40 分钟，以除去器壁上吸附的汞。

3）测定样品前必须做试剂空白试验，空白值不超过 0.005 μg 汞。

4）采样结束后，封闭吸收管进出气口，置于样品箱内运输，并注意避光，样品采集后应尽快分析。若不能及时测定，应置于冰箱内 0～4℃保存，5 天内测定完毕。

7.1.3.6　重金属（除汞）

（1）监测方法标准

对废气中重金属监测时，主要依据的方法标准见表 7-4。有的重金属物质有不同的监测方法，排污单位可以根据实际情况选择合适的方法开展监测。监测时主要的采样方式为富集采样法，采用滤筒+颗粒物采样器进行现场滤筒捕集采样或者使用气泡吸收管+小流量采样器进行现场吸收液采集样品，将样品妥善保存后带回实验室分析。重金属监测主要的分析方法包括光谱法、质谱法和分光光度法。

表 7-4　重金属监测方法对照表

监测项目	监测方法标准
砷、镉、铬、铜、锰、镍、铅、锑、锡	《空气和废气　颗粒物中金属元素的测定　电感耦合等离子体发射光谱法》（HJ 777—2015） 《空气和废气　颗粒物中铅等金属元素的测定　电感耦合等离子体质谱法》（HJ 657—2013）
镍	《大气固定污染源　镍的测定　火焰原子吸收分光光度法》（HJ/T 63.1—2001） 《大气固定污染源　镍的测定　石墨炉原子吸收分光光度法》（HJ/T 63.2—2001） 《大气固定污染源　镍的测定　丁二酮肟-正丁醇萃取分光光度法》（HJ/T 63.3—2001）
镉	《大气固定污染源　镉的测定　火焰原子吸收分光光度法》（HJ/T 64.1—2001） 《大气固定污染源　镉的测定　石墨炉原子吸收分光光度法》（HJ/T 64.2—2001） 《大气固定污染源　镉的测定　对-偶氮苯重氮氨基偶氮苯磺酸分光光度法》（HJ/T 64.3—2001）
铅	《固定污染源废气　铅的测定　火焰原子吸收分光光度法》（HJ 538—2009） 《环境空气　铅的测定　石墨炉原子吸收分光光度法》（HJ 539—2015）
锡	《大气固定污染源　锡的测定　石墨炉原子吸收分光光度法》（HJ/T 65—2001）
砷	《固定污染源废气　砷的测定　二乙基二硫代氨基甲酸银分光光度法》（HJ 540—2016）

（2）注意事项

1）采集颗粒物中的重金属时，应使用颗粒物采样器采样，采样材料应使用玻璃纤维滤筒或石英滤筒，要求其对粒径大于 0.3 μm 颗粒物的阻留效率不低于 99.9%。

空白滤筒中目标金属元素含量应小于等于排放标准限值的 1/10，不符合要求则不能使用。

2）采样前要彻底清洗采样管的采样嘴和弯管，并吹干。将玻璃纤维滤筒或石英滤筒装入采样管头部的滤筒夹内，根据所选择的等速采样方法，连接好采样系统，连接管要尽可能地短，并检查系统的气密性和可靠性。

3）当重金属质量浓度较低时，可适当增加采样体积。如管道内烟气温度高于需采集的相关金属元素熔点，应采取降温措施，使进入滤筒前的烟气温度低于相关金属元素的熔点。使用滤筒采样时，每次采样至少取同批号滤筒两个，带到采样现场作为现场空白样品。

4）对所采集的颗粒物中的重金属样品，在采样结束后，滤筒样品应将封口向内折叠，编号后，竖直放回原采样盒中，并放入干燥器中保存。样品在干燥、通风、避光、室温环境下保存。同时按照采样要求，做好记录。

5）砷、铅、镍等金属元素具有一定的毒性，试验过程中应做好安全防护工作。

7.1.3.7　一氧化碳

（1）常用方法

对废气中一氧化碳排放监测时，主要依据《固定污染源排气中一氧化碳的测定　非色散红外吸收法》（HJ/T 44—1999）和《固定污染源废气　一氧化碳的测定　定电位电解法》（HJ 973—2018）。采用非色散红外气体分析仪现场直接测试，或现场利用气袋采集样品后，再用非色散红外气体分析仪进行分析。利用定电位电解法时直接用分析仪测定。

（2）注意事项

1）按照《固定污染源排气中一氧化碳的测定　非色散红外吸收法》（HJ/T 44—1999）方法监测时，采样时如遇负压锅炉，需接大功率泵，仪器本身泵关闭；采样时应注意安全，对一氧化碳浓度较高的采样点，采样开孔应安装防喷装置，采样人员要站在上风口，防止一氧化碳中毒；室温下的饱和水蒸气对测定无干扰，但更高的含湿量对测定有正干扰，需采取适当的除湿措施（如气体吸收瓶中填装玻璃棉，依靠烟气冷却凝结水分除湿；若烟气温度高，含湿量大，需采用冷凝器除湿）。

2）按照《固定污染源废气　一氧化碳的测定　定电位电解法》（HJ 973—2018）方法监测时，采样时要采用滤尘装置、除湿装置等进行滤除，消除颗粒物、水分等对传感器滤膜的影响；测定时注意氢气、酸性气体和乙烯对测定结果的干扰，当乙烯浓度超过 100 μmol/mol 时，应慎用此标准；采样时要堵严采样孔，使之不漏气，待测定仪稳定后，按分钟保存测定数据，连续 5～15 分钟测定数据的平均值作为一次测量值；每次测量结束后，按照仪器说明书规定用零气进行清洗，最后结束时，示值回到零点附近后再关机断电。

7.1.3.8　氨

（1）常用方法

对废气中氨排放监测时，主要依据《环境空气和废气　氨的测定　纳氏试剂分光光度法》（HJ 533—2009）。采用气泡吸收管+小流量采样器进行现场吸收液采集样品，之后送实验室，采用纳氏试剂分光光度法进行分析测定。

（2）注意事项

1）当烟道气的温度明显高于环境温度时，应对采样管线加热，防止烟气在采样管线中结露。

2）开启采样泵前，确认采样系统的连接正确，采样泵的进气口端通过干燥管（或缓冲管）与采样管的出气口相连，如果接反会导致酸性吸收液倒吸，污染和损坏仪器。万一出现倒吸的情况，应及时将流量计拆下来，用酒精清洗、干燥，并重新安装，经流量校准合格后方可继续使用。

3）为避免采样管中的吸收液被污染，运输和贮存过程中勿将采样管倾斜或倒置，并及时更换采样管的密封接头。

4）采样时，应带采样全程空白吸收管。采样后应尽快分析，以防止吸收空气中的氨。

5）样品中含有三价铁等金属离子、硫化物和有机物时，应注意消除干扰。

7.1.3.9　硫化氢

（1）常用方法

对废气中硫化氢排放监测时，主要依据《空气质量　硫化氢、甲硫醇、甲硫醚和二甲二硫的测定　气相色谱法》（GB/T 14678—1993）。利用真空瓶（管）或气袋用抽气泵采集样品后，送回实验室，利用气相色谱法进行分析。

（2）注意事项

1）采样时拔出真空瓶一侧的硅橡胶塞，使瓶内充入样品气体至常压，随即以硅橡胶塞塞住入气孔，将瓶避光运回实验室，样品需在 24 小时内分析完毕。

2）硫化氢属于有毒物质，对试剂、标准样品的使用和保管要注意绝对安全。硫化氢原试剂的存放温度要低于−20℃。

3）采样瓶使用前要认真检查其有无破损迹象，以免炸裂，要保证真空处理后和采样后采样瓶携带过程中的安全，防止密封塞不严或脱落。

4）加工的浓缩管连入系统后必须无漏气现象，后部硅橡胶塞与管必须紧密结合，防止因管内压力上升导致塞脱出。

7.1.3.10　二噁英类

（1）常用方法

对废气中二噁英类排放监测时，主要依据《环境空气和废气　二噁英类的测定　同位素稀释高分辨气相色谱-高分辨质谱法》（HJ 77.2—2008）和《环境二噁英类监测技术规范》（HJ 916—2017）。采用滤筒（或滤膜）进行现场样品采集，之后送实验室，采用同位素稀释高分辨气相色谱-高分辨质谱法分析测定。

（2）注意事项

1）采样管材料应为硼硅酸盐玻璃、石英玻璃或钛合金属合金，采样管内表面应光滑流畅，采样管应带有加热装置，加热温度应为 105～125℃。滤筒或滤膜应用硼硅酸盐玻璃或石英玻璃制成，尺寸与滤筒或滤膜相适应，方便滤筒或滤膜的取放，接口处应密封良好。冷凝装置用于分离、储存废气中冷凝下来的水，容积应不小于 1 L。

2）根据样品采样量和等速采样流量，确定总采样时间及各点采样时间。由于废气采样的特殊性，采样需在一段较长的时间内进行，以避免短时间的不稳定工况对采样结果造成影响，一般总采样时间应不少于 2 小时。样品采样量还应同时满足方法检出限的要求。采样前加入采样内标，要求采样内标物质的回收率为70%～130%，超过此范围要重新采样。

3）将采样管插入烟道第一采样点，封闭采样孔，使采样嘴对准气流方向（其与气流方向偏差不得大于 10°），启动采样泵，迅速调节采样流量到第一采样点所需的等速流量值，采样流量与计算的等速流量之间的相对误差应在±10%的范围内。第一采样点采样后，立即将采样管移至第二采样点，迅速调整采样流量到第二采样点所需的等速流量值，继续进行采样。依此类推，按顺序在各点采样。

4）采样期间当压力、温度有较大变化时，需随时将相关参数输入仪器，重新计算等速采样流量。若滤筒阻力增大到无法保持等速采样，则应更换滤筒后继续采样。采样过程中，气相吸附柱应注意避光，并保持在 30℃以下。

5）采样过程按照标准规定准备采样材料并带至现场，但不进行实际采样操作，采样结束后带回实验室完成分析步骤，所得结果为运输空白。运输空白实验的频度约为采样总数的 10%。运输空白值较高时，如果样品实测值远大于运输空白值（如规定两者相差 2 个数量级以上），则可以从样品实测值中扣除运输空白值。如果运输空白值接近甚至大于样品实测值，应查找污染原因，消除污染后重新采样分析。

6）拆卸采样装置时应尽量避免阳光直接照射。取出滤筒保存在专用容器中，用水冲洗采样管和连接管，冲洗液与冷凝水一并保存在棕色试剂瓶中。气相吸附柱两端密封后避光保存。样品应冷藏贮存，并尽快送至实验室分析。

7.1.3.11　臭气浓度

（1）常用方法

对废气中臭气浓度监测时，主要依据《恶臭污染环境监测技术规范》（HJ 905—2017）和《空气质量　恶臭的测定　三点比较式臭袋法》（GB/T 14675—1993）。利用真空瓶（管）或气袋，用抽气泵采集恶臭气体样品后送回实验室，利用三点比较式臭袋法进行分析。

（2）注意事项

1）真空瓶采样。

①真空瓶的准备：采样前应采用空气吹洗，再抽真空使用，使用后的真空瓶应及时用空气吹洗。当使用后的真空瓶污染较严重时，应采用蒸沸或重铬酸钾洗液清洗的方法处理。当有组织排放源样品浓度过高，需对样品进行预稀释时，在采样前应对真空瓶进行定容，可采用注水计量法对真空瓶定容，定容后的真空瓶应经除湿处理后再抽气采样。对新购置的真空瓶或新配置的胶塞，应进行漏气检查。用带有真空表的胶塞塞紧真空瓶的大口端，抽气减压到绝对压力 1.33 kPa 以下，放置 1 小时后，如果瓶内绝对压力不超过 2.66 kPa，则视为系统不漏气。

②系统漏气检查：采样前将除湿定容后的真空瓶抽真空至 1.0×10^5 Pa，放置 2 小时后，观察并记录真空瓶压力变化不能超过规定负压的 20%。连接采样系统，打开抽气泵抽气，使真空压力表负压上升至 13 kPa，关闭抽气泵一侧阀门，压力在 1 分钟之内下降不超过 0.15 kPa，则视为系统不漏气。

③样品采集：采样前，打开气泵以 1 L/min 流量抽气约 5 分钟，置换采样系统中的空气。接通采样管路，打开真空瓶旋塞，使气体进入真空瓶，然后关闭旋塞，将真空瓶取下。必要时记录采样的工况、环境温度、大气压力及真空瓶采样前瓶内压力。

④采样频次：连续有组织排放源按生产周期确定采样频次，样品采集次数不小于 3 次，取其最大测定值。生产周期在 8 小时以内的，采样间隔不小于 2 小时；

生产周期大于 8 小时的，采样间隔不小于 4 小时。间歇有组织排放源应在恶臭污染浓度最高时段采样，样品采集次数不小于 3 次，取其最大测定值。

⑤样品保存：真空瓶存放的样品应有相应的包装箱，防止光照和碰撞，所有样品均应在 17～25℃ 条件下保存，样品应在采样后 24 小时内测定完毕。

⑥采集样品注意事项：采样位置应选择排气压力为正压或常压点位处；真空瓶应尽量靠近排放管道处，并应采用惰性管材（如聚四氟乙烯管等）作为采样管；采集排放源强酸或强碱性气体时，应使用洗涤瓶。取 100 mL 洗涤瓶，内装 5 mol/L 的氢氧化钠溶液或 3 mol/L 的硫酸溶液洗涤气体。

2）气袋采样。

①连接好采样系统，在抽气泵前加装一个真空压力表，按照真空瓶采样系统一样进行系统漏气检查。

②打开采样气体导管与采样袋之间的阀门，启动抽气泵，抽取气袋采样箱成负压，气体进入采样袋，采样袋充满气体后，关闭采样袋阀门。采样前按上述操作，用被测气体冲洗采样袋 3 次。

③采样结束，从气袋采样箱取出充满样气的采样袋，送回实验室分析。气袋样品应避光保存，所有样品均应在 17～25℃ 条件下保存，样品应在采样后 24 小时内测定完毕。

④采集排气温度较高样品时，应注意气袋的适用温度。必要时记录采样的工况、环境温度及大气压力。

7.1.3.12 氟化氢

（1）常用方法

对废气中氟化氢排放监测时，主要依据《固定污染源废气 氟化氢的测定 离子色谱法（暂行）》（HJ 688—2013）。测定废气中气态氟化物时也可用此监测方法标准。采用加热的采样管经加热过滤器滤除颗粒物后，用冷却的碱性吸收液连续吸收气态样品，之后送实验室，用离子色谱仪进行分析测定。

（2）注意事项

①采样管、过滤装置的温度控制在 185℃±5℃ 范围内。采样管内衬管材质为 PTFE、硼硅酸盐玻璃、石英玻璃或钛合金，内表面光滑流畅。抽气泵应保证足够的抽气量，当采样系统负载阻力为 20 kPa 时，抽气流量应不低于 2.0 L/min。

②若采用恒流采样，在采样装置的主路和旁路上分别串联 2 支各装 30 mL 吸收液的小型多孔玻板吸收瓶。用连接管将采样管和吸收瓶及干燥器连接，以 2.0 L/min 流量，每个样品采样时间为 20～60 分钟。采样后将连接管和吸收瓶一起拆下，用连接管密封吸收瓶。

③若采用等速采样，在采样装置上串联 3 支大型冲击吸收瓶，采样管和吸收瓶之间用连接管连接。前两支吸收瓶各装有 75 mL 吸收液，第 3 支为空瓶，并与干燥器连接，以 90%～110% 的速率采集废气样品，每个样品采样时间原则上不低于 20 分钟。采样后将连接管和吸收瓶一起拆下，用连接管密封吸收瓶。不分析过滤器收集的颗粒物。

④准备 2 支密封的各装有与实际采样所需等量吸收液的吸收瓶，带至采样地点，不与采样器连接。采样结束后，其作为全程序空白样品带回实验室，与实际样品一起做分析测定。每批样品至少做一个全程序空白，空白值不得超过方法检出限。

⑤样品保存：将吸收瓶垂直放置于清洁的容器内运输。实验室内室温保存，时间不超过 7 天。

⑥样品溶液浓度与淋洗液浓度相近，减少测定误差；根据废气中氟化氢浓度的高低相应调整采样体积和（或）试样稀释体积；试样中含有粒径超过 0.45 μm 的颗粒物时，试样溶液在进入离子色谱仪前预先过滤处理，以消除对离子色谱柱的影响；气泡对离子色谱柱分离效果有影响，进样时不能带入气泡。

7.1.3.13　氯化氢、氯化物（以 HCl 计）

（1）常用方法

对废气中氯化氢、氯化物（以 HCl 计）排放监测时，主要依据《固定污染源排气中氯化氢的测定 硫氰酸汞分光光度法》（HJ/T 27—1999）、《固定污染源废气 氯化氢的测定 硝酸银容量法》（HJ 548—2016）和《环境空气和废气 氯化氢的测定 离子色谱法》（HJ 549—2016）。采用多孔玻板吸收瓶（或冲击式吸收瓶）+小流量采样器进行现场吸收液采集样品，之后送实验室，按照相应方法分析测定。

（2）注意事项

1）按照《固定污染源排气中氯化氢的测定 硫氰酸汞分光光度法》（HJ/T 27—1999）方法监测。

①采样管用硬质玻璃或氟树脂材质并具有适当尺寸的管料，应附有可加热至120℃以上的保温夹套。样品吸收装置采用 50 mL 多孔玻板吸收瓶。

②串联 2 支各装 25 mL 氢氧化钠吸收液的多孔玻板吸收瓶，以 0.5 L/min 的流量采样 5～30 分钟。在采样过程中，根据排气温度和湿度调节采样管保温夹套温度，以避免水汽于吸收瓶之前凝结。

③如果样品采集后不能当天测定，应将试样密封后置于冰箱以 3～5℃保存，保存期不超过 48 小时。

④若排气中含有氯化物颗粒性物质，应在吸收瓶之前接装滤膜夹，否则可不装滤膜夹。采样管、吸收瓶之间连接时不可用乳胶管连接，应用聚乙烯管或聚四氟乙烯管内接外套法连接。用过的吸收瓶、具塞比色管、连接管等，将溶液倒出后，直接用去离子水洗涤，不能用自来水洗涤，操作过程注意防尘，避免用手指触摸连接管口，防治氯化物沾污。采样分析时，样品溶液、标准溶液和空白对照必须用同一批试剂同时操作。

2）按照《固定污染源废气 氯化氢的测定 硝酸银容量法》（HJ 548—2016）方法监测。

①采用 75 mL 多孔玻板吸收瓶或大型气泡吸收瓶，吸收瓶应严密不漏气，多孔玻板吸收瓶发泡要均匀，当流量为 0.5 L/min 时，其阻力应为 5 kPa±0.7 kPa。

②采样时，串联 2 支内装 50 mL 氢氧化钠吸收液的吸收瓶，按照气态污染物

采集方法，以 0.5～1.0 L/min 的流量连续采样 1 小时，或在 1 小时内以相等时间间隔采集 3～4 个样品。在采样过程中，应保持采样保温夹套温度为 120℃，以避免水汽在采样管路中凝结。采样完毕后，用连接管密封吸收瓶，待测。

③当废气中湿度较大，氯化氢吸湿且主要以颗粒态存在时，其采样点位布设及采样应按照《固定污染源排气中颗粒物和气态污染物采样方法》（GB/T 16157—1996）中颗粒物采集的相关规定执行。在烟尘采样器后连接加热装置（内含分流阀及含有乙酸纤维微孔滤膜的滤膜夹），之后通过分流阀，再按照气态采样方法进行采集，采样过程中，烟气采样器和加热装置温度保持在 120℃。

④采集的样品及全程序空白，应在当天尽快测定，若不能及时测定，应于 4℃以下冷藏、密封保存，48 小时内完成分析测定。

⑤排气中含有颗粒态氯化物，应在采样枪与吸收瓶之间接装有乙酸纤维微孔滤膜的滤膜夹；采样枪与吸收瓶之间的连接管应尽可能短，并检查系统的气密性和可靠性；采样器应在使用前进行气密性检查和流量校准；每批样品至少要带 2 个实验室空白和 2 个全程序空白，空白测定值应小于方法检出限。

3）按照《环境空气和废气 氯化氢的测定 离子色谱法》（HJ 549—2016）方法监测。

①应用 25 mL 或 75 mL 的冲击式吸收瓶。用水预先清洗冲击式吸收瓶至洗液电导率小于 1.0 μS/cm，置于清洁的环境中晾干备用。采样前，装入吸收液，并用连接管密封保存运输。

②串联 2 支各装 50 mL 吸收液的 75 mL 冲击式吸收瓶，按照气态污染物采集方法，以 0.5～1.0 L/min 的流量连续采样 1 小时，或在 1 小时内以相等时间间隔采集 3～4 个样品，采样前后流量偏差应≤5%。在采样过程中，应保持采样管保温夹套温度为 120℃，以避免水汽于吸收瓶之前凝结，若排气中含有颗粒态氯化物，应在吸收瓶之前接装放入滤膜的滤膜夹。

③当废气中氯化氢质量浓度高于 100 mg/m³ 时，吸收液质量浓度可适当增加，测定时应将其稀释至与淋洗液质量浓度相当。

④当废气中含有氯气时，串联 4 支吸收瓶，前 2 支为各装 50 mL 硫酸吸收液的 75 mL 冲击式吸收瓶，后 2 支为各装 50 mL 碱性吸收液的 75 mL 冲击式吸收瓶，前后两组吸收瓶分别吸收氯化氢气体和氯气，以避免氯气干扰。

⑤当废气中湿度较大，氯化氢吸湿且主要以颗粒态存在时，其采样点位布设及采样应按照《固定污染源排气中颗粒物和气态污染物采样方法》（GB/T 16157—1996）中颗粒物采集的相关规定执行。在烟尘采样器后连接加热装置（内含分流阀及含有乙酸纤维微孔滤膜的滤膜夹），之后通过分流阀，再按照气态采样方法进行采集，采样过程中，保持烟气采样器和加热装置温度保持在 120℃。

⑥样品采集后用连接管密封吸收瓶，于 4℃下冷藏保存，48 小时内完成分析测定。如不能及时分析，则应将样品转移至聚乙烯瓶中，于 4℃以下冷藏可保存 7 天。

⑦吸收瓶、连接管及各器皿均应用实验用水反复洗涤并防止被污染，操作中应防止自来水、空气微尘及手上氯化物干扰；采样器、滤膜夹、吸收瓶之间连接管应尽可能短，并检查系统的气密性和可靠性；每次分析样品结束后，用淋洗液清洗仪器管路，实验结束后用实验室用水清洗仪器泵及抑制器，以免其受到淋洗液腐蚀；如出现仪器分析精度下降，应检查柱效及抑制器工作状态，必要时对其进行更换。

7.2 无组织废气监测

7.2.1 监测方式

无组织废气监测是指排污单位对没有经过排气筒无规则排放的废气，或者废气虽经过排气筒排放，但排气筒高度没有达到有组织排放要求的低矮排气筒排放的废气污染物浓度进行监测。

无组织废气排放监测的主要方式为现场采样+实验室分析，与有组织废气的方式相同，是指采用特定仪器采集一定量的无组织废气并妥善保存带回实验室进行分析。主要采样方式包括现场直接采样法（注射器、气袋、采样管、真空瓶等）和富集（浓缩）采样法（活性炭吸附、滤筒、滤膜捕集、吸收液吸收等），主要分析方法包括重量法、色谱法、质谱法、分光光度法等。

7.2.2　现场采样

7.2.2.1　现场采样技术要点

无组织废气排放监测的主要参考标准为《大气污染物无组织排放监测技术导则》（HJ/T 55—2000）、《大气污染物综合排放标准》（GB 16297—1996）和排污单位具体执行的行业排放标准。

（1）控制无组织排放的基本方式

按照《大气污染物综合排放标准》（GB 16297—1996）的规定，我国以控制无组织排放所造成的后果来对无组织排放实行监督和限制。采用的基本方式是规定设立监控点（监测点）和规定监控点的污染物浓度限值。在设置监测点时，有的污染物要求除在下风向设置监控点外，还要在上风向设置对照点，监控浓度限值为监控点与参照点的浓度差值。有的污染物要求只在周界外浓度最高点设置监控点。

（2）设置监控点的位置和数目

根据《大气污染物综合排放标准》（GB 16297—1996）的规定，监控点设在单位周界外 10 m 范围内的浓度最高点，如现场条件不允许，可将监控点移至周界内侧。按规定监控点最多可设 4 个，参照点只设 1 个。一些行业排放标准，如《平板玻璃工业大气污染物排放标准》（GB 26453—2011）要求大气污染物（颗粒物）无组织排放限制监测时，执行《大气污染物无组织排放监测技术导则》（HJ/T 55—2000）的规定，应在上风向设置参照点，在下风向设置监控点，污染物浓度为监控点与参照点 1 小时浓度值的差值。

（3）采样频次的要求

按照《大气污染物无组织排放监测技术导则》（HJ/T 55—2000）的规定，对无组织排放进行监测时，实行连续 1 小时的采样，或者实行在 1 小时内以相等时间间隔采集 4 个样品计平均值。在进行实际监测时，为了捕捉到监控点最高浓度的时段，实际安排的采样时间可超过 1 小时。

（4）工况的要求

由于大气污染物排放标准对无组织排放实行限制的原则是在最大负荷下生产和排放，以及在最不利于污染物扩散稀释的条件下，无组织排放监控值不应超过排放标准所规定的限值，因此，监测人员应在不违反上述原则的前提下，选择尽可能高的生产负荷及不利于污染物扩散稀释的条件进行监测。

针对以上基本要求，如果排污单位执行的行业排放标准中对无组织排放有明确要求的，按照行业标准执行。

7.2.2.2 监测前准备工作

（1）排污单位基本情况调查

①主要原、辅材料和主、副产品，相应用量和产量、来源及运输方式等，重点了解用量大和可产生大气污染的材料及产品，列表说明，并予以必要的注释。

②注意车间和其他主要建筑物的位置和尺寸，有组织排放口和无组织排放口位置及其主要参数，排放污染物的种类和排放速率；注意单位周界围墙的高度和性质（封闭式或通风式）；注意单位区域内的主要地形变化等。对单位周界外的主要环境敏感点（影响气流运动的建筑物和地形分布、有无排放被测污染物的污染源存在）进行调查，并标于单位平面布置图中。

③了解环境保护影响评价、工程建设设计、实际建设的污染治理设施的种类、原理、设计参数、数量以及目前的运行情况等。

（2）无组织排放源基本情况调查

除调查排放污染物的种类和排放速率（估计值）之外，还应重点调查被监测无组织排放源的形状、尺寸、高度及其处于建筑群的具体位置等。

（3）仪器设备准备

按照被测物质的对应标准分析方法中有关无组织排放监测的采样部分所规定的仪器设备和试剂做好准备。所用仪器应通过计量监督部门的性能检定合格，并在使用前做必要调试和检查。采样时应注意检查电路系统和气路部分，并校正流量计。

（4）监测条件

监测时，被测无组织排放源的排放负荷应处于相对较高，或者处于正常生产和排放状态。主导风向（平均风速）利于监控点的设置，并可使监控点和被测无组织排放源之间的距离尽可能缩小。通常情况下，选择冬季微风的日期，避开阳光辐射较强烈的中午时段进行监测是比较适宜的。

7.2.3 指标测定

各监测指标除遵循 7.2.1 监测方式和 7.2.2 现场采样的相关要求外，还应遵循各自的具体要求。

为了加强对固体废物焚烧排污单位的环境管理，在固体废物焚烧自行监测技术指南编制过程中，对排污单位厂界无组织监测指标规定了对颗粒物、氨、硫化氢、臭气浓度、氯化氢、氟化物、铬酸雾、硫酸雾以及挥发性有机物（指南中以非甲烷总烃）进行无组织排放的要求。排污单位可根据排污许可证、所执行的污染物排放（控制）标准、环境影响评价文件及其批复等相关环境管理规定，以及其生产工艺、原辅用料、中间及最终产品，按照《恶臭污染物排放标准》（GB 14554—1993）和《大气污染物综合排放标准》（GB 16297—1996）所列污染物具体情况而定。

7.2.3.1 臭气浓度无组织

（1）常用方法

对无组织废气监测时，臭气浓度监测主要依据的方法标准有《恶臭污染物排放标准》（GB 14554—1993）、《大气污染物无组织排放监测技术导则》（HJ/T 55—2000）和《恶臭污染环境监测技术规范》（HJ 905—2017）。臭气浓度的分析方法采用《空气质量　恶臭的测定　三点比较式臭袋法》（GB/T 14675—1993）。

（2）监测点位

恶臭的无组织排放采样点一般设置在厂界，在工厂厂界的下风向或有臭气方位的边界线上。在实际监测过程中，可以参照《大气污染物无组织排放监测技术导则》（HJ/T 55—2000）的规定，在厂界（距离臭气无组织排放源较近处）下风向设置，一般设置 3 个点位，根据风向变化情况可适当增加或减少监测点位。当围墙的通透性很好时，可紧靠围墙外侧设置监控点；当围墙的通透性不好时，可紧靠围墙设置监控点，但采气口要高出围墙 20～30 cm；当围墙的通透性不好，又不便于把采气口抬高时，为避开围墙造成的涡流区，应将监控点设于距离围墙 1.5～2.0 倍围墙高度，且距地面 1.5 m 的地方。具体设置时，应避免对周边环境的影响，包括花丛树木、污水沟渠、垃圾收集点等。

对现场监测时，无组织排放源与下风向周界之间存在若干阻挡气流运动的建筑、树木等物质，使气流形成涡流，污染物迁移变化比较复杂。因此，监测人员要根据具体的地形、气象条件研究和分析，发挥创造性，综合确定采样点位，以保证获取污染物最大排放浓度值。

（3）监测指标

《恶臭污染物排放标准》（GB 14554—1993）中给出 9 种污染物限值，污染物分别为氨、三甲胺、硫化氢、甲硫醇、甲硫醚、二甲二硫、二硫化碳、苯乙烯和臭气浓度，在开展恶臭无组织监测时，一般监测臭气浓度指标，如技术规范、监测指南或环境管理有特殊要求的，再增加具体特征污染物指标的监测。

（4）分析方法

恶臭无组织采样方法参照《大气污染物无组织排放监测技术导则》（HJ/T 55—2000）。

恶臭污染物的分析方法见表 7-5。

表 7-5　恶臭浓度及恶臭污染物监测方法

序号	控制项目	测定方法
1	氨	《环境空气和废气　氨的测定　纳氏试剂分光光度法》（HJ 533—2009）
		《环境空气　氨的测定　次氯酸钠-水杨酸分光光度法》（HJ 534—2009）
2	三甲胺	《空气质量　三甲胺的测定　气相色谱法》（GB/T 14676—1993）
3	硫化氢	《空气质量　硫化氢、甲硫醇、甲硫醚和二甲二硫的测定　气相色谱法》（GB/T 14678—1993）
4	甲硫醇	《环境空气　挥发性有机物的测定罐采样/气相色谱-质谱法》（HJ 759—2015）
		《空气质量　硫化氢、甲硫醇、甲硫醚和二甲二硫的测定　气相色谱法》（GB/T 14678—1993）
5	甲硫醚	《环境空气　挥发性有机物的测定罐采样/气相色谱-质谱法》（HJ 759—2015）
		《空气质量　硫化氢、甲硫醇、甲硫醚和二甲二硫的测定　气相色谱法》（GB/T 14678—1993）
6	二甲二硫	《空气质量　硫化氢、甲硫醇、甲硫醚和二甲二硫的测定　气相色谱法》（GB/T 14678—1993）
7	二硫化碳	《环境空气　挥发性有机物的测定罐采样/气相色谱-质谱法》（HJ 759—2015）
		《空气质量　二硫化碳的测定　二乙胺分光光度法》（GB/T 14680—1993）
8	苯乙烯	《环境空气　挥发性有机物的测定罐采样/气相色谱-质谱法》（HJ 759—2015）
		《环境空气　苯系物的测定　固体吸附/热脱附-气相色谱法》（HJ 583—2010）
9	臭气浓度	《空气质量　恶臭的测定　三点比较式臭袋法》（GB/T 14675—1993）

7.2.3.2　非甲烷总烃无组织

（1）常用方法

对无组织废气监测时，非甲烷总烃监测主要依据的方法标准有《大气污染物无组织排放监测技术导则》（HJ/T 55—2000）和《环境空气　总烃、甲烷和非甲烷总烃的测定　直接进样-气相色谱法》（HJ 604—2017）。

（2）监测点位

非甲烷总烃的无组织排放采样点位可参照 7.2.3.1 中的臭气浓度采样点位布设。

（3）注意事项

1）采样容器经现场空气清洗至少3次后采样。以玻璃注射器满刻度采集空气样品的，用惰性密封头密封；以气袋采集样品的，用真空气体采样箱将空气样品引入气袋，至最大体积的80%左右，立即密封。将注入除烃空气的采样容器带至采样现场，与同批次采集的样品一起送回实验室分析。

2）采集样品的玻璃注射器应小心轻放，防止破损，保持针头端向下状态放入样品箱内保存和运送。样品应常温避光保存，采样后尽快分析。玻璃注射器保存的样品，放置时间不应超过8小时；气袋保持的样品，放置时间不应超过48小时。

3）采样容器使用前应充分洗净，经气密性检查合格，置于密闭采样箱中以避免污染。样品返回实验室时，应平衡至环境温度后再进行测定。测定复杂样品后，如发现分析系统内有残留，可通过提高柱温等方式去除，以分析除烃空气确认。

7.2.3.3 氯化氢无组织

（1）常用方法

对无组织废气监测时，氯化氢浓度监测主要依据《环境空气和废气　氯化氢的测定　离子色谱法》（HJ 549—2016）。

（2）监测点位

对于采用含氯漂白工艺的排污单位，监测时在漂白车间或二氧化氯制备车间外（参照厂界布点原则）布点。根据风向变化情况可适当增加或减少监测点位，以保证获取污染物最大浓度值。

（3）注意事项

1）吸收瓶、连接管及各器皿均应用实验用水反复洗涤并防止被污染，操作中应防止自来水、空气微尘及手上氯化物的干扰。

2）采样时，采样器与滤膜夹、滤膜夹与吸收瓶之间的连接管均应尽可能短，并检查系统的气密性和可靠性。将滤膜置于滤膜夹内，串联2支各装有10 mL去离子水作为吸收液的25 mL冲击式吸收瓶，与空气采样器连接。以0.5～1.0 L/min

的采样流量，连续 1 小时采样，或在 1 小时内以相等时间间隔采集 3～4 个样品计平均值，如浓度偏低可适当延长采样时间，采样前后流量偏差应≤5%。

3）颗粒态氯化物对测定有干扰，采样时可用聚四氟乙烯滤膜或石英滤膜去除其干扰。氯气对测定有干扰，使用酸性吸收液串联碱性吸收液采样，分别吸收氯化氢和氯气可去除其干扰。每次采集样品应至少带两套全程序空白样品。将同批次装好吸收液的吸收瓶带至采样现场，不与采样器连接，采样结束后带回实验室待测。

4）样品采集后用连接管密封吸收瓶，于 4℃以下冷藏保存，48 小时内完成分析测定。如不能及时分析，应将样品转移至聚乙烯瓶中，于 4℃以下冷藏可保存 7 天。

5）每次分析样品结束后，应用淋洗液清洗仪器管路。实验结束后用实验用水清洗仪器泵及抑制器，以免受到淋洗液腐蚀。如出现仪器分析精度下降，应检查柱效及抑制器工作状态，必要时进行更换，以确保分析数据的准确性。

7.2.3.4　氟化物无组织

（1）常用方法

对氟化物无组织排放监测时，主要依据《环境空气　氟化物的测定　滤膜采样　氟离子选择离子电极法》（HJ 955—2018）。采用滤膜+大气采样器采集样品，送实验室经处理后采用氟离子选择电极进行分析测定。

（2）注意事项

1）大气采样器，采样头配有两层聚乙烯/不锈钢支撑滤膜网垫，两层网垫间有 2～3 mm 的间隔圈相隔；配有电子流量计和流量补偿系统，具有自动计算累积体积的功能。流量为 50 L/min 时，采样泵可克服 20 kPa 的压力负荷。

2）全程序空白，取与样品采集同批次浸渍后的空白滤膜，与样品在相同条件下保存、运输。将空白滤膜安装在采样头上不进行采样，空白滤膜在采样现场与样品滤膜从滤膜盒（袋）取出直至安装到采样头时间相同。

3）样品保存，将滤膜对折放入滤膜盒（袋）中密封，贮存在密封容器中，并在 40 天内完成分析。

7.2.3.5　其他特征污染物的监测

（1）监控点布设方法

根据《大气污染物综合排放标准》（GB 16297—1996）附录 C 的规定，监控点布设方法有以下两种。

1）在排放源上、下风向分别设置参照点和监控点的方法：对于 1997 年 1 月 1 日之前设立的污染源，监测二氧化硫、氮氧化物、颗粒物和氟化物污染物无组织排放时，在排放源的上风向设参照点，下风向设监控点，监控点设于排放源下风向的浓度最高点，不受单位周界的限制。

2）在单位周界外设置监控点的方法：对于 1997 年 1 月 1 日之后设立的污染源，监测其污染物无组织排放时，监控点设置在单位周界外污染物浓度最高点，监控点设置方法参照《大气污染物无组织排放监测技术导则》（HJ/T 55—2000）标准文本中条目 9.1。对于 1997 年 1 月 1 日之前设立的污染源，监测除二氧化硫、氮氧化物、颗粒物和氟化物之外的污染物无组织排放时，也采用此方法布设监控点。

设置参照点的原则要求：参照点应不受或尽可能少地受被测无组织排放源的影响，参照点要力求避开其近处的其他无组织排放源和有组织排放源的影响，尤其要注意避开那些可能对参照点造成明显影响且同时对监控点无明显影响的排放源；参照点的设置，要以能够代表监控点的污染物本底浓度为原则。具体设置方法参见《大气污染物无组织排放监测技术导则》（HJ/T 55—2000）标准文本中条目 9.2.1。

设置监控点的原则要求：监控点应设置于无组织排放下风向，距排放源 2～50 m 范围内的浓度最高点，设置监控点不需要回避其他源的影响。具体设置方法参见《大气污染物无组织排放监测技术导则》（HJ/T 55—2000）标准文本中条目 9.2.2。

3）复杂情况下的监控点设置。

在特别复杂的情况下，不可能单独运用上述各点的内容来设置监控点，需对情况做仔细分析，综合运用《大气污染物综合排放标准》（GB 16297—1996）和

《大气污染物无组织排放监测技术导则》（HJ/T 55—2000）的有关条款设置监控点。同时，不大可能对污染物的运动及分布做确切的描述并得出确切的结论，此时监测人员应尽可能利用现场可利用的条件，如利用无组织排放废气的颜色、嗅味、烟雾分布、地形特点等，甚至采用人造烟源或其他情况，借以分析污染物的运动和可能的浓度最高点，并据此设置监控点。

（2）样品采集

1）有与大气污染物排放标准相配套的国家标准分析方法的污染物项目，应按照配套标准分析方法中适用于无组织排放采样的方法执行。

2）尚缺少配套标准分析方法的污染物项目，应按照环境空气监测方法中的采样要求进行采样。

3）无组织废气排放监测的采样频次，参见 7.2.2.1（3）。

（3）分析方法

1）有与大气污染物排放标准相配套的国家标准分析方法的污染物项目，应按照配套标准分析方法（其中适用于无组织排放部分）执行；

2）个别没有配套标准分析方法的污染物项目，应按照适用于环境空气监测的标准分析方法执行。

（4）计值方法

1）在污染源单位周界外设监控点的监测结果，以最多 4 个监控点中的测定浓度最高点的测值作为无组织排放监控浓度值。注意浓度最高点的测值应是指 1 小时连续采样或由相等时间间隔采集的 4 个样品所得的 1 小时平均值。

2）在无组织排放源上、下风向分别设置参照点和监控点的监测结果，以最多 4 个监控点中的浓度最高点测值扣除参照点测值所得之差值，作为无组织排放监控浓度值。注意监控点和参照点测值是指 1 小时连续采样或由相等时间间隔采集的 4 个样品所得的 1 小时平均值。

第8章　废气自动监测管理技术要点

废气自动监测系统因其实时、自动等功能，在环境管理中发挥着越来越大的作用。如何确保废气自动监测数据能够有效应用，这就要求排污单位加强废气自动监测系统的运维和管理，使其能够稳定、良好地运行。本章基于《固定污染源烟气（SO_2、NO_x、颗粒物）排放连续监测技术规范》（HJ 75—2017）、《固定污染源烟气（SO_2、NO_x、颗粒物）排放连续监测系统技术要求及检测方法》（HJ 76—2017）标准，对废气自动监测系统的建设、验收、运行维护应注意的技术要点进行梳理。

根据固体废物焚烧行业污染物排放特点，除对烟气中颗粒物、SO_2、NO_x 3 项常规污染物进行自动监测外，对 HCl 和 CO 也需要开展自动监测，其验收、运行维护要求参照《固定污染源烟气（SO_2、NO_x、颗粒物）排放连续监测技术规范》（HJ 75—2017）、《固定污染源烟气（SO_2、NO_x、颗粒物）排放连续监测系统技术要求及检测方法》（HJ 76—2017）执行。

8.1　废气自动监测系统组成及性能要求

8.1.1　基本概念

废气自动监测系统通常是指烟气排放连续监测系统（Continuous Emission

Monitoring System，CEMS），该系统能够实现对固定污染源排放的颗粒物和（或）气态污染物的排放浓度及排放量进行连续、实时地自动监测。废气自动监测管理是指对系统中包含的所有设备进行规范安装、调试、验收、运行维护，从而实现对自动监测数据的质量保证与质量控制的技术工作。

8.1.2　CEMS 组成和功能要求

一套完整的 CEMS 主要包括颗粒物监测单元、气态污染物监测单元、烟气参数监测单元、数据采集与传输单元以及相应的建筑设施等。

颗粒物监测单元：主要对排放烟气中的颗粒物浓度进行测量。

气态污染物监测单元：主要对排放烟气中 SO_2、NO_x、CO、HCl 等气态形式存在的污染物进行监测。

烟气参数监测单元：主要对排放烟气的温度、压力、湿度、含氧量等参数进行监测，用于污染物排放量的计算，以及将污染物的实测浓度折算成标准干烟气状态下或排放标准中规定的过剩空气系数下的浓度。

数据采集与传输单元：主要完成测量数据的采集、存储、统计功能，并按相关标准要求的格式将数据传输到环境主管部门。

从固体废物焚烧行业特点来看，需要对焚烧炉排气筒排放的颗粒物、SO_2、NO_x、HCl、CO 等主要污染物开展自动监测。在选择 CEMS 时，应要求具备测量烟气中颗粒物、气态污染物浓度和烟气参数（温度、压力、流速或流量、湿度、含氧量等），同时计算出烟气中污染物的排放速率和排放量，显示（可支持打印）和记录各种数据和参数，形成相关图表，并通过数据、图文等方式传输至管理部门等功能。

对于氮氧化物监测单元，NO_2 可以直接测量，也可以通过转化炉转化为 NO 后一并测量，但不允许只监测烟气中的 NO。NO_2 转换为 NO 的效率不小于 95%。

排污单位在进行自动监控系统安装选型时，应根据国家对每个监测设备的具体技术要求进行选型安装。选型安装在线监测仪器时，应根据污染物浓度和排放标准，选择检测范围与之匹配的在线监测仪器，监测仪器满足国家对应仪器的技术要求。

例如二氧化硫、氮氧化物、颗粒物应符合《固定污染源烟气（SO_2、NO_x、颗粒物）排放连续监测技术规范》（HJ 75—2017）和《固定污染源烟气（SO_2、NO_x、颗粒物）排放连续监测系统技术要求及检测方法》（HJ 76—2017）等相关规范要求。选型安装数据传输设备时，应按照《污染物在线监控（监测）系统数据传输标准》（HJ 212—2017）和《污染源在线自动监控（监测）数据采集传输仪技术要求》（HJ 477—2009）规范要求设置，不得添加其他可能干扰监测数据存储、处理、传输的软件或设备。

在污染源自动监测设备建设、联网和管理过程中，当地生态环境主管部门有相关规定的，应同时参考地方的规定要求。如上海市环境保护局于 2017 年发布的《上海市固定污染源自动监测建设、联网、运维和管理有关规定》就可作为地方规定进行参考。

8.2　CEMS 现场安装要求

CEMS 的现场安装主要涉及现场监测站房、废气排放口、自动监控点位设置及监测断面等内容。现场监测站房必须能满足仪器设备功能需求且专室专用，保障供电、给排水、温湿度控制、网络传输等必需的运行条件，配备安装必要的电源、通讯网络、温湿度控制、视频监视和安全防护设施；排放口应设置符合《环境保护图形标志——排放口（源）》（GB 15562.1—1995）要求的环境保护图形标志牌。排放口的设置应按照环境保护部和地方生态环境主管部门的相关要求，进行规范化设置；自动监控点位的选取应尽可能选取固定污染源烟气排放状况有代表性的点位。具体要求见 5.3 节的相关内容。

8.3　CEMS 技术指标调试检测

CEMS 在现场安装运行以后，在接受验收前，应对其进行技术性能指标和联网情况的调试检测。

8.3.1　CEMS 技术指标调试检测

CEMS 调试检测的技术指标包括：

（1）颗粒物 CEMS 零点漂移、量程漂移；

（2）颗粒物 CEMS 线性相关系数、置信区间、允许区间；

（3）气态污染物 CEMS 和氧气 CMS 零点漂移、量程漂移；

（4）气态污染物 CEMS 和氧气 CMS 示值误差；

（5）气态污染物 CEMS 和氧气 CMS 系统响应时间；

（6）气态污染物 CEMS 和氧气 CMS 准确度；

（7）流速 CMS 速度场系数；

（8）流速 CMS 速度场系数精密度；

（9）温度 CMS 准确度；

（10）湿度 CMS 准确度。

8.3.2　联网调试检测

安装调试完成后 15 天内，按《污染物在线监控（监测）系统数据传输标准》（HJ 212—2017）技术要求与生态环境主管部门联网。

8.4　验收要求

技术验收包括 CEMS 技术指标验收和联网验收。

CEMS 在完成安装、调试检测并与生态环境主管部门联网后，同时符合下列要求时，可组织实施技术验收工作。

（1）CEMS 的安装位置及手工采样位置应符合 5.3 节相关内容的要求。

（2）数据采集和传输以及通信协议均应符合《污染物在线监控（监测）系统数据传输标准》（HJ 212—2017）的要求，并提供 1 个月内数据采集和传输自检报告，报告应对数据传输标准的各项内容做出响应。

（3）根据 9.3.1 的要求进行 72 小时的调试检测，并提供调试检测合格报告及调试检测结果数据。

（4）调试检测后至少稳定运行 7 天。

8.4.1　CEMS 技术指标验收

8.4.1.1　验收要求

CEMS 技术指标验收包括颗粒物 CEMS、气态污染物 CEMS、烟气参数 CMS 技术指标验收。符合下列要求后，即可进行技术指标验收。

（1）现场验收期间，生产设备应正常且稳定运行，可通过调节固定污染源烟气净化设备达到某一排放状况，该状况在测试期间保持稳定。

（2）日常运行中更换 CEMS 分析仪表或变动 CEMS 取样点位时，应进行再次验收。

（3）现场验收时必须采用有证标准物质或标准样品，较低浓度的标准气体可通过使用等比例稀释方法稀释高浓度的标准气体而获得，等比例稀释装置的精密度在 1%以内。标准气体要求贮存在铝或不锈钢瓶中，不确定度不超过±2%。

（4）对于光学法颗粒物 CEMS，校准时须对实际测量光路进行全光路校准，确保发射光先经过出射镜片，再经过实际测量光路，到校准镜片后，再经过入射镜片到达接收单元，不得只对激光发射器和接收器进行校准。对于抽取式气态污染物 CEMS，当对全系统进行零点校准和量程校准、示值误差和系统响应时间的检测时，零气和标准气体应通过预设管线输送至采样探头处，经由样品传输管线回到站房，经过全套预处理设施后进入气体分析仪。

（5）验收前检查直接抽取式气态污染物采样伴热管的设置，设置的加热温度应≥120℃，并高于烟气露点温度 10℃以上，实际温度能够在机柜或系统软件中查询。冷干法 CEMS 冷凝器的设置和实际控制温度应保持在 2～6℃。

8.4.1.2　验收内容

颗粒物 CEMS 技术指标验收包括颗粒物的零点漂移、量程漂移和准确度验收。气态污染物 CEMS 和氧气 CMS 技术指标验收包括零点漂移、量程漂移、示值误差、系统响应时间和准确度验收。

现场验收时，先做示值误差和系统响应时间的验收测试，不符合技术要求的，可不再继续开展其余项目验收。

通入零气和标气时，均应通过 CEMS 系统，不得直接通入气体分析仪。

示值误差、系统响应时间、零点漂移和量程漂移验收技术指标需满足表 8-1 的要求。

表 8-1　示值误差、系统响应时间、零点漂移和量程漂移验收技术要求

检测项目			技术要求
气态污染物 CEMS	二氧化硫	示值误差	当满量程≥100 μmol/mol（286 mg/m³）时，示值误差不超过±5%（相对于标准气体标称值）；当满量程＜100 μmol/mol（286 mg/m³）时，示值误差不超过±2.5%（相对于仪表满量程值）
		系统响应时间	≤200 秒
		零点漂移、量程漂移	不超过±2.5%
	氮氧化物	示值误差	当满量程≥200 μmol/mol（410 mg/m³）时，示值误差不超过±5%（相对于标准气体标称值）；当满量程＜200 μmol/mol（410 mg/m³）时，示值误差不超过±2.5%（相对于仪表满量程值）
		系统响应时间	≤200 秒
		零点漂移、量程漂移	不超过±2.5%
氧气 CMS	氧气	示值误差	±5%（相对于标准气体标称值）
		系统响应时间	≤200 秒
		零点漂移、量程漂移	不超过±2.5%
颗粒物 CEMS	颗粒物	零点漂移、量程漂移	不超过±2.0%

注：氮氧化物以 NO_2 计。

准确度验收技术指标需满足表 8-2 的要求。

表 8-2 准确度验收技术要求

检测项目			技术要求
气态污染物 CEMS	二氧化硫	准确度	排放浓度≥250 μmol/mol（715 mg/m³）时，相对准确度≤15%
			50 μmol/mol（143 mg/m³）≤排放浓度＜250 μmol/mol（715 mg/m³）时，绝对误差不超过±20 μmol/mol（57 mg/m³）
			20 μmol/mol（57 mg/m³）≤排放浓度＜50 μmol/mol（143 mg/m³）时，相对误差不超过±30%
			排放浓度＜20 μmol/mol（57 mg/m³）时，绝对误差不超过±6 μmol/mol（17 mg/m³）
	氮氧化物	准确度	排放浓度≥250 μmol/mol（513 mg/m³）时，相对准确度≤15%
			50 μmol/mol（103 mg/m³）≤排放浓度＜250 μmol/mol（513 mg/m³）时，绝对误差不超过±20 μmol/mol（41 mg/m³）
			20 μmol/mol（41 mg/m³）≤排放浓度＜50 μmol/mol（103 mg/m³）时，相对误差不超过±30%
			排放浓度＜20 μmol/mol（41 mg/m³）时，绝对误差不超过±6 μmol/mol（12 mg/m³）
	其他气态污染物	准确度	相对准确度≤15%
氧气 CMS	氧气	准确度	＞5.0%时，相对准确度≤15%
			≤5.0%时，绝对误差不超过±1.0%
颗粒物 CEMS	颗粒物	准确度	排放浓度＞200 mg/m³ 时，相对误差不超过±15%
			100 mg/m³＜排放浓度≤200 mg/m³ 时，相对误差不超过±20%
			50 mg/m³＜排放浓度≤100 mg/m³ 时，相对误差不超过±25%
			20 mg/m³＜排放浓度≤50 mg/m³ 时，相对误差不超过±30%
			10 mg/m³＜排放浓度≤20 mg/m³ 时，绝对误差不超过±6 mg/m³
			排放浓度≤10 mg/m³ 时，绝对误差不超过±5 mg/m³
流速 CMS	流速	准确度	流速＞10 m/s 时，相对误差不超过±10%
			流速≤10 m/s 时，相对误差不超过±12%
温度 CMS	温度	准确度	绝对误差不超过±3℃
湿度 CMS	湿度	准确度	烟气湿度＞5.0%时，相对误差不超过±25%
			烟气湿度≤5.0%时，绝对误差不超过±1.5%

注：氮氧化物以 NO_2 计，以上各参数区间划分以参比方法测量结果为准。

8.4.2　联网验收

联网验收由通信及数据传输验收、现场数据比对验收和联网稳定性验收 3 部分组成。

8.4.2.1　通信及数据传输验收

按照《污染物在线监控（监测）系统数据传输标准》（HJ 212—2017）的规定检查通信协议的正确性。数据采集和处理子系统与监控中心之间的通信应稳定，不出现经常性的通信连接中断、报文丢失、报文不完整等通信问题。为保证监测数据在公共数据网上传输的安全性，所采用的数据采集和处理子系统应进行加密传输。监测数据在向监控系统传输的过程中，应由数据采集和处理子系统直接传输。

8.4.2.2　现场数据比对验收

数据采集和处理子系统稳定运行一周后，对数据进行抽样检查，对比上位机接收到的数据和现场机存储的数据是否一致，精确至 1 位小数。

8.4.2.3　联网稳定性验收

在连续 1 个月内，子系统能稳定运行，不出现通信稳定性、通信协议正确性、数据传输正确性以外的其他联网问题。

8.4.2.4　联网验收技术指标要求

联网验收技术指标要求具体情况见表 8-3。

表 8-3　联网验收技术指标要求

验收检测项目	技术指标要求
通信稳定性	①现场机在线率为 95% 以上; ②正常情况下,掉线后,应在 5 分钟之内重新上线; ③单台数据采集传输仪每日掉线次数在 3 次以内; ④报文传输稳定性在 99% 以上,当出现报文错误或丢失时,启动纠错逻辑,要求数据采集传输仪重新发送报文
数据传输安全性	①对所传输的数据应按照《污染物在线监控监测系统数据传输标准》(HJ 212—2017)中规定的加密方法进行加密处理传输,保证数据传输的安全性; ②服务器端对请求连接的客户端进行身份验证
通信协议正确性	现场机和上位机的通信协议应符合《污染物在线监控监测系统数据传输标准》(HJ 212—2017)的规定,正确率为 100%
数据传输正确性	系统稳定运行一周后,对一周的数据进行检查,对比接收的数据和现场的数据一致,精确至 1 位小数,抽查数据正确率为 100%
联网稳定性	系统稳定运行 1 个月,不出现通信稳定性、通信协议正确性、数据传输正确性以外的其他联网问题

8.5　CEMS 日常运行管理要求

8.5.1　总体要求

CEMS 运维单位应根据 CEMS 使用说明书和本节要求编制仪器运行管理规程,确定系统运行操作人员和管理维护人员的工作职责。运维人员应当熟练掌握烟气排放连续监测仪器设备的原理、使用方法和维护方法。CEMS 日常运行管理应包括日常巡检、日常维护保养及 CEMS 的校准和检验。

8.5.2　日常巡检

CEMS 运维单位应根据本节要求和仪器使用说明中的相关要求制定巡检规程，并严格按照规程开展日常巡检工作并做好记录。日常巡检记录应包括检查项目、检查日期、被检项目的运行状态等内容，每次巡检应记录并归档。CEMS 日常巡检时间间隔不超过 7 天。

日常巡检可参照《固定污染源烟气（SO_2、NO_x、颗粒物）排放连续监测技术规范》（HJ 75—2017）附录 G 中的表 G.1～表 G.3 表格形式记录。

8.5.3　日常维护保养

运维单位应根据 CEMS 说明书的要求对 CEMS 系统保养内容、保养周期和耗材更换周期等做出明确规定，每次保养情况应记录并归档。每次进行备件或材料更换时，更换的备件或材料的品名、规格、数量等应记录并归档。如更换有证标准物质或标准样品，还需记录新标准物质或标准样品的来源、有效期和浓度等信息。对日常巡检或维护保养中发现的故障和问题，运维人员应及时处理并记录。

CEMS 日常运行管理参照《固定污染源烟气（SO_2、NO_x、颗粒物）排放连续监测技术规范》（HJ 75—2017）附录 G 中的格式记录。

8.5.4　CEMS 的校准和检验

运维单位应根据 8.6 节规定的方法和质量保证规定的周期制定 CEMS 系统的日常校准和校验操作规程。校准和校验记录应及时归档。

8.6　CEMS 日常运行质量保证要求

8.6.1　总体要求

CEMS 日常运行质量保证是保障 CEMS 正常稳定运行、持续提供有质量保证监测数据的必要手段。当 CEMS 不能满足技术指标而失控时，应及时采取纠正措施，并应缩短下一次校准、维护和校验的间隔时间。

8.6.2　定期校准

CEMS 运行过程中的定期校准是质量保证中的一项重要工作，定期校准应做到以下 7 点：

（1）具有自动校准功能的颗粒物 CEMS 和气态污染物 CEMS 每 24 小时至少自动校准一次仪器零点和量程，同时测试并记录零点漂移和量程漂移。

（2）无自动校准功能的颗粒物 CEMS 每 15 天至少校准一次仪器的零点和量程，同时测试并记录零点漂移和量程漂移。

（3）无自动校准功能的直接测量法气态污染物 CEMS 每 15 天至少校准一次仪器的零点和量程，同时测试并记录零点漂移和量程漂移。

（4）无自动校准功能的抽取式气态污染物 CEMS 每 7 天至少校准一次仪器零点和量程，同时测试并记录零点漂移和量程漂移。

（5）抽取式气态污染物 CEMS 每 3 个月至少进行一次全系统的校准，要求零气和标准气体从监测站房发出，经采样探头末端与样品气体通过的路径（应包括采样管路、过滤器、洗涤器、调节器、分析仪表等）一致，进行零点漂移、量程漂移、示值误差和系统响应时间的检测。

（6）具有自动校准功能的流速 CMS 每 24 小时至少进行一次零点校准，无自动校准功能的流速 CMS 每 30 天至少进行一次零点校准。

（7）校准技术指标应满足表 8-4 的要求。定期校准记录按《固定污染源烟气（SO_2、NO_x、颗粒物）排放连续监测技术规范》（HJ 75—2017）附录 G 中的表 G.4 表格形式记录。

表 8-4 CEMS 定期校准校验技术指标要求及数据失控时段的判别

项目	CEMS 类型		校准功能	校准周期	技术指标	技术指标要求	失控指标	最少样品数/对
定期校准	颗粒物 CEMS		自动	24 小时	零点漂移	不超过±2.0%	超过±8.0%	—
					量程漂移	不超过±2.0%	超过±8.0%	
			手动	15 天	零点漂移	不超过±2.0%	超过±8.0%	
					量程漂移	不超过±2.0%	超过±8.0%	
	气态污染物 CEMS	抽取测量或直接测量	自动	24 小时	零点漂移	不超过±2.5%	超过±5.0%	—
					量程漂移	不超过±2.5%	超过±10.0%	
		抽取测量	手动	7 天	零点漂移	不超过±2.5%	超过±5.0%	
					量程漂移	不超过±2.5%	超过±10.0%	
		直接测量	手动	15 天	零点漂移	不超过±2.5%	超过±5.0%	
					量程漂移	不超过±2.5%	超过±10.0%	
	流速 CMS		自动	24 小时	零点漂移或绝对误差	零点漂移不超过±3.0%或绝对误差不超过±0.9 m/s	零点漂移超过±8.0%且绝对误差超过±1.8 m/s	—
			手动	30 天	零点漂移或绝对误差	零点漂移不超过±3.0%或绝对误差不超过±0.9 m/s	零点漂移超过±8.0%且绝对误差超过±1.8 m/s	—
	颗粒物 CEMS		3 个月或6 个月		准确度	满足本标准9.3.8	超过本标准9.3.8 规定范围	5
	气态污染物 CEMS							9
	流速 CMS							5

8.6.3 定期维护

CEMS 运行过程中的定期维护是日常巡检的一项重要工作，维护频次按照《固定污染源烟气（SO_2、NO_x、颗粒物）排放连续监测技术规范》（HJ 75—2017）

中附表 G.1～G.3 说明的进行，定期维护应做到以下 5 点：

（1）污染源停运到开始生产前应及时到现场清洁光学镜面。

（2）定期清洗隔离烟气与光学探头的玻璃视窗，检查仪器光路的准直情况；定期对清吹空气保护装置进行维护，检查空气压缩机或鼓风机、软管、过滤器等部件。

（3）定期检查气态污染物 CEMS 的过滤器、采样探头与管路的结灰和冷凝水情况、气体冷却部件、转换器、泵膜老化状态。

（4）定期检查流速探头的积灰和腐蚀情况、反吹泵和管路的工作状态。

（5）定期维护记录按《固定污染源烟气（SO_2、NO_x、颗粒物）排放连续监测技术规范》（HJ 75—2017）附录 G 中的表 G.1～表 G.3 形式记录。

8.6.4 定期校验

CEMS 投入使用后，燃料、除尘效率的变化、水分的影响、安装点的振动等都会对测量结果的准确性产生影响。定期校验应做到以下 3 点：

（1）有自动校准功能的测试单元每 6 个月至少做一次校验，没有自动校准功能的测试单元每 3 个月至少做一次校验；校验用参比方法和 CEMS 同时段数据进行比对，按《固定污染源烟气（SO_2、NO_x、颗粒物）排放连续监测技术规范》（HJ 75—2017）进行。

（2）校验结果应符合表 8-4 的要求，不符合时，则应扩展为对颗粒物 CEMS 的相关系数的校正或（和）评估气态污染物 CEMS 的准确度或（和）流速 CMS 的速度场系数（或相关性）的校正，直到 CEMS 达到表 8-2 的要求，方法见《固定污染源烟气（SO_2、NO_x、颗粒物）排放连续监测技术规范》（HJ 75—2017）附录 A。

（3）定期校验记录按《固定污染源烟气（SO_2、NO_x、颗粒物）排放连续监测技术规范》（HJ 75—2017）附录 G 中的表 G.5 形式记录。

8.6.5　常见故障分析及排除

当 CEMS 发生故障时，运维人员应及时处理并记录。设备维修记录见《固定污染源烟气（SO_2、NO_x、颗粒物）排放连续监测技术规范》（HJ 75—2017）附录 G 中的表 G.6。维修处理过程中，要注意以下 6 点：

（1）CEMS 需要停用、拆除或者更换的，应当事先报经主管部门批准。

（2）运维单位发现故障或接到故障通知，应在 4 小时内赶到现场处理。

（3）对于一些容易诊断的故障，如电磁阀控制失灵、膜裂损、气路堵塞、数据采集仪死机等，可携带工具或者备件到现场进行针对性维修，此类故障维修时间不应超过 8 小时。

（4）仪器经过维修后，在正常使用和运行之前应确保维修内容全部完成，性能通过检测程序，按照 8.6.2 对仪器进行校准检查。若监测仪器进行了更换，在正常使用和运行之前应对系统进行重新调试和验收。

（5）若数据存储/控制仪发生故障，应在 12 小时内修复或更换，并保证已采集的数据不丢失。

（6）监测设备因故障不能正常采集、传输数据时，应及时向主管部门报告，缺失数据按照 8.7.2 处理。

8.6.6　定期校准校验技术指标要求及数据失控时段的判别与修约

（1）CEMS 在定期校准、校验期间的技术指标要求及数据失控时段的判别标准见表 8-4。

（2）当发现任一参数不满足技术指标要求时，应及时按照本规范及仪器说明书等的相关要求，采取校准、调试乃至更换设备重新验收等纠正措施，直至满足技术指标要求。当发现任一参数数据失控时，应记录失控时段（从发现失控数据起到满足技术指标要求后停止的时间段）及失控参数，并进行数据修约。

8.7　数据审核和处理

8.7.1　数据审核

固定污染源生产状况下，经验收合格的 CEMS 正常运行时段为 CEMS 数据有效时间段。CEMS 非正常运行时段（如 CEMS 故障期间、维修期间、超过 8.6.2 规定的期限未校准时段、失控时段以及有计划的维护保养、校准等时段）均为 CEMS 数据无效时段。

污染源计划停运一个季度以内的，不得停运 CEMS，日常巡检和维护要求仍按照 8.5 节和 8.6 节规定执行；计划停运超过一个季度的，可停运 CEMS，但应报当地生态环境主管部门备案。污染源启运前，应提前启运 CEMS 系统，并进行校准，在污染源启运后的两周内进行校验，满足表 8-4 技术指标要求的，视为启运期间自动监测数据有效。

8.7.2　数据无效时间段数据处理

CEMS 因发生故障需停机维修时，其维修期间的数据替代按表 8-5 处理；也可以用参比方法监测的数据替代，频次不低于一天一次，直至 CEMS 技术指标调试到符合表 8-1 和表 8-2 时为止。如使用参比方法监测的数据替代，则监测过程应按照《固定污染源排气中颗粒物测定与气态污染物采样方法》（GB/T 16157—1996）、《固定污染源废气　低浓度颗粒物的测定　重量法》（HJ 836—2017）和《固定源废气监测技术规范》（HJ/T 397—2007）的要求进行，替代数据包括污染物浓度、烟气参数和污染物排放量。

CEMS 系统超期未校准的时段视为数据失控时段，失控时段的污染物排放量按照表 8-5 进行修约，污染物浓度和烟气参数不修约。

表 8-5 失控时段的数据处理方法

季度有效数据捕集率 α	连续失控小时数 N/小时	修约参数	选取值
$\alpha \geqslant 90\%$	$N \leqslant 24$	二氧化硫、氮氧化物、颗粒物的排放量	上次校准前 180 个有效小时排放量最大值
	$N > 24$		上次校准前 720 个有效小时排放量最大值
$75\% \leqslant \alpha < 90\%$	—		上次校准前 2 160 个有效小时排放量最大值

CEMS 系统有计划（质量保证/质量控制）地维护保养、校准及其他异常导致的数据无效时段，该时段污染物排放量按照表 8-6 处理，污染物浓度和烟气参数不修约。

表 8-6 维护期间和其他异常导致的数据无效时段的处理方法

季度有效数据捕集率 α	连续无效小时数 N/小时	修约参数	选取值
$\alpha \geqslant 90\%$	$N \leqslant 24$	二氧化硫、氮氧化物、颗粒物的排放量	失效前 180 个有效小时排放量最大值
	$N > 24$		失效前 720 个有效小时排放量最大值
$75\% \leqslant \alpha < 90\%$	—		失效前 2 160 个有效小时排放量最大值

8.7.3 数据记录与报表

8.7.3.1 记录

按《固定污染源烟气（SO_2、NO_x、颗粒物）排放连续监测技术规范》（HJ 75—2017）附录 D 的表格形式记录监测结果。

8.7.3.2 报表

按《固定污染源烟气（SO_2、NO_x、颗粒物）排放连续监测技术规范》（HJ 75—2017）附录 D（表 D.9、表 D.10、表 D.11、表 D.12）的表格形式定期将 CEMS 监测数据上报，报表中应给出最大值、最小值、平均值、排放累计量以及参与统计的样本数。

第9章 固体废物、厂界环境噪声及周边环境影响监测

固体废物、厂界环境噪声和周边环境质量监测应按照相关的标准和规范开展。对于厂界噪声而言，重点是监测点位的布设，应能够反映厂内噪声源对厂外——尤其是对厂外居民区等敏感点的影响。对周边环境质量监测，不同的固体废物焚烧排污单位对周边环境空气、地表水、地下水、近岸海域海水和周边土壤有不同程度的影响，在方案制定时要依据相关标准规范和管理要求，若无明确要求的，固体废物焚烧排污单位可结合本单位实际排污情况，选择有必要开展监测的对象，结合本单位实际排污环境，适当选择应监测的对象，确保监测项目、监测点位的代表性和监测采样的规范性。本章围绕固体废物、厂界环境噪声、周边环境空气、地表水、近岸海域海水、地下水和土壤监测的关键点进行介绍和说明。

9.1 固体废物监测

固体废物焚烧排污单位产生的固体废物主要为飞灰和焚烧炉渣。

飞灰属于危险废物，其收集、贮存、运输和处理按照《生活垃圾焚烧飞灰污染控制技术规范（试行）》（HJ 1134—2020）相关要求执行。

焚烧炉渣的热灼减率是判定焚烧炉正常与否的最有力依据，可反映垃圾焚烧的机械未燃烧损失，推算垃圾焚烧的完成状况，定期监测热灼减率可以检验焚烧

炉的异常和老化程度。根据《生活垃圾焚烧污染控制标准》（GB 18485—2014）修改单"焚烧炉渣热灼减率的监测应每周至少开展一次"要求及《危险废物焚烧污染控制标准》（GB 18484—2020）和《医疗废物处理处置污染控制标准》（GB 39707—2020）相关内容，确定焚烧炉渣热灼减率每周一次，样品的采集和制备方法应按照《工业固体废物采样制样技术规范》（HJ/T 20—1998）执行，测试步骤参照《固体废物　热灼减率的测定　重量法》（HJ 1024—2019）执行。

9.2　厂界环境噪声监测

9.2.1　环境噪声的含义

《中华人民共和国环境噪声污染防治法》第二条规定，本法所称噪声污染，是指超过噪声排放标准或者未依法采取防控措施产生噪声，并干扰他人正常生活、工作和学习的现象。所以在测量厂界环境噪声时应重点关注噪声排放是否超过标准规定的排放限值；是否干扰他人正常生活、工作和学习。

9.2.2　厂界环境噪声布点原则

《工业企业厂界环境噪声排放标准》（GB 12348—2008）中规定厂界环境噪声监测点的选择应根据工业企业声源、周围噪声敏感建筑物的布局以及毗邻的区域类别，在工业企业厂界布设多个点位，包括距噪声敏感建筑物较近的以及受被测声源影响大的位置。《排污单位自行监测技术指南　总则》（HJ 819—2017）则更具体地指出了厂界环境噪声监测点位设置应遵循的原则为以下 6 点：

①根据厂内主要噪声源距厂界位置布点；

②根据厂界周围敏感目标布点；

③"厂中厂"是否需要监测根据内部和外围排污单位协商确定；

④面临海洋、大江、大河的厂界原则上不布点；

⑤厂界紧邻交通干线不布点；

⑥厂界紧邻另一个排污单位的，在临近另一个排污单位侧是否布点由排污单位协商确定。

厂界一侧长度在 100 m 以下的，原则上可布设 1 个监测点位；长度在 300 m 以下的可布设点位 2～3 个；长度在 300 m 以上的可布设点位 4～6 个。通常所说的厂界，是指由法律文书（如土地使用证、土地所有证、租赁合同等）中所确定的业主拥有使用权（或所有权）的场所或建筑边界，各种产生噪声的固定设备的厂界为其实际占地边界。

设置测量点时，一般情况下，应选在工业企业厂界外 1 m，高度 1.2 m 以上的位置；当厂界有围墙且周围有受影响的噪声敏感建筑物时，测点应选在厂界外 1 m、高于围墙 0.5 m 以上的位置；当厂界无法测量到声源的实际排放状况时（如声源位于高空、厂界设有声屏障等），应在厂界外高于围墙 0.5 m 处设置测点，同时在受影响的噪声敏感建筑物的户外 1 m 处另设测点，建筑物高于 3 层时，可考虑分层布点；当厂界与噪声敏感建物距离小于 1 m 时，厂界环境噪声应在噪声敏感建筑物室内测量，室内测量点位设在距任何反射面至少 0.5 m 以上、距地面 1.2 m 高度处，在受噪声影响方向的窗户开启状态下测量；固定设备结构传声至噪声敏感建筑物室内，在噪声敏感建筑物室内测量时，测点应距任何反射面至少 0.5 m 以上，距地面 1.2 m、距外窗 1 m 以上，在窗户关闭状态下测量，具体要求参照《环境噪声监测技术规范　结构传播固定设备室内噪声》（HJ 707—2014）。

9.2.3　环境噪声测量仪器

测量厂界环境噪声使用的测量仪器为积分平均声级计或环境噪声自动监测仪，其性能应不低于《电声学　声级计　第 1 部分：规范》（GB/T 3785.1—2010）中对 2 型仪器的要求。测量 35 dB 以下的噪声时应使用 1 型声级计，且测量范围应满足所测量噪声的需要。校准所用仪器应符合《电声学　声校准器》（GB/T 15173—2010）对 1 级或 2 级声校准器的要求。当需要进行噪声的频谱分析时，仪器性能应符合

《电声学　倍频程和分数倍频程滤波器》（GB/T 3241—2010）中对滤波器的要求。

测量仪器和校准仪器应定期检定是否合格，并在有效使用期限内使用；每次测量前后必须在测量现场进行声学校准，其前后校准示值偏差不得大于 0.5 dB（A），否则测量结果无效。测量时传声器加防风罩，测量仪器时间计权特性设为"F"档，采样时间间隔不大于 1 秒。

9.2.4　环境噪声监测注意事项

测量应在无雨雪、无雷电天气，风速为 5 m/s 以下时进行。不得不在特殊气象条件下测量时，应采取必要措施保证测量准确性，同时注明当时所采取的措施及气象情况，测量应在被测声源正常工作时间进行，同时注明当时的工况。

分别在昼间、夜间两个时段测量。夜间有频发、偶发噪声影响时，同时测量最大声级。被测声源是稳态噪声，采用 1 分钟的等效声级。被测声源是非稳态噪声，测量被测声源有代表性时段的等效声级，必要时测量被测声源整个正常工作时段的等效声级。噪声超标时，必须测量背景值，背景噪声的测量及修正应按照《环境噪声监测技术规范　噪声测量值修正》（HJ 706—2014）来进行。

9.2.5　监测结果评价

各个测点的测量结果应单独评价。同一测点每天的测量结果按昼间、夜间进行评价。最大声级直接评价。当厂界与噪声敏感建筑物距离小于 1 m，厂界环境噪声在噪声敏感建筑物室内测量时，应将相应的噪声标准限制降至 10 dB（A）作为评价依据。

9.3　环境空气监测

环境管理要求或固体废物焚烧排污单位的环境影响评价文件及其批复［仅限 2015 年 1 月 1 日（含）后取得环境影响评价批复的］对厂区周边环境空气质量监

测有明确要求的，按要求执行。如环境影响评价文件及其批复和其他文件中均未做出要求，排污单位认为有必要开展周边环境质量影响监测的，环境空气质量影响监测点位设置的原则和方法应参照《环境空气质量监测点位布设技术规范（试行）》（HJ 664—2013）执行。

9.3.1 监测点位设置

固体废物焚烧排污单位在进行监测点位布设时，根据监测目的和任务的要求来确定具有代表性的监测点位。对于为监测固定污染源对当地环境空气质量影响而设置的监测点，代表范围一般为半径 100～500 m，如果考虑较高的点源对地面浓度的影响时，半径也可以扩大到 500～4 000 m。

污染监控点应依据排放源的强度和主要污染项目布设，设置在源的主导风向和第二主导风向的下风向最大落地浓度区内，要以能捕捉到最大污染特征为原则进行布设。

监测点采样口周围水平面应保证有 270°以上的捕集空间，不能有阻碍空气流动的高大建筑、树木或其他障碍物；如果采样口一侧靠近建筑，采样口周围水平面应有 180°以上的自由空间。从采样口到附近最高障碍物之间的水平距离，应为该障碍物与采样口高度差的两倍以上，或从采样口到建筑物顶部与地平线的夹角小于 30°。

9.3.2 现场采样和注意事项

固体废物焚烧排污单位厂界周边的环境空气现场采样主要参照《环境空气质量手工监测技术规范》（HJ 194—2017）和具体的监测指标采用的分析方法来确定现场采样方法、采样时间和频率。现场采样的主要方法有溶液吸收采样、吸附管采样、滤膜采样、滤膜—吸附剂联用采样和直接采样等方法，根据不同监测指标的分析方法来确定其采样方法。

溶液吸收采样时，采样前注意检查管路是否清洁，进行系统的气密性检查；

采样前后流量误差应小于 5%；采样时注意吸收管进气方向不要接反，防止倒吸；采样过程中有避光、温度控制等要求的项目按照相关监测方法标准执行，及时记录采样起止时间、流量、温度、压力等参数；采样结束后，需要避光、冷藏、低温保存的按照相关标准要求采取相应措施妥善保存，尽快送到实验室，并在有效期内完成分析；运输过程中避免样品因受到撞击或剧烈振动而损坏；按照相关监测标准要求采集足够数量的全程序空白样品。

吸附管采样时，采样前进行系统的气密性检查；采样前后流量误差应小于 5%；采样过程中有避光、温度控制等要求的项目按照相关监测方法标准执行，及时记录采样起止时间、流量、温度、压力等参数；采样结束后，需要避光、冷藏、低温保存的按照相关标准要求采取相应措施妥善保存，尽快送到实验室，并在有效期内完成分析；运输过程中避免样品因受到撞击或剧烈振动而损坏；按照相关监测标准要求采集足够数量的全程序空白样品。

滤膜采样时，采样前清洗切割器，保证切割器清洁；检查采样滤膜的材质、本底、均匀性、稳定性是否符合所采项目监测方法标准要求，滤膜边缘是否平滑，薄厚是否均匀，且无毛刺、无污染、无碎屑、无针孔、无折痕、无损坏；检查采样器的流量、温度、压力是否在误差允许范围内；采样结束后，用镊子轻轻夹住滤膜边缘，取下样品滤膜，并检查是否有破裂或滤膜上尘积面的边缘轮廓是否清晰、完整；采样前后流量误差应小于 5%；样品采集后，立即装盒（袋）密封，尽快送至实验室分析；运输过程中，应避免剧烈振动，对于需要平放的滤膜，要保持滤膜采集面向上。

9.4　地表水监测

环境管理要求或固体废物焚烧排污单位的环境影响评价文件及其批复［仅限2015 年 1 月 1 日（含）后取得环境影响评价批复的］对厂界周边的地表水环境质量监测有明确要求的，按要求执行。无明确要求的，若固体废物焚烧排污单位认为有必要的，可根据实际情况对周边地表水环境质量开展监测。

9.4.1　监测断面设置

固体废物焚烧排污单位厂界周边的地表水环境质量影响监测点位设置，按照排污单位环境影响评价文件及其批复和其他环境管理要求设置。如环境影响评价文件及其批复和其他文件中均未做出要求，排污单位厂界周边的地表水环境质量影响监测的，环境质量影响监测点位设置的原则和方法参照《建设项目环境影响评价技术导则　总纲》（HJ 2.1—2016）、《环境影响评价技术导则　地表水环境》（HJ 2.3—2018）和《地表水环境质量监测技术规范》（HJ/T 91.2—2022）等的相关规定执行。

《环境影响评价技术导则　地表水环境》（HJ 2.3—2018）规定，环境影响评价中应提出地表水环境质量监测计划，包括监测断面或点位位置（经纬度）、监测因子、监测频次、监测数据采集与处理、分析方法等。地表水环境质量监测断面或点位设置需与水环境现状监测、水环境影响预测的断面或点位相协调，并应强化其代表性、合理性。

9.4.1.1　河流监测断面设置

根据《环境影响评价技术导则　地表水环境》（HJ 2.3—2018）和《地表水环境质量监测技术规范》（HJ 91.2—2022）的规定，应布设对照断面和控制断面。对照断面宜布置在排放口上游 500 m 以内。控制断面应根据受纳水域水环境质量控制管理要求设置。控制断面可结合水环境功能区或水功能区、水环境控制单元区划情况，直接采用国家及地方确定的水质控制断面。评价范围内不同水质类别区、水环境功能区或水功能区、水环境敏感区及需要进行水质预测的水域，应布设水质监测断面。评价范围以外的调查或预测范围，可以根据预测工作需要增设相应的水质监测断面。水质取样断面上取样垂线的布设按照《地表水环境质量监测技术规范》（HJ/T 91.2—2022）的规定执行。

9.4.1.2　湖库监测点位设置

根据《环境影响评价技术导则　地表水环境》(HJ 2.3—2018)，水质取样垂线的设置可采用以排放口为中心，沿放射线布设或网格布设的方法，具体可按照下列原则及方法设置：一级评价在评价范围内布设的水质取样垂线数宜不少于 20 条；二级评价在评价范围内布设的水质取样垂线数宜不少于 16 条。评价范围内不同水质类别区、水环境功能区或水功能区、水环境敏感区、排放口和需要进行水质预测的水域，应布设取样垂线。水质取样垂线上取样点的布设按照《地表水环境质量监测技术规范》(HJ/T 91.2—2022) 的规定执行。

9.4.2　水样采集

9.4.2.1　基本要求

（1）河流

对开阔河流采样时，应包括下列几个基本点：用水地点的采样；污水流入河流后，对充分混合的地点及流入前的地点采样；支流合流后，对充分混合的地点及混合前的主流与支流地点的采样；主流分流后地点的选择；根据其他需要设定的采样地点。各采样点原则上应在河流横向及垂向的不同位置采集样品，采样时间一般选择在采样前至少连续两天晴天且水质较稳定的时间。

（2）水库和湖泊

水库和湖泊的采样，由于采样地点和温度的分层现象可引起很大的水质差异，在调查水质状况时，应考虑成层期与循环期的水质明显不同。了解循环期水质，可布设和采集表层水样；了解成层期水质，应按照深度布设及分层采样。

9.4.2.2　水样采集要点内容

（1）采样器材

采样器材包括采样器、静置容器、样品瓶、水样保存剂和其他辅助设备。采样器材的材质和结构、水样保存等应符合标准分析方法要求，如标准分析方法中无要求则按照《水质　样品的保存和管理技术规定》（HJ 493—2009）的规定执行。采样器包括表层采样器、深层采样器、自动采样器、石油类采样器等。水样容器包括聚乙烯瓶（桶）、硬质玻璃瓶和聚四氟乙烯瓶。聚乙烯瓶一般用于大多数无机物的样品，硬质玻璃瓶用于有机物和生物样品，玻璃或聚四氟乙烯瓶用于微量有机污染物（挥发性有机物）样品。

（2）采样量

在地表水质监测中通常采集瞬时水样。采样量参照规范要求，即考虑重复测定和质量控制需要的量，并留有余地。

（3）采样方法

可以采用船只采样、桥上采样、涉水采样等方式采集水样。使用船只采样时，采样船应位于采样点的下游，逆流采集水样，避免搅动底部沉积物。采样人员应尽量在船只前部采样，使采样器远离船体。在桥上采样时，采样人员应能准确控制采样点位置，确定合适的汲水场合，采用合适的方式采样，如可用系着绳子的水桶投入水中汲水，要注意不能混入漂浮于水面上的物质。涉水采样时，采样人员应站在采样点下游，逆流采集水样，避免搅动底部沉积物。

一般情况，不允许采集岸边水样，监测断面目视范围内无水或仅有不连贯的积水时，可不采集水样，但要做好现场情况记录。

（4）水样保存

在水样采入或装入容器中后，应按规范要求加入保存剂。

（5）油类采样

采样前先破坏可能存在的油膜，用直立式采水器把玻璃容器安装在采水器的支架中，将其放到 300 mm 深度，边采水边向上提升，在到达水面时剩余适当空间（避开油膜）。

9.4.2.3　注意事项

地表水水样的采集需按照《地表水环境质量监测技术规范》（HJ 91.2—2022）进行。需要注意《地表水环境质量标准》（GB 3838—2002）中规定的部分项目，除标准分析方法有特殊要求的监测项目外，均要求水样采集后自然沉降 30 分钟。

水样采集过程中还应注意以下 7 个方面：

（1）采样时不可搅动水底的沉积物。除标准分析方法有特殊要求的监测项目外，采集到的水样倒入静置容器中，自然沉降 30 分钟。

（2）使用虹吸装置取上层不含沉降性固体的水样，虹吸装置进水尖嘴应保持插至水样表层 50 mm 以下位置。

（3）采样时应保证采样点的位置准确，必要时用定位仪（GPS）定位。

（4）采样结束前，核对采样方案、记录和水样是否正确，否则补采。认真填写采样记录表。

（5）石油类、五日生化需氧量（BOD_5）、溶解氧（DO）、硫化物、粪大肠菌群、悬浮物、叶绿素 a 或标准分析方法有特殊要求的项目要单独采样。

（6）测定油类水样，应在水面至 30 cm 范围内采集柱状水样，并单独采集，全部用于测定，样品瓶不得用采集水样荡洗。

（7）测定溶解氧、生化需氧量、硫化物和有机物等项目时，水样必须注满容器，上部不留空间，并用水封口。

9.5　近岸海域海水影响监测

环境管理要求或固体废物焚烧排污单位的环境影响评价文件及其批复［仅限 2015 年 1 月 1 日（含）后取得环境影响评价批复的］对厂界周边的海水环境质量

监测有明确要求的，按要求执行。无明确要求的，若固体废物焚烧排污单位认为有必要的，可根据实际情况对周边海水环境质量开展监测。

9.5.1　监测点位设置

固体废物焚烧排污单位厂界周边的海水环境质量影响监测点位设置，按照排污单位环境影响评价文件及其批复和其他环境管理要求设置。如环境影响评价文件及其批复和其他文件中均未做出要求，排污单位厂界周边的海水环境质量影响监测点位设置的原则和方法参照《建设项目环境影响评价技术导则　总纲》（HJ 2.1—2016）、《环境影响评价技术导则　地表水环境》（HJ 2.3—2018）、《近岸海域环境监测技术规范　第八部分　直排海污染源及对近岸海域水环境影响监测》（HJ 442.8—2020）、《近岸海域环境监测点位布设技术规范》（HJ 730—2014）等执行。

根据《环境影响评价技术导则　地表水环境》（HJ 2.3—2018），一级评价可布设5～7个取样断面，二级评价可布设3～5个取样断面。根据垂向水质分布特点，参照《海洋调查规范》（GB/T 12763—2007）、《近岸海域环境监测技术规范　第八部分　直排海污染源及对近岸海域水环境影响监测》（HJ 442.8—2020）、《近岸海域环境监测点位布设技术规范》（HJ 730—2014）执行。排放口位于感潮河段内的，其上游设置的水质取样断面，应根据时间情况参照河流决定，其下游断面的布设与近岸海域相同。

9.5.2　水样采集基本要求

9.5.2.1　采样前环境情况检查

每次采样前均应仔细检查装置的性能及采样点周围的状况。

（1）岸上采样

如果水是流动的，采样人员站在岸边，必须面对水流动方向操作。若底部沉积物受到扰动，则不能继续取样。

（2）船上采样

由于船体本身就是一个重要污染源，船上采样要始终采取适当措施防止船上各种污染源可能带来的影响。采痕量金属水样应尽量避免使用铁质或其他金属制成的小船，采用逆风逆流采样，一般应在船头取样，将来自船体的各种沾污控制在一个尽量低的水平上。当船体到达采样点位后，应根据风向和流向，立即将采样船周围海面划分为船体沾污区、风成沾污区和采样区三部分，然后在采样区采样。或者待发动机关闭后，当船体仍在缓慢前进时，将抛浮式采水器从船头部位尽力向前方抛出，或者使用小船离开大船一定距离后采样；采样人员应坚持向风操作，采样器不能直接接触船体任何部位，裸手不能接触采样器排水口，采样器内的水样先放掉一部分后再取样；采样深度的选择是采样的重要部分，通常要特别注意避开微表层采集表层水样，也不要在悬浮沉积物富集的底层水附近采集底层水样；采样时应避免剧烈搅动水体，如发现底层水浑浊，应停止采样；当水体表面漂浮杂质时，应防止其进入采样器，否则重新采样；采集多层次深水水域的样品，按从浅到深的顺序采集；因采水器容积有限不能一次完成时，可进行多次采样，将各次采集的水样集装在大容器中，分样前应充分摇匀。混匀样品的方法不适于溶解氧、五日生化需氧量（BOD$_5$）、油类、细菌学指标、硫化物及其他有特殊要求的项目；测溶解氧、五日生化需氧量、pH 等项目的水样，采样时需充满，避免残留空气对测项的干扰；其他测项，装水样至少留出容器体积 10%的空间，以便样品分析前充分摇匀；取样时，应沿样品瓶内壁注入，除溶解氧等特殊要求外放水管不要插入液面下装样；除现场测定项目外，样品采集后应按要求进行现场加保存剂，并颠倒数次使保存剂在样品中均匀分散；水样取好后，仔细塞好瓶塞，不能有漏水现象。在将水样转送他处或不能立刻分析时，应用石蜡或水漆封口。对不同水深，采样层次按照《近岸海域环境监测规范》（HJ 442—2008）确定。

9.5.2.2 现场采样注意事项

（1）项目负责人或技术负责人同船长协调海上作业与船舶航行的关系，在保证安全的前提下，航行应满足监测作业的需要。

（2）按监测方案要求，获取样品和资料。

（3）水样分装顺序的基本原则是：不过滤的样品先分装，需过滤的样品后分装；一般按悬浮物和溶解氧（生化需氧量）→pH→营养盐→重金属→化学需氧量→叶绿素 a→浮游植物（水采样）的顺序进行；如化学需氧量和重金属汞需测试非过滤态，则按悬浮物和溶解氧（生化需氧量）→化学需氧量→汞→pH→盐度→营养盐→其他重金属→叶绿素 a→浮游植物（水采样）的顺序进行。

（4）在规定时间内完成应在海上现场测试的样品，同时做好非现场检测样品的预处理。

（5）采样事项：船到达点位前 20 分钟，停止排污和冲洗甲板，关闭厕所通海管路，直至监测作业结束；严禁用手沾污所采样品，防止样品瓶塞（盖）沾污；观测和采样结束，应立即检查有无遗漏，然后方可通知船方启航；在大雨等特殊气象条件下应停止海上采样工作；遇有赤潮和溢油等情况，应按应急监测规定要求进行跟踪监测。

9.6 地下水监测

环境管理要求或固体废物焚烧排污单位的环境影响评价文件及其批复［仅限 2015 年 1 月 1 日（含）后取得环境影响评价批复的］对厂界周边的地下水环境质量监测有明确要求的，按要求执行。无明确要求的，若固体废物焚烧排污单位认为有必要的，可根据实际情况对周边地下水环境质量开展监测。

9.6.1　监测点位布设

固体废物焚烧排污单位厂界周边的地下水环境质量监测点位（井）设置，按照排污单位环境影响评价文件及其批复和其他环境管理要求执行。如环境影响评价文件及其批复和其他文件中均未做出要求，排污单位厂界周边的地下水环境质量监测点位（井）设置的原则和方法参照《环境影响评价技术导则　地下水环境》（HJ 610—2016）、《地下水环境监测技术规范》（HJ 164—2020）等执行。

参照《环境影响评价技术导则　地下水环境》（HJ 610—2016），根据固体废物焚烧排污单位类别及地下水环境敏感程度，划分排污单位对地下水环境影响的等级，详情见表 9-1，进而确定地下水监测点位（井）的数量及分布。

表 9-1　排污单位周边地下水环境影响等级分级

项目类别[①]　　　敏感程度[②]	Ⅰ类项目	Ⅱ类项目	Ⅲ类项目
敏感	一级	一级	二级
较敏感	一级	二级	三级
不敏感	二级	三级	三级

注：①参见《环境影响评价技术导则　地下水环境》（HJ 610—2016）附录 A。
　　②参见《环境影响评价技术导则　地下水环境》（HJ 610—2016）表 1。

地下水环境质量影响监测点位（井）数量及设置要求：影响等级为一级、二级的排污单位，点位数量一般不少于 3 个，应至少在排污单位建设场地上游、下游各布设 1 个；一级排污单位还应在重点污染风险源处增设监测点；影响等级为三级的排污单位，点位数量一般不少于 1 个，应至少在排污单位下游布设 1 个。

9.6.2　监测井的建设与管理

固体废物焚烧排污单位开展厂界周边地下水环境质量影响监测时，可选择符合点位布设要求、常年使用的现有井（如经常使用的民用井）作为监测井，在无合适现有井时，可设置专门的监测井。多数情况下，地下水可能存在污染的部分集中在接近地表的潜水中，排污单位应根据所在地及周边水文地质条件确定地下水埋藏深度，进而确定地下水监测井井深或取水层位置。

地下水的监测井的建设与管理，还应符合《地下水环境监测技术规范》（HJ 164—2020）中第 5 章的规定。

地下水样品的现场采集、保存、实验室分析及质量控制的具体操作过程，应符合《地下水环境监测技术规范》（HJ 164—2020）中第 6 章、第 7 章、第 8 章、第 10 章的规定。

9.7 土壤监测

环境管理要求或固体废物焚烧排污单位的环境影响评价文件及其批复［仅限 2015 年 1 月 1 日（含）后取得环境影响评价批复的］对排污单位厂界周边的土壤环境质量监测有明确要求的，按要求执行。无明确要求的，若固体废物焚烧排污单位认为有必要的，可根据实际情况对周边土壤环境质量开展监测。

固体废物焚烧排污单位厂界周边的土壤环境质量影响监测点位设置，按照排污单位环境影响评价文件及其批复和其他环境管理要求执行。如果环境影响评价文件及其批复和其他文件中均未做出要求，排污单位厂界周边的土壤环境质量影响监测点位设置的原则和方法参照《环境影响评价技术导则 土壤环境（试行）》（HJ 964—2018）、《土壤环境监测技术规范》（HJ/T 166—2004）等执行。

参照《环境影响评价技术导则 土壤环境（试行）》（HJ 964—2018）中有关污染影响型建设项目的要求，根据排污单位类别、占地面积大小及土壤环境的敏感程度，确定监测点位布设的范围、数量及采样深度。

首先根据表 9-2 的规定，确定排污单位对周边土壤环境影响的等级，在确定排污单位土壤环境影响的等级后，可根据表 9-3 的规定确定监测点布设的范围及点位数量。

表 9-2　排污单位周边土壤环境影响等级分级表

建设项目类别① 占地面积② 敏感程度③	Ⅰ类项目			Ⅱ类项目			Ⅲ类项目		
	大	中	小	大	中	小	大	中	小
敏感	一级	一级	一级	二级	二级	二级	三级	三级	三级
较敏感	一级	一级	二级	二级	二级	三级	三级	三级	—
不敏感	一级	二级	二级	二级	三级	三级	三级	—	—

注：①参见《环境影响评价技术导则　土壤环境（试行）》（HJ 964—2018）中附录 A。

　　②排污单位占地面积分为大型（≥50 hm²）、中型（5～50 hm²）、小型（≤5 hm²）。

　　③参见《环境影响评价技术导则　土壤环境（试行）》（HJ 964—2018）中表 3。

其次，在确定固体废物焚烧排污单位土壤环境影响的等级后，可根据表 9-3 的规定确定监测点布设的范围及点位数量。

表 9-3　排污单位周边土壤环境质量影响监测点位布设范围及数量

土壤环境影响等级	周边土壤环境监测点的布设范围①	点位数量
一级	1 km	4 个表层点②
二级	0.2 km	2 个表层点②
三级	0.05 km	—③

注：①涉及大气沉降途径影响的，可根据主导风向下风向最大浓度落地点适当调整监测点位布设范围。

　　②影响等级为三级的排污单位，除有特殊要求的，一般可不考虑布设周边土壤环境监测点。

　　③表层点一般在 0～0.2 m 采样。

土壤样品的现场采集、样品流转、制备、保存、实验室分析及质量控制的具体过程应符合《土壤环境监测技术规范》（HJ/T 166—2004）中的相关技术规定。

第 10 章　监测质量保证与质量控制体系

监测质量保证与质量控制是提高监测数据质量的重要保障，是监测过程的重中之重，同时涉及监测过程各方面内容。本章立足现有经验，对污染源监测应关注的重点内容、质控要点进行梳理，提供了经验性的参考，但仍难以做到面面俱到。排污单位或社会化检测机构在开展污染源监测过程中，可参考本章内容，结合自身实际情况，制定切实有效的监测质量保证与质量控制方案，提高监测数据质量。

10.1　基本概念

监测质量保证和质量控制是环境监测过程中的两个重要概念。《环境监测质量管理技术导则》（HJ 630—2011）中这样定义：质量保证是指为了提供足够的信任表明实体能够满足质量要求，而在质量体系中实施并根据需要证实的全部有计划和有系统的活动。质量控制是指为了达到质量要求所采取的作业技术或活动。

采取质量保证的目的是获取他人对质量的信任，是为使他人确信某实体提供的数据、产品或者服务等能满足质量要求而实施的并根据需要进行证实的全部有计划、有系统的活动。质量控制则是通过监视质量形成过程，消除生产数据、产品或者提供服务的所有阶段中可能引起不合格或不满意效果的因素，使其达到质量要求而采用的各种作业技术和活动。

环境监测的质量保证与质量控制，是依靠系统的文件规定来实施的内部的技术和管理手段。它们既是生产出符合国家质量要求的检测数据的技术管理制度和活动，也是一种"证据"，即向任务委托方、环境管理机构和公众等表明该检测数据是在严格的质量管理中完成的，具有足够的管理和技术上的保证手段，数据是准确可信的。

10.2　质量体系

证明数据质量可靠性的技术管理制度与活动可以千差万别，但是也有其共同点。为了实现质量保证和质量控制的目的，往往需要建立一套保证有效运行的质量体系。它应覆盖环境检测活动所涉及的全部场所、所有环节，以使检测机构的质量管理工作程序化、文件化、制度化和规范化。

建立一个良好运行的质量体系，对于专业的向政府、企事业单位或者个人提供排污情况监测数据的社会化检测机构，按照国家的《检验检测机构资质认定管理办法》（质检总局令　第 163 号）、《检验检测机构资质认定能力评价　检验检测机构通用要求》（RB/T 214—2017）和《检验检测机构资质认定　生态环境监测机构评审补充要求》（国市监检测〔2018〕245 号）等要求建立并运行质量体系是必要的。如果检测实验室仅为排污单位内部提供数据，质量管理活动的目的则是为本单位管理层、环境管理机构和公众提供证据，证明数据准确可信，质量手册不是必需的，但有利于检测实验室数据质量得到保证的一些程序性规定和记录是必要的（如实验室具体分析工作的实施流程、数据质量相关的管理流程等的详细规定，具体方法或设备使用的指导性详细说明，数据生产过程和监督数据生产需使用的各种记录表格等）。

建立质量体系不等于需要通过资质认定。质量体系的繁简程度与检测实验室的规模、业务范围、服务对象等密切相关，有时还需要根据业务委托方的要求修改完善质量体系。质量体系一般包括质量手册、程序文件、作业指导书和记录。

有效的质量控制体系应满足"对检测工作进行全面规范，且保证全过程留痕"的基本要求。

10.2.1 质量手册

质量手册是检测实验室质量体系运行的纲领性文件，阐明检测实验室的质量目标，描述检测实验室全部检测质量活动的要素，规定检测质量活动相关人员的责任、权限和相互之间的关系，明确质量手册的使用、修改和控制的规定等。质量手册至少应包括批准页、自我声明、授权书、检测实验室概述、检测质量目标、组织机构、检测人员、设施和环境、仪器设备和标准物质，以及检测实验室为保证数据质量所做的一系列规定等。

（1）批准页：批准页的主要内容是说明编制质量体系的目的以及质量手册的内容，并由最高管理者批准实施。

（2）自我声明：检测实验室关于独立承担法律责任、遵守中华人民共和国计量法和监测技术标准规范等相关法律法规、客观出具数据等的承诺。

（3）授权书：检测实验室有多种情形需要授权，包括但不仅限于在最高管理者外出期间，授权给其他人员替其行使职权；最高管理者授权人员担任质量负责人、技术负责人等关键岗位；授权检测实验室的大型贵重仪器的人员使用等。

（4）检测实验室概述：简要介绍检测实验室的地理位置、人员构成、设备配置概况、隶属关系等基本信息。

（5）检测质量目标：检测质量目标即定量描述检测工作所达到的质量。

（6）组织结构：组织结构即明确检测实验室与检测工作相关的外部管理机构的关系，与本单位中其他部门的关系，完成检测任务相关部门之间的工作关系等，通常以组织结构框架图的方式表明。与检测任务相关的各部门的职责应予以明确和细化。例如，可规定检测质量管理部具有下列职责：

①牵头制订检测质量管理年度计划、监督实施，并编制质量管理年度总结；

②负责组织质量管理体系建设、运行管理，包括质量体系文件编制、宣贯、

修订、内部审核、管理评审、质量督查、检测报告抽查、实验室和现场监督检查、质量保证和质量控制等工作；

③负责组织人员开展内部持证上岗考核相关工作；

④负责组织参加外部机构组织的能力验证、能力考核、比对抽测等各项考核工作；

⑤负责组织仪器设备检定/校准工作，包括编制检定/校准计划、组织实施和确认；

⑥负责标准物质管理工作，包括建立标准物质清册，管理标准物质样品库，标准样品的验收、入库、建档及期间核查等。

（7）检测人员：包括检测岗位划分和检测人员管理两部分内容。

检测岗位划分是指检测实验室将检测相关工作分为若干具体的检测工序，并明确各检测工序的职责。以检测实验室为例，岗位划分可描述为质量负责人、技术负责人、报告签发人、采样岗位、分析岗位、质量监督人、档案管理人等。可以由同一个人兼任不同的岗位，也可以专职从事某一个岗位。但报告编制、审核和签发应为 3 个不同人员承担，不能由一个人兼任其中的两个及以上职责。

检测人员管理则规定从事采样、分析等检测相关工作的人员应接受的教育、培训，应掌握的技能，应履行的职责等。以分析岗位为例，人员管理可描述为以下几个方面：

1）分析人员必须经过培训，熟练掌握与本人承担分析项目有关的标准监测方法或技术规范及有关法规，且具备对检验检测结果做出评价的判断能力，经内部考核合格后持证上岗。

2）熟练掌握所用分析仪器设备的基本原理、技术性能，以及仪器校准、调试、维护和常见故障的排除技术。

3）熟悉并遵守质量手册的规定，严格按监测标准、规范或作业指导书开展监测分析工作，熟悉记录的控制与管理程序，按时完成任务，保证监测数据准确可靠。

4）认真做好样品分析前的各项准备工作，分析样品的交接工作以及样品分析工作，确保按业务通知单或监测方案要求完成样品分析。

5）分析人员必须确保分析选用的分析方法现行有效，分析依据正确。

6）负责所使用仪器设备的日常维护、使用和期间核查，编制/修订其操作规程、维护规程、期间核查规程和自校规程，并在计量检定/校准有效期内使用。负责做好使用、维护和期间核查记录。

7）确保分析质控措施和质控结果符合有关监测标准或技术规范及相关规定的要求。

8）当分析仪器设备、分析环境条件或被测样品不符合监测技术标准或技术规范要求时，监测分析人员有权暂停工作，并及时向上级报告。

9）认真做好分析原始记录并签字，要求字迹清楚、内容完整、编号无误。

10）分析人员对分析数据的准确性和真实性负责。

11）校对上级安排的其他检测人员的分析原始记录。

检测实验室建立人员配备情况一览表（参考样表 10-1），有助于提高人员管理效率。

表 10-1　检测人员配备情况一览表（样表）

序号	姓名	性别	出生年月	文化程度	职务/职称	所学专业	从事本技术领域年限	所在岗位	持证项目情况	备注
1	张三	男	1988年8月	本科	工程师	分析化学	5 年	分析岗	水和废水：化学需氧量、氨氮	质量负责人
……										

（8）设施和环境：检测实验室的设施和环境条件指检测实验室配备必要的设施硬件，并建立制度保证监测工作环境适应监测工作需求。检测实验室的设施通常包括空调、除湿机、干湿度温度计、通风橱、纯水机、冷藏柜、超声波清洗仪、电子恒温恒湿箱、灭火器等检测辅助设备。至少应明确以下 4 项规定。

1）防止交叉污染的规定。例如，规定监测区域应有明显标识；严格控制进入和使用影响检测质量的实验区域；对相互有影响的活动区域进行有效隔离，防止交叉污染。比较典型的交叉污染例子包括挥发酚项目的检测分析会对在同一实验室进行的氨氮检测分析造成交叉污染的影响；在分析总砷、总铅、总汞、总镉等项目时，如果不同的样品间浓度差异较大，规定高、低浓度的采样瓶和分析器皿分别用专用酸槽浸泡洗涤，以免交叉污染。必要时，可以把优级纯酸稀释后浸泡超低浓度样品所用的器皿等。

2）对可能影响检测结果质量的环境条件，规定检测人员进行监控和记录，保证其符合相关技术要求。例如，万分之一以上精度的电子天平正常工作对环境温度、湿度有控制要求，检测实验室应有监控设施，并有记录表格记录环境条件。

3）规定有效控制危害人员安全和人体健康的潜在因素。例如，配备通风橱、消防器材等必要的防护和处置措施。

4）对化学品、废弃物、火、电、气和高空作业等安全相关因素做出规定等。

（9）仪器设备和标准物质：检测用仪器设备和标准物质是保障检测数据量值溯源的关键载体。检测实验室应配备满足检测方法规定的原理、技术性能要求的设备，应对仪器设备的购置、使用、标识、维护、停用、租借等管理做出明确规定，保证仪器设备得到合理配置、正确使用和妥善维护，提高检测数据的准确性和可靠性。例如，对于设备的配备可规定以下 2 点。

1）根据检测项目和工作量的需要及相关技术规范的要求，合理配备采样、样品制备、样品测试、数据处理和维持环境条件所要求的所有仪器设备种类和数量，并对仪器技术性能进行科学地分析评价和确认。

2）如果需要借用外单位的仪器设备，必须严格按本单位仪器设备配备进行管理。建立仪器设备配备情况一览表，往往有助于提高设备管理效率，仪器设备配备情况见表 10-2。

表 10-2　仪器设备配备情况一览表（样表）

序号	设备名称	设备型号	出厂编号	检定/校准方式	检定/校准周期	仪器摆放位置
1	电子天平	TE212 L	####	检定	1 年	205 室
……						

此外，应根据检测项目开展情况配备标准物质，并做好标准物质管理。配备的标准物质应该是有证标准物质，保证标准物质在其证书规定的保存条件下贮存，建立标准物质台账，记录标准物质名称、购买时间、购买数量、领用人、领用时间和领用量等信息。

（10）其他：为保证建立的质量管理体系覆盖检测的各个方面、各个环节以及所有场所，且能持续有效地指导实施质量管理活动，还应对以下 10 项质量管理活动做出原则性的规定。

1）质量体系在哪些情形下，由谁提出、谁批准同意修改等。

2）如何正确使用管理质量体系各类管理和技术文件，即如何编制、审批、发放、修改、收回、标识、存档或销毁各种文件。

3）如何购买对监测质量有影响的服务（如委托有资质的机构检定仪器即购买服务），以及如何购买、验收和存储设备、试剂、消耗材料。

4）检测工作中出现的与相关规定不符合的事项，应如何采取措施。

5）质量管理、实际样品检测等工作中相关记录的格式模板应如何编制，以及实际工作过程中如何填写、更改、收集、存档和处置记录。

6）如何定期组织单位内部熟悉检测质量管理相关规定的人员，对相关规定的执行情况进行内部审核。

7）管理层如何就内部审核或者日常检测工作中发现的相关问题，定期研究解决。

8）检测工作中，如何选用、证实/确认检测方法。

9）如何对现场检测、样品采集、运输、贮存、接收、流转、分析、监测报告编制与签发等检测工作全过程的各个环节均采取有效的质量控制措施，以保证监测工作质量。

10）如何编制监测报告格式模板，实际检测工作中如何编写、校核、审核、修改和签发检测报告等。

10.2.2　程序文件

程序文件是规定质量活动方法和要求的文件，是质量手册的支持性文件，主要目的是对产生检测数据的各个环节、各个影响因素和各项工作全面规范。包括人员、设备、试剂、耗材、标准物质、检测方法、设施和环境、记录和数据录入发布等各关键因素，明确详细地规定某一项与检测相关的工作，执行人员是谁、经过什么环节、留下哪些记录，以实现在高时效地完成工作的同时保证数据质量。

编写程序文件时，应明确每个程序的控制目的、适用范围、职责分配、活动过程规定和相关质量技术要求，从而使程序文件具有可操作性。例如，制定检测工作程序，对检测任务的下达、检测方案的制定、采样器皿和试剂的准备、样品采集和现场检测、实验室内样品分析，以及测试原始记录的填写等诸多环节，规定分别由谁来实施以及实施过程中应该填写哪些记录，以保证工作有序开展。

档案管理也是一项涉及较多环节的工作，涉及档案产生后的暂存、收集、交接、保管和借阅查询使用等一系列环节，在各个细节又需要保证档案的完整性，因此制定一个档案管理程序就显得比较重要了。这个程序可以规定档案产生人员如何暂存档案，暂存的时限是多长，档案收集由谁来负责，交给档案收集人员时应履行的手续，档案集中后由谁来负责建立编号，如何保存，借阅查阅时应履行的手续等。

又如，检测方案的制定，方案制定人员需要弄清楚的文件有环评报告中的监测章节内容、生态环境部门做出的环评批复、执行的排放标准，以及许可证管理的相关要求，还有行业涉及的自行监测指南等。在明确管理要求后所制定的检测方案，宜请熟悉环境管理、环境监测、生产工艺和治理工艺的专业人员对方案进行审核把关，这既有利于保证检测内容和频次等满足管理要求，又有利于避免不必要的人力、物力浪费。

一般来说，检测实验室需制定的程序性规定应包括人员培训程序、检测工作程序、设备管理程序、标准物质管理程序、档案管理程序、质量管理程序、服务和供应品的采购及管理程序、内务和安全管理程序、记录控制与管理程序等。

10.2.3 作业指导书

作业指导书是指特定岗位工作或活动应达到的要求和应遵循的方法。对于下列情形往往需要检测机构制定作业指导书。

（1）标准检测方法中规定可采取等效措施，而检测机构又的确采取了等效措施。

（2）使用非母语的检测方法。

（3）对于操作步骤复杂的设备，作业指导书应写得尽可能具体，且语言简洁不产生歧义，以保证各项操作的可重复性。

10.2.4 记录

记录包括质量记录和技术记录。质量记录是质量体系活动产生的记录，如内审记录、质量监督记录等；技术记录是各项监测工作所产生的记录，如《pH分析原始记录表》《废水流量监测记录（流速仪法）》。记录是保证从检测方案的制定开始，到样品采集、样品运输和保存、样品分析、数据计算、报告编制、数据发布的各个环节留下关键信息的凭证，也是证明数据生产过程满足技术标准和规范要求的基础。检测实验室的记录既要简洁易懂，也要信息量足够让检测工作重现。这就要求认真学习国家的法律法规等管理规定和技术标准规范，把握必须记录备查的关键信息，在设计记录表格样式时予以考虑。例如对于样品采集，除采样时间、地点、人员等基础信息外，还应包括检测项目、样品表观（定性描述颜色、悬浮物含量）、样品气味、保存剂的添加情况等。对于具体的某一项污染物的分析，需记录分析方法名称及代码、分析时间、分析仪器的名称型号、标准/校准曲线的信息、取样量、样品前处理情况、样品测试的信号值、计算公式、计算结果以及质控样品分析的结果等。

10.3　自行监测质控要点

自行监测的质量控制，既要考虑人员、设备、监测方法、试剂耗材等关键因素，也要重视设施环境等影响因素。每一项检测任务都应有足够证据表明其数据质量可信，在制定该项检测任务实施方案的同时，制定一个质控方案，或者在实施方案中有质量控制的专门章节，明确该项工作应针对性地采取哪些措施来保证数据质量。自行监测工作中，监测方案应包含自行监测点位，项目和频次，采样、制样和分析执行哪些技术规范等信息，并通过生态环境部门审查；日常监测工作中，需要落实负责现场监测和采样、制样和分析样品、报告编制工作的具体人员，以及应采取的质控措施。应采取的质控措施可以是一个专门的方案，规定承担采样、制样和分析样品的人员应该具有的技能（如经过适当的培训后持有上岗证），各环节的执行人员应该落实哪些措施来自证所开展工作的质量，质量控制人员应该如何查证各环节执行人员工作的有效性等。通常来说，质控方案就是保证数据质量所需要满足的人员、设备、监测方法、试剂耗材和环境设施等的共性要求。

10.3.1　人员

人员技能水平是自行监测质量的决定性因素，因此在检测机构制定的规章制度性文件中，要明确规定不同岗位人员应具有的技术能力。例如，应该具有的教育背景、工作经历、胜任该工作应接受的再教育培训，并以考核方式确认是否具有胜任岗位的技能。对于人员适岗的再教育培训，如行业相关的政策法规、标准方法、操作技能等，由检测机构内部组织或者参加外部培训均可。适岗技能考核确认的方式也是多样化的，如笔试、提问、操作演示、实样测试、盲样考核等。无论采用哪一种培训、考核方式，都应有记录来证实工作过程。例如内部培训，应至少有培训教材、培训签到表，外部培训应有会议通知、培训考核结果证明材料等。需要注意对于口头提问和操作演示等考核方式，也应该有记录，例如，口头提问的记录信息至少包括考核者姓名、提问内容、被考核者姓名、回答要点以及对于考核结果的评价；操作演示考核的记录信息至少包括考核者姓名、要求考核演示的内容、被考核者姓名、演示情况的概述以及评价结论。在具体执行过程中，切忌人员技能培训走过场，杜绝出现徒有各种培训考核记录但人员技能依然不高的窘境。例如，某厂自行监测厂界噪声的原始记录中，背景值仅为 30 dB（A），暴露出监测人员对仪器性能和环境噪声缺乏基本的认知；林格曼黑度测试 30 分钟只有一个示值读数，反映出监测人员基础知识的欠缺。

10.3.2　仪器设备

监测设备是决定数据质量的另一关键因素。2015 年 1 月 1 日起开始施行的《中华人民共和国环境保护法》第二章第十七条明确规定：监测机构应当使用符合国家标准的监测设备，遵守监测规范。所谓符合国家标准，首先应根据排放标准规定的监测方法选用监测设备，也就是仪器的测定原理、检测范围、测定精密度、准确度以及稳定性等满足监测方法的要求；其次，设备应根据国家计量的相关要求和仪器性能情况确定检定/校准，列入《中华人民共和国强制检定的工作计量器具目录》或有检定规程的仪器应送有资质的单位进行检定，如烟尘监测仪、天平、砝码、烟气采样器、大气采样器、pH 计、分光光度计、声级计、压力表等。属于非强制检定的仪器与设备可以送有资质的计量检定机构进行校准，无法送去检定或者无法送去校准的仪器设备，应由仪器使用单位自行溯源，即自己制定校准规范，对部分计量性能或参数进行检测，以确认仪器性能准确可靠。

对于投入使用的仪器，要确保其得到规范使用。应明确规定如何使用、维护、维修和性能确认仪器设备。例如，编写仪器设备操作规程（仪器操作说明书）和维护规程（仪器维护说明书），以保证使用人员能够正确使用和维护仪器。与采样和监测结果的准确性及有效性相关的仪器设备，在投入使用前，必须进行量值溯源，即用前述的检定/校准或者自校手段确认仪器性能。对于送到有资质的检定或者校准单位的仪器，收到设备的检定或者校准证书后，应查看检定/校准单位实施的检定/校准内容是否符合实际的检测工作要求。例如，配备有多个传感器的仪器，检测工作需要使用的传感器是否都得到了检定；对于有多个量程的仪器，其检定或者校准范围是否满足日常工作需求。对于仪器的检定/校准或者自校，并不是一劳永逸的，应根据国家的检定/校准规程或者使用说明书要求，周期性地定期实施检定/校准或者自校，保持仪器在检定/校准或者自校有效期内使用，且每次监测前，都要使用分析标准溶液、标准气体等方式确认仪器量值，在证实其量值持续符合相应技术要求后使用。如定电位电解法规定烟气中二氧化硫、氮氧化物，每次测量前必须用标气进行校准，示值误差≤±5%方可使用。此外，应规定仪器设备的唯一性标识、状态标识，避免误用。仪器设备的唯一性标识既可以是仪器的出厂编码，也可以是检测单位自行制定的规则所编写的代码。

仪器的相关记录应妥善保存。建议给检测仪器建立"一仪一档"。档案的目录包括仪器说明书、仪器验收技术报告、仪器的检定/校准证书或者自校原始记录和报告，仪器的使用日志、维护记录、维修记录等，建议这些档案一年归一次档，以免遗失。应特别注意及时、如实填写仪器使用日志，切忌事后补记，否则不实的仪器使用记录会影响对数据是否真实的判断。比较常见的明显与事实不符的记录包括同一台现场检测仪器在同一时间，出现在相距几百千米的两个不同检测任务中；仪器使用日志中记录的分析样品量远大于该仪器最大日分析能力等。这种记录会让检查人员对数据的真实性打上巨大的问号。应建立制度规范，明确在必须对原始记录修改时应如何修改，以避免原始记录被误改。

10.3.3　记录

规范使用监测方法，优先使用被监测对象适用的污染物排放标准中规定的监测方法。若有新发布的标准方法替代排放标准中指定的监测方法，应采用新标准。若新发布的监测方法与排放标准指定的方法不同，但适用范围相同，也可使用。例如，《固定污染源废气　氮氧化物的测定　非分散红外吸收法》(HJ 692—2014)、《固定污染源废气　氮氧化物的测定　定电位电解法 》(HJ 693—2014)的适用范围明确为"固定污染源废气",因此两种方法均适用于对平板玻璃工业废气中氮氧化物的监测。

正确使用监测方法。污染源排放情况监测所使用的方法包括国家标准方法和国务院行业部门以文件、技术规范等形式发布的标准方法,特殊情况下也会用等效分析方法。为此,检测机构或者实验室往往需要根据方法的来源确定应实施方法验证还是方法确认,其中方法验证适用于国家标准方法和国务院行业部门以文件、技术规范等形式发布的方法,方法确认适用于等效分析方法。为确保正确使用监测方法,检测机构仅实施方法验证是不够的,还需要要求使用该监测方法的每个人员用该方法获得的检出限、空白、回收率、精密度、准确度等各项指标均满足方法性能的要求,方可认为检测人员掌握了该方法,才算为正确使用监测方法奠定了基础。当然,并非在每次检测工作中均需要对方法进行验证。一般认为,初次使用标准方法前,应验证能够正确运用标准方法;标准方法发生了变化时,应重新予以验证。

通常而言,方法证实至少应包括以下 6 个方面的内容。

(1)人员:人员的技能是否及时更新、是否满足方法要求;是否能够适应方法的工作要求;人员数量是否满足工作要求。

(2)设备:设备性能是否满足方法要求;是否需要添置前处理设备等辅助设备;设备数量是否满足要求。

(3)试剂耗材:方法对试剂种类、纯度等的要求;数量是否满足;是否建立了购买使用台账。

(4)环境设施条件:方法及其所用设备是否对温度湿度有控制要求;环境条件是否得到监控。

(5)方法技术指标:使用日常工作所用的标准和试剂做方法的技术指标,如校准曲线、检出限、空白、回收率、精密度、准确度等,是否均达到了方法要求。

(6)技术记录:日常检测工作须填写的原始记录格式是否包含了足够的关键信息。

10.3.4　试剂耗材

规范使用标准物质，包括以下注意事项：

（1）应优先考虑使用国家批准的有证标准样品，以保证量值的准确性、可比性与溯源性。

（2）选用的标准样品与预期检测分析的样品，尽可能在基体、形态、浓度水平等性状方面接近。其中，基体匹配是需要重点考虑的因素，因为只有使用与被测样品基体相匹配的标准样品，在解释实验结果时才会很少遇到困难或没有困难。

（3）应特别注意标准样品证书中所规定的取样量与取样方法。证书中规定的固体最小取样量、液体稀释办法等是测量结果准确性和可信度的重要影响因素，应严格遵守。

（4）应妥善贮存标准样品，并建立标准样品使用情况记录台账。有些标准样品有特殊的储存条件要求，应根据标准样品证书规定的储存条件保存标准样品，并在标准样品的有效期内使用，否则可能会影响标准样品量值的准确性。

严格按照方法要求购买和使用试剂/耗材。每个方法都规定了试剂的纯度，需要注意的是，市售的与方法要求的纯度一致的试剂，不一定能满足方法的使用要求，对数据结果有影响的试剂、新购品牌或者产品批次不一致时，在正式用于样品分析前应进行空白样品实验，以验证试剂质量是否满足工作需求。对于试剂纯度不满足方法需求的情形，应购买更高纯度的试剂或者由分析人员自行净化。比较典型的案例是分析水中苯系物的二硫化碳，市售分析纯二硫化碳往往需要实验室自行重蒸，或者购买优级纯的才能满足方法对空白样品的要求。与此类似的还有分析重金属的盐酸硝酸等，采用分析纯的酸往往会导致较高的空白和背景值，建议筛选品质可靠的优级纯酸。

牢记试剂/耗材有使用寿命。对于试剂，尤其是已经配制好的试剂，应注意遵守检测方法中对试剂有效期的规定。若没有特殊规定，建议参考执行《化学试剂　标准滴定溶液的制备》（GB/T 601—2002）中关于标准滴定溶液有效期的规定，即常温（15～25℃）下保存时间不超过 2 个月。应特别注意表观不会被磨损类耗材的质保期，如定电位电解法的传感器、pH 计的电极等，这些仪器的说明书中明确规定了传感器或者电极的使用次数或者最长使用寿命，应严格遵守，以保证量值的准确性。

10.3.5 数据处理

数据的计算和报出也可能会发生失误，应高度重视。以火电厂排放标准为例，排放标准根据热能转化设施类型的不同，规定了不同的基准氧含量，实测的火电厂烟尘、二氧化硫、氮氧化物和汞及其化合物排放浓度，须折算为基准氧含量下的排放浓度，若忽略了此要求，将现场测试所得结果直接报出，必然导致较大偏差。对于废水检测，须留意在样品稀释后检测时，稀释倍数是否纳入了计算。已经完成的测定结果，还应注意计量单位是否正确，最好有熟悉该项目的工作人员校核，各项目结果汇总后，由专人进行数据审核后发出。录入电脑或者信息平台时，注意检查是否有小数点输入的错误。

完备的质量控制体系运行离不开有效的质量监督。检测机构或者实验室应设置覆盖其检测能力范围的监督员，这些监督员可以是专职的，也可以是兼职的。但是无论是哪种情形，监督员都应该熟悉检测程序、方法，并能够评价检测结果，发现可能出现的异常情况。为了使质量监督达到预期效果，最好在年初就制订监督计划，明确监督人、被监督对象、被监督的内容、被监督的频次等。通常情况下，新进上岗人员、使用新分析方法或者新设备，以及生产治理工艺发生变化的初期等实施的污染排放情况检测应受到有效监督。监督的情况应以记录的形式予以妥善保存。此外，检测机构或者实验室应定期总结监督情况，编写监督报告，以保证质量体系中的各标准、规范和质量措施等切实得到落实。

第 11 章　信息记录与报告

监测信息记录和报告是相关法律法规的要求，是排污许可制度实施的重要内容，也是排污单位必须开展的工作。信息记录和报告的目的是将排污单位与监测相关的内容记录下来，供管理部门和排污单位使用，并定期按要求进行信息报告，以说明环境守法状况，同时为社会公众监督提供依据。本章围绕固体废物焚烧行业应开展的信息记录和报告的内容进行说明，为固体废物焚烧排污单位提供参考。

11.1　信息记录的目的与意义

说清污染物排放状况，自证是否正常运行污染治理设施、是否依法排污是法律赋予排污单位的权利和义务。自证守法，首先要有可以作为证据的相关资料，信息记录就是要将所有可以作为证据的信息保留下来，在需要的时候有据可查。具体来说，信息记录的目的和意义体现在以下几个方面。

首先，便于监测结果溯源。监测的环节很多，任何一个环节出现了问题，都可能造成监测结果的错误。通过信息记录，将监测过程中的重要环节的原始信息记录下来，一旦发现监测结果存在可疑之处，就可以通过查阅相关记录，检查哪个环节出现了问题。对于不影响监测结果的问题，可以通过追溯监测过程进行校正，从而获得正确的结果。

其次，便于规范监测过程。认真记录各个监测环节的信息，便于规范监测活动，避免由于个别时候的疏忽而遗忘个别程序，从而影响监测结果。通过对记录信息的分析，还可以发现影响监测过程的一些关键因素，这也有利于对监测过程的改进。

再次，可以实现信息间的相互校验。记录各种过程信息，可以更好地反映排污单位的生产、污染治理、排放状况，便于建立监测信息与生产、污染治理等相关信息的逻辑关系，从而为实现信息间的互相校验、加强数据间的质量控制提供基础。通过记录各类信息，可以形成排污单位生产、污染治理、排放等全链条的证据链，避免单方面信息不足以说明排污状况的情况出现。

最后，丰富基础信息，利于科学研究。排污单位生产、污染治理、排放过程中的一系列信息过程，对研究排污单位污染治理和排放特征具有重要意义。监测信息记录极大地丰富了污染源排放和治理的基础信息，这也为开展科学研究提供了大量基础信息。基于这些基础信息，利用大数据分析方法，可以更好地探索污染排放和治理的规律，为科学制定相关技术要求奠定良好基础。

11.2 信息记录的要求和内容

11.2.1 信息记录要求

信息记录是一项具体而琐碎的工作，做好信息记录对于排污单位和管理部门来说很重要，一般来说，信息记录应该符合以下要求。

首先，信息记录的目的在于真实反映排污单位生产、污染治理、排放、监测的实际情况，因此信息记录不需要专门针对需要记录的内容进行额外整理，只要保证所要求的记录内容便于查阅即可。为了便于查阅，排污单位应尽可能将其根据一般逻辑习惯整理成台账保存。保存方式可以为电子台账，也可以为纸质台账，以便查阅。

其次，信息记录的内容不限于标准规范中要求的内容，其他排污单位认为有利于说清楚本单位排污状况的相关信息，也可予以记录。排污单位污染排放具有复杂性，影响排放的因素有很多，排污单位最了解哪些因素会影响排污状况，因此，排污单位应根据本单位的实际情况，梳理本单位应记录的具体信息，丰富台账资料的内容，从而更好地建立生产、治理、排放的逻辑关系。

11.2.2　信息记录内容

11.2.2.1　手工监测的记录

采用手工监测的指标，至少应记录以下 4 个方面的内容：

（1）采样相关记录，包括采样日期、采样时间、采样点位、混合取样的样品数量、采样器名称、采样人姓名等。

（2）样品保存和交接相关记录，包括样品保存方式、样品传输交接记录。

（3）样品分析相关记录，包括分析日期、样品处理方式、分析方法、质控措施、分析结果、分析人姓名等。

（4）质控相关记录，包括质控结果报告单等。

11.2.2.2　自动监测运维记录

自动监测的正确运行需要定期进行校准、校验和日常运行维护，校准、校验结果、日常运行维护开展情况直接决定了自动监测设备是否能够稳定正常运行，而通过检查运维公司对自动监测设备的运行维护记录，可以对自动监测设备日常运行状态进行初步判断。因此，排污单位或者负责运行维护的公司要如实记录对自动监测设备的运行维护情况，具体包括自动监测系统运行状况、系统辅助设备运行状况、系统校准、校验工作等，以及仪器说明书和相关标准规范中规定的其他检查项目，如校准、维护保养、维修记录等。

11.2.2.3 生产和污染治理设施运行状况

首先，污染物排放状况与排污单位生产和污染治理设施运行状况密切相关，记录生产和污染治理设施运行状况，有利于更好地说清污染物排放状况。

其次，考虑受监测能力的限制，无法做到全面连续监测，记录生产和污染治理设施运行状况可以辅助说明未监测时段的排放状况，同时可以对监测数据是否具有代表性进行判断。

最后，由于监测结果可能受到仪器设备、监测方法等各种因素的影响，从而造成监测结果的不确定性，记录生产和污染治理设施运行状况，通过不同时段监测信息和其他信息的对比分析，可以对监测结果的准确性进行总体判断。

对于生产和污染治理设施运行状况，主要记录内容包括监测期间企业及各主要生产设施（至少涵盖废气主要污染源相关生产设施）运行状况（包括停机、启动情况）、产品产量、主要原辅料使用量、取水量、主要燃料消耗量、燃料主要成分、污染治理设施主要运行状态参数、污染治理主要药剂消耗情况等。日常生产中上述信息也需整理成台账保存备查。

11.2.2.4 工业固体废物（危险废物）产生与处理状况

工业固体废物作为重要的环境管理要素，排污单位应对一般工业固体废物和危险废物的产生、处理情况进行记录，同时一般工业固体废物和危险废物信息也可以作为废水、废气污染物产生排放的辅助信息。关于一般工业固体废物和危险废物的记录内容包括各类一般工业固体废物和危险废物的产生量、综合利用量、处置量、贮存量，危险废物还应详细记录其具体去向。

11.3 生产和污染治理设施运行状况

应详细记录企业生产及污染治理设施运行状况，日常生产中也应参照 11.3.1

至 11.3.2 内容记录相关信息，并整理成台账保存备查。

11.3.1　生产运行状况记录

取水量（新鲜水）是指调查年度从各种水源提取的用于工业生产活动的水量总和，包括城市自来水用量、自备水（地表水、地下水和其他水）用量、水利工程供水量，以及企业从市场购得的其他水（如其他企业回用水量）。工业生产活动用水主要包括工业生产用水、辅助生产（包括机修、运输、空压站等）用水。厂区附属生活用水（厂内绿化、职工食堂、浴室、保健站、生活区居民家庭用水、企业附属幼儿园、学校、游泳池等的用水量）如果单独计量，且生活污水不与工业废水混排的水量不计入取水量。

按日（或班次）记录各主要生产单元每项生产设施的运行状态、生产负荷、主要产品产量、燃料信息（包括名称、处理或消耗量、成分分析）等内容。

11.3.2　污染治理设施运行状况记录

为了佐证废水监测数据情况，按日（或班次）记录废水处理量、回用量、排放量、污泥产生量（记录含水率）、废水处理使用的药剂名称及用量、用电量等；记录污水处理设施运行、故障及维护情况等。

为了佐证废气监测数据情况，按日记录各排污节点的废气排放量、废气处理使用的药剂名称及用量；记录废气处理设施运行、故障及维护情况等。

11.4　固体废物产生和处理情况

记录一般工业固体废物和危险废物的产生量、综合利用量、处置量、贮存量，危险废物还应详细记录其具体去向，原料或辅助工序中产生的其他危险废物的情况也应记录。

危险废物应严格执行危险废物相关记录与报告要求，根据生态环境部《关

于推进危险废物环境管理信息化有关工作的通知》(环办固体函〔2020〕733 号)
和《关于进一步推进危险废物环境管理信息化有关工作的通知》(环办固体函
〔2022〕230 号)要求,排污单位应强化主体责任意识,对产生危险废物的单位
按照国家有关规定通过"全国固体废物管理信息系统"定期申报危险废物的种
类、产生量、流向、贮存、处置等有关资料。转移危险废物的单位,应当通过
国家固废信息系统填写、运行危险废物电子转移联单;危险废物经营许可证持
有单位应按照国家有关规定,通过国家固废信息系统如实报告危险废物利用处
置情况。对于自行综合利用、自行处置一般工业固体废物和危险废物的,还应
当对本单位所拥有的处置场、焚烧装置等综合利用和处置设施及运行情况进行
记录。

11.5 信息报告及信息公开

11.5.1 信息报告要求

为了排污单位更好地掌握本单位实际排污状况,也便于其更好地对公众说明
本单位的排污状况和监测情况,排污单位应编写自行监测年度报告,年度报告至
少应包含以下内容:

(1)监测方案的调整变化情况及变更原因。

(2)企业及各主要生产设施(至少涵盖废气主要污染源相关生产设施)全年
运行天数,各监测点、各监测指标全年监测次数、超标情况、浓度分布情况。

(3)按要求开展的周边环境质量影响状况监测结果。

(4)自行监测开展的其他情况说明。

(5)排污单位实现达标排放所采取的主要措施。

自行监测年报不限于以上信息,任何有利于说明本单位自行监测情况和排放
状况的信息,都可以写入自行监测年报中。另外,对于领取了排污许可证的排污

单位，按照排污许可证管理要求，每年应提交年度执行报告，其中自行监测情况属于年度执行报告中的重要组成部分，排污单位可以将自行监测年报作为年度执行报告的一部分一并提交。

11.5.2　应急报告要求

由于排污单位非正常排放会对环境或污水处理设施产生影响，因此对于监测结果出现超标的，排污单位应加密监测，并检查超标原因。短期内无法实现稳定达标排放的，应向生态环境主管部门提交事故分析报告，说明事故发生的原因，采取减轻或防止污染的措施，以及今后的预防及改进措施等；对因发生事故或其他突发事件，排放的污水可能危及城镇排水与污水处理设施安全运行的，应当立即采取措施消除危害，并及时向城镇排水主管部门和生态环境主管部门等有关部门报告。

11.5.3　信息公开要求

排污单位应根据排污许可证、《企业环境信息依法披露管理办法》（生态环境部令　第 24 号）及《国家重点监控企业自行监测及信息公开办法（试行）》（环发〔2013〕81 号）进行信息公开，但不限于此，排污单位还可以采取其他便于公众获取的方式进行信息公开。

信息公开应重点考虑两类群体的信息需求。一是排污单位周围居民的信息需求，周边居民是污染排放的直接被影响者，其最关心污染物排放状况对自身及环境的影响，因此他们对污染物排放状况及周边环境质量状况有强烈的需求。二是排污单位同类行业或者其他相关者的信息需求，同类行业不同排污单位之间存在一定的竞争关系，希望在污染治理上得到相对公平的待遇，因此会格外关心同行的排放状况，对同行业其他排污单位的排放状况信息有同行监督需求。

为了照顾这两类群体的信息需求，信息公开的方式应该便于这两类群体获取。

排污单位可以通过在厂区外或当地媒体上发布监测信息，使周边居民及时了解排污单位的排放状况，这类信息公开相对灵活，便于周边居民获取信息。为了实现同行监督和一些公益组织的监督，也为了便于政府监督，有组织的信息公开方式更有效率。目前，各级生态环境主管部门都在建设不同类型的信息公开平台，排污单位也应该根据相关要求在信息平台上发布信息，以便各类群体间相互监督。

第 12 章　自行监测手工数据报送

为了方便排污单位信息报送和管理部门收集相关信息，受生态环境部生态环境监测司委托，中国环境监测总站组织开发了"全国污染源监测数据管理与共享系统"。为落实《排污许可管理条例》第二十三条信息公开有关规定，全国污染源监测数据管理与共享系统和全国排污许可证管理信息平台实现了互联互通，排污单位登录全国排污许可证管理信息平台，通过"监测记录"模块跳转至全国污染源监测数据管理与共享系统填报自行监测手工数据结果。自行监测手工数据填报完成后，在全国排污许可证管理信息平台查看自行监测手工数据信息公开内容。

12.1　自行监测手工数据报送系统总体架构设计

根据《关于印发 2015 年中央本级环境监测能力建设项目建设方案的通知》（环办函〔2015〕1596 号），中国环境监测总站负责建设"全国污染源监测数据管理与信息共享系统"，面向企业用户、环保用户、委托机构用户、系统管理用户 4 类用户，针对各自不同业务需求，系统提供数据采集、监测业务管理、数据查询处理与分析、决策支持、数据采集移动终端版、自行监测知识库、排放标准管理、个人工作台、统一应用支撑、数据交换等功能。

另外，面向其他污染源监测信息采集系统（包括部级建设的固定污染源系统、全国排污许可证管理信息平台、各省重点污染源监测系统）使用数据交换平台进行数据交换，减少企业重复填报。

系统总体架构如图 12-1 所示。

图 12-1 系统总体架构

系统总体架构采用 SOA 面向服务的五层三体系的标准成熟电子政务框架设计，以总线为基础，依托公共组件、通用业务组件和开发工具实现应用系统快速开发和系统集成。系统由基础层、数据层、支撑层、应用层、展现层五层及贯穿项目始终保障项目顺利实施和稳定、安全运行的系统运行保障体系、安全保障体系及标准规范体系构成。

基础层：在利用监测总站现有的软硬件及网络环境的基础上，配置相应的系统运行所需的软硬件设备及安全保障设备。

数据层：建设项目的基础数据库、元数据库，并在此基础上建设主题数据库、空间数据库以提供数据挖掘和决策支持。数据库依据环境保护部相关标准及能力建设项目的数据中心相关标准来建设。

支撑层：在应用支撑平台企业总线及相关公共组件的基础上，建设本系统的组件，为系统提供足够的灵活性和扩展性，为应用集成提供灵活的框架，也为将来业务变化引起的系统变化提供快速调整的支撑。

应用层：通过 ESB、数据交换实现与包括部级建设的固定污染源系统、全国排污许可证管理信息平台、各省（区、市）污染源监测系统在内的其他系统对接。

展现层：面向生态环境主管部门用户、企业用户及委托机构用户提供互联网访问服务。

标准规范体系：制定全国污染源监测数据管理与共享系统数据交换标准规范，确保各应用系统按照统一的数据标准进行数据交换。

为保持系统安全稳定运行，同步配套设计并建设了安全保障体系和系统运行保障体系。

12.2　应用层设计

全国污染源监测数据管理与信息共享系统提供的业务应用包括数据采集、监测业务管理、数据查询处理与分析、决策支持、数据采集移动终端版、自行监测知识库、排放标准管理、个人工作台、统一应用支撑及数据交换共享平台 10 个子系统。系统功能架构见图 12-2。

图 12-2　系统功能架构

（1）数据采集：主要对企业自行监测手工数据和管理部门开展的执法监测数据进行采集。面向全国已核发排污许可证的企业采集监测数据，提供信息填报、审核、查询、发布功能，并形成关联以持续监督。

系统能够满足各级生态环境主管部门录入执法监测数据、质控抽测数据、监督检查信息与结果、监测站标准化建设情况、环境执法与监管情况等。企业的基础信息由全国排污许可证管理信息平台直接获取，在系统中不可更改。企业自行监测方案由全国排污许可证管理信息平台直接获取，生态环境主管部门不再进行审核，企业自主确定自行监测方案执行时间。自行监测方案中除许可不包括要素外，其余要素在系统中不可更改。由于不同来源数据的采集频次和采集方式不同，系统能够提供不同的数据接入方式。

（2）监测业务管理：根据管理要求，汇总监测体系建设运行总体情况，生成表格。实现按时间、空间、行业、污染源类型等来统计应开展监测的企业数量、不具备监测条件的企业数量及原因、实际开展监测的企业数量以及监测点位数量、监测指标数量等各指标的具体情况。

（3）数据查询处理与分析：查询条件可以保存为查询方案，查询时可调用查询方案进行查询。

（4）决策支持：系统除采用基本的数据分析方法外，可支持 OLAP 等分析技术，对数据中心数据的快速分析访问，向用户显示重要的数据分类、数据集合、数据更新的通知以及用户自己的数据订阅等信息。

提供环保搜索功能，用户可按权限快速查询各类环境信息，也可以直接从系统汇总、平均或读取数据，实现多维数据结构的灵活表现。

（5）数据采集移动终端版：数据采集移动端帮助环保用户随时随地了解企业情况并上报检查信息，提高污染源数据采集信息的及时性和准确性。

（6）自行监测知识库：企业自行监测知识库系统对排污单位提供自行监测相关的法律法规、政策文件、排放标准、监测技术规范和方法、自行监测方案范例、相关处罚案例等查询服务，帮助和指导企业做好自行监测工作。

（7）排放标准管理：提供排放标准的维护管理和达标评价功能。管理用户可以对标准进行增、删、改、查操作，以保持标准为最新版本。提供接口，数据录入编辑和数据进行发布时均可调用该接口判定该数据是否超标，超标的给予提示，并按超标比例的不同给出不同颜色提醒。

（8）个人工作台：包括信息提醒（邮件和短信）、通知管理、数据报送情况查询、数据校验规则设置与管理等。为不同用户提供针对性强的用户体验，方便用户使用。

（9）统一应用支撑：实现系统维护相关功能，系统维护人员和数据管理人员基于这些功能对数据采集和服务进行管理，综合信息管理主要包括系统管理、个人工作管理、数据管理等方面的功能。

（10）数据交换：建立数据交换共享平台，实现系统中各子系统间的内部数据交换，以及实现与外部系统的数据交换。

内部交换包括采集子系统与查询分析子系统，各子系统与信息发布子系统之间进行数据交换。

　　外部交换主要是与其他信息系统的数据对接，将依据能力建设项目的相关标准制定监测数据标准、交换的工作流程标准、安全标准及交换运行保障标准等标准，制定统一的数据接口供各地现行污染源监测信息管理与数据共享。各相关系统按数据标准生成数据 XML 文件，通过接口传递到本系统解析入库，以实现与本系统的互联互通，减少企业重复录入，提高数据质量。

12.3　排污单位自行监测手工数据报送方式和内容

12.3.1　报送方式

　　排污单位自行监测手工数据报送方式为登录全国排污许可证管理信息平台，通过"监测记录"模块跳转至全国污染源监测数据管理与共享系统，填报自行监测手工数据结果。自行监测手工数据填报完成后，在全国排污许可证管理信息平台查看自行监测手工数据信息公开内容。自行监测手工数据报送流程如图 12-3 所示。

图 12-3　排污单位自行监测数据报送流程

12.3.2　具体流程

企业相关基础信息由全国排污许可证管理信息平台直接获取，在系统中不可更改。由全国排污许可证管理信息平台直接获取的企业自行监测方案相关要素（废气、废水、无组织监测）在系统中不可更改，企业可补充完善自信监测方案中的其他要素（周边环境、厂界噪声）。自行监测方案补充完善后，生态环境主管部门不再进行审核，企业自主确定自行监测方案执行时间。

自行监测数据的填报流程。自行监测方案到企业自主设定的执行时间后，企业按监测方案开展监测并按要求填报自行监测手工数据结果，手工监测数据需经过企业内部审核，审核通过的进行发布，不通过的退给企业填报用户修改。具有审核权限的填报用户也可以直接发布。

12.3.3　具体内容

（1）企业基本信息：企业名称、社会信用代码、组织机构代码（与统一社会信用代码二选一）、行业类别、企业注册地址、企业生产地址、企业地理位置、流域信息、环保联系人及其联系方式、法人代表及其联系方式、技术负责人等由全国排污许可证管理信息平台直接获取，在系统中不可修改。如发现上述信息错误，应通过全国排污许可证管理信息平台进行修改完善。

（2）监测方案信息：废气监测、废水监测、无组织监测等排污许可证中明确了自行监测相关要求的各项内容来源于全国排污许可证管理信息平台，在系统中不可更改。如发现上述信息错误，应通过全国排污许可证管理信息平台进行修改完善。许可证中未载明的周边环境监测和厂界噪声监测相关内容可在系统中进行补充完善。

（3）监测数据：包括各监测点位开展监测的各项污染物的排放浓度、相关参数信息、未监测原因等。

12.4 监测信息完善

12.4.1 监测方案信息完善

排污单位自行监测方案信息（废气、废水、无组织监测）自动从全国排污许可证管理信息平台导入本系统中，排污许可证未载明的周边环境和厂界噪声自行监测要求企业可在本系统补充完善。

企业用户在系统主界面进入"数据采集"—"企业信息填报"—"监测方案信息"。在【选择方案版本】中如果选择"版本号名称"即可查看相应版本号的监测信息。如果想修改监测信息，点击右侧【加载该版本】即可，然后在【选择方案版本】处选择【当前编辑】。修改的过程可参照下面介绍的录入过程。录入新的监测信息，应在【选择方案版本】处选择【当前编辑】，然后点击右侧的【编辑】按钮进行编辑，如图 12-4 所示。

图 12-4 企业监测方案信息加载界面

在监测方案信息当前编辑中，会有从全国排污许可证管理信息平台同步过来的监测方案信息，包含相关排放设备、监测点、监测项目、排放标准、限值、监测频次等信息，如图 12-5 所示。

图 12-5　许可证系统导入企业的监测方案信息界面

12.4.1.1　周边环境和厂界噪声监测信息录入

（1）添加周边环境和厂界噪声监测点

在编辑页面下，点击周边环境和厂界噪声监测点右上方的【增加监测点】，弹出监测点新增页面。输入【排序序号】【监测点名称】【监测点编号】，选择【经度】【纬度】【开始时间】【结束时间】，周边环境还需选择【监测类型】。点击【新增标准】弹出新增标准页面，新增标准成功后，点击【提交】按钮回到新增监测点页面，在此页面确定填写完全部信息后，点击【立即提交】按钮即可。这三类监测点的新增页面类似，如图 12-6、图 12-7 所示。

图 12-6　新增周边环境监测点信息

图 12-7　新增厂界噪声监测点信息

（2）添加周边环境和厂界噪声监测项目

一个监测点可能有多个监测项目，在添加完【监测点】之后，点击【增加项目】，弹出监测项目新增页面，录入相关信息，如图 12-8 所示。

图 12-8　新增监测项目信息

（3）修改周边环境和厂界噪声监测信息项目

修改周边环境和厂界噪声监测点、监测项目时，点击相应的名称，即可进入修改页面，修改过程可参照本小节的第 1、第 2 部分的新增过程，如图 12-9 所示。

图 12-9　修改监测项目信息

（4）删除周边环境和厂界噪声监测信息项目

修改周边环境和厂界噪声监测点、监测项目时，点击相应名称右侧的【删除】按钮即可，如图 12-10 所示。

图 12-10　删除监测项目信息

12.4.1.2　完成监测方案

周边环境和厂界噪声监测信息录入完成后，点击页面上的【保存成方案】按钮，会弹出新建监测方案页面，输入【方案名称】【方案版本】等，选择【公开开始时间】【公开结束时间】【编制日期】，上传【单位平面图】【监测点位示意图】，设置方案开始执行时间，最后可点击暂存或者生成正式方案按钮，如图 12-11、图 12-12 所示。

图 12-11　监测方案内容

图 12-12　监测方案基本信息

12.4.1.3　监测方案管理

企业用户在系统主界面进入"数据采集"—"企业信息填报"—"监测方案管理"。

（1）查看

根据查询列表结果，点击每条数据右侧的 🔍 按钮，即可查看方案的部分信息，如图 12-13 所示。

图 12-13　查看监测方案位置

进入监测方案查看信息页面后，点击右下方的【查看详情】按钮，均可查看相应的详细信息，如图 12-14、图 12-15 所示。

图 12-14　监测方案下载与查看

图 12-15　监测方案内容查看

（2）修改

针对方案状态【暂存】的情况，可以对方案进行修改，点击右侧的【修改】按钮，可对方案基本信息进行修改，修改完成后点击生成正式方案按钮，如图 12-16 所示。

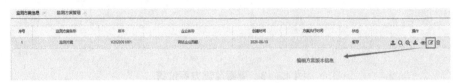

图 12-16　监测方案修改

（3）删除

针对方案状态【暂存】的情况，可以对方案进行删除，点击右侧的【删除】按钮，即可对方案进行删除，如图 12-17 所示。

图 12-17　删除监测方案

12.4.2　监测数据录入

企业填报账户登录系统进入主界面"数据采集"—"企业信息填报"—"手工监测结果录入"。到达企业自主设定的方案开始执行时间后，方案正式生效，企业可针对监测项目，录入手工监测结果。

（1）录入手工监测结果

针对相应监测项目，选择需要录入手工监测结果的采样日期，"黄色"代表未填报完成，"绿色"代表填报完成，"橘色"代表未填报完成且超期，"红色矩形框"代表有超标数据，如图 12-18 所示。

图 12-18　手工监测结果录入

企业选择完填报日期后，可选择不同的提交状态：【未提交】【已提交】【已发布】，下方会有【废水】【废气】【无组织】【周边环境】【噪声】中的一项或多项。

废水录入项有【监测点】【流量】【工作负荷】【监测项目】【频次单位】【频次】【截止日期】【监测结果】【备注原因】。

废气录入项有【排放设备】【监测点】【流量】【温度】【湿度】【含氧量】【流速】【生产负荷】【监测项目】等。

无组织录入项有【监测点】【风向】【风速】【温度】【压力】【监测项目】【频次单位】【频次】等。

周边环境录入项有【环境空气监测点】【湿度】【气温】【气压】【风速】【风向】【监测项目】【频次单位】等。

若录入的监测结果浓度超过标准值，文本所在输入框会变成红色，标识结果超标，如图 12-19 所示。

图 12-19　手工监测结果超标提醒

（2）保存手工监测结果

此功能用于保存填报用户填完的手工监测结果，但不提交审核。只需在填报信息后，点击【保存】按钮，之前录入的信息即可进行保存，如图 12-20 所示。

图 12-20　手工监测结果保存

（3）提交审核手工监测结果

此功能用于填报用户提交手工监测结果，针对需要提交的手工监测结果，在每条记录右侧或者全选旁的选择框 □ 下进行勾选，再点击上方的【立即提交】按钮即可，如图 12-21 所示。

图 12-21　手工监测结果提交

（4）发布

此功能用于企业审核用户，对提交的手工监测结果进行发布处理。针对【提交状态】为【已提交】的手工监测结果，对需要发布的监测结果，在每条记录右侧或者全选旁的选择框 □ 下进行勾选，然后点击【发布】按钮对其进行发布，如图 12-22 所示。

图 12-22　手工监测结果发布

（5）修改已发布数据

企业填报用户可以对已发布的手工数据进行修改，点击结果数据记录右侧的
【修改】按钮，修改数据信息，即可完成修改，如图 12-23 所示。

图 12-23　修改已发布的手工监测结果

12.4.3　监测数据信息公开

企业审核用户对提交的手工监测结果进行发布处理后的次日，全国排污许可
证管理信息平台公开企业自行监测手工数据。信息公开内容条目分为废气、废水、
无组织、周边环境和厂界噪声，具体内容包括企业名称、监测点名称、监测项目
名称、采样/监测时间、浓度等，如图 12-24 所示。

自行监测信息

监测时间　　2022　　▼

废气　　废水　　无组织　　周边环境　　噪声

企业名称	监测点名称	项目名称	实测浓度	折算浓度	采样时间	监测项目单位
	废气监测点1(DA006)	氨	4.19	4.08	2022-01-17	mg/Nm³
	废气监测点1(DA006)	氯化氢	9.29	9.04	2022-01-17	mg/Nm³
	废气监测点1(DA006)	氟化氢	0.66	0.64	2022-01-17	mg/Nm³
	废气监测点1(DA006)	汞及其化合物	0	0	2022-01-17	mg/Nm³
	废气监测点1(DA006)	铊、镉、铅、砷及其化合物	0	0	2022-01-17	mg/Nm³

图 12-24　自行监测手工数据结果信息公开

附 录

附录 1

排污单位自行监测技术指南 总则

（HJ 819—2017）

前言

为落实《中华人民共和国环境保护法》《中华人民共和国大气污染防治法》《中华人民共和国水污染防治法》，指导和规范排污单位自行监测工作，制定本标准。

本标准提出了排污单位自行监测的一般要求、监测方案制定、监测质量保证和质量控制、信息记录和报告的基本内容和要求。

本标准为首次发布。

本标准由环境保护部环境监测司、科技标准司提出并组织制订。

本标准主要起草单位：中国环境监测总站。

本标准环境保护部 2017 年 4 月 25 日批准。

本标准自 2017 年 6 月 1 日起实施。

本标准由环境保护部解释。

1 适用范围

本标准提出了排污单位自行监测的一般要求、监测方案制定、监测质量保证和质量控制、信息记录和报告的基本内容和要求。

排污单位可参照本标准在生产运行阶段对其排放的水、气污染物，噪声以及对其周边环境质量影响开展监测。

本标准适用于无行业自行监测技术指南的排污单位；行业自行监测技术指南中未规定的内容按本标准执行。

2 规范性引用文件

本标准引用了下列文件或其中的条款。凡是未注明日期的引用文件，其最新版本适用于本标准。

GB 12348　工业企业厂界环境噪声排放标准

GB/T 16157　固定污染源排气中颗粒物测定与气态污染物采样方法

HJ 2.1　环境影响评价技术导则　总纲

HJ 2.2　环境影响评价技术导则　大气环境

HJ/T 2.3　环境影响评价技术导则　地面水环境

HJ 2.4　环境影响评价技术导则　声环境

HJ/T 55　大气污染物无组织排放监测技术导则

HJ/T 75　固定污染源烟气排放连续监测技术规范（试行）

HJ/T 76　固定污染源烟气排放连续监测系统技术要求及检测方法（试行）

HJ/T 91　地表水和污水监测技术规范

HJ/T 92　水污染物排放总量监测技术规范

HJ/T 164　地下水环境监测技术规范

HJ/T 166　土壤环境监测技术规范

HJ/T 194　环境空气质量手工监测技术规范

HJ/T 353　水污染源在线监测系统安装技术规范（试行）

HJ/T 354　水污染源在线监测系统验收技术规范（试行）

HJ/T 355　水污染源在线监测系统运行与考核技术规范（试行）

HJ/T 356　水污染源在线监测系统数据有效性判别技术规范（试行）

HJ/T 397　固定源废气监测技术规范

HJ 442　近岸海域环境监测规范

HJ 493　水质　样品的保存和管理技术规定

HJ 494　水质　采样技术指导

HJ 495　水质　采样方案设计技术规定

HJ 610　环境影响评价技术导则　地下水环境

HJ 733　泄漏和敞开液面排放的挥发性有机物检测技术导则

《企业事业单位环境信息公开办法》（环境保护部令　第 31 号）

《国家重点监控企业自行监测及信息公开办法（试行）》（环发〔2013〕81 号）

3　术语和定义

下列术语和定义适用于本标准。

3.1　自行监测　self-monitoring

指排污单位为掌握本单位的污染物排放状况及其对周边环境质量的影响等情况，按照相关法律法规和技术规范，组织开展的环境监测活动。

3.2　重点排污单位　key pollutant discharging entity

指由设区的市级及以上地方人民政府环境保护主管部门商有关部门确定的本行政区域内的重点排污单位。

3.3　外排口监测点位　emission site

指用于监测排污单位通过排放口向环境排放废气、废水（包括向公共污水处理系统排放废水）污染物状况的监测点位。

3.4 内部监测点位 internal monitoring site

指用于监测污染治理设施进口、污水处理厂进水等污染物状况的监测点位，或监测工艺过程中影响特定污染物产生排放的特征工艺参数的监测点位。

4 自行监测的一般要求

4.1 制定监测方案

排污单位应查清所有污染源，确定主要污染源及主要监测指标，制定监测方案。监测方案内容包括：单位基本情况、监测点位及示意图、监测指标、执行标准及其限值、监测频次、采样和样品保存方法、监测分析方法和仪器、质量保证与质量控制等。

新建排污单位应当在投入生产或使用并产生实际排污行为之前完成自行监测方案的编制及相关准备工作。

4.2 设置和维护监测设施

排污单位应按照规定设置满足开展监测所需的监测设施。废水排放口，废气（采样）监测平台、监测断面和监测孔的设置应符合监测规范要求。监测平台应便于开展监测活动，应能保证监测人员的安全。

废水排放量大于 100 t/d 的，应安装自动测流设施并开展流量自动监测。

4.3 开展自行监测

排污单位应按照最新的监测方案开展监测活动，可根据自身条件和能力，利用自有人员、场所和设备自行监测；也可委托其他有资质的检（监）测机构代其开展自行监测。

持有排污许可证的企业自行监测年度报告内容可以在排污许可证年度执行报告中体现。

4.4 做好监测质量保证与质量控制

排污单位应建立自行监测质量管理制度，按照相关技术规范要求做好监测质量保证与质量控制。

4.5 记录和保存监测数据

排污单位应做好与监测相关的数据记录，按照规定进行保存，并依据相关法规向社会公开监测结果。

5 监测方案制定

5.1 监测内容

5.1.1 污染物排放监测

包括废气污染物（以有组织或无组织形式排入环境）、废水污染物（直接排入环境或排入公共污水处理系统）及噪声污染等。

5.1.2 周边环境质量影响监测

污染物排放标准、环境影响评价文件及其批复或其他环境管理有明确要求的，排污单位应按照要求对其周边相应的空气、地表水、地下水、土壤等环境质量开展监测；其他排污单位根据实际情况确定是否开展周边环境质量影响监测。

5.1.3 关键工艺参数监测

在某些情况下，可以通过对与污染物产生和排放密切相关的关键工艺参数进行测试以补充污染物排放监测。

5.1.4 污染治理设施处理效果监测

若污染物排放标准等环境管理文件对污染治理设施有特别要求的，或排污单位认为有必要的，应对污染治理设施处理效果进行监测。

5.2 废气排放监测

5.2.1 有组织排放监测

5.2.1.1 确定主要污染源和主要排放口

符合以下条件的废气污染源为主要污染源：

a）单台出力 14 MW 或 20 t/h 及以上的各种燃料的锅炉和燃气轮机组；

b）重点行业的工业炉窑（水泥窑、炼焦炉、熔炼炉、焚烧炉、熔化炉、铁矿烧结炉、加热炉、热处理炉、石灰窑等）；

c）化工类生产工序的反应设备（化学反应器/塔、蒸馏/蒸发/萃取设备等）；

d）其他与上述所列相当的污染源。

符合以下条件的废气排放口为主要排放口：

a）主要污染源的废气排放口；

b）"排污许可证申请与核发技术规范"确定的主要排放口；

c）对于多个污染源共用一个排放口的，凡涉及主要污染源的排放口均为主要排放口。

5.2.1.2 监测点位

a）外排口监测点位：点位设置应满足 GB/T 16157、HJ 75 等技术规范的要求。净烟气与原烟气混合排放的，应在排气筒，或烟气汇合后的混合烟道上设置监测点位；净烟气直接排放的，应在净烟气烟道上设置监测点位，有旁路的旁路烟道也应设置监测点位。

b）内部监测点位设置：当污染物排放标准中有污染物处理效果要求时，应在进入相应污染物处理设施单元的进出口设置监测点位。当环境管理文件有要求，或排污单位认为有必要的，可设置开展相应监测内容的内部监测点位。

5.2.1.3 监测指标

各外排口监测点位的监测指标应至少包括所执行的国家或地方污染物排放（控制）标准、环境影响评价文件及其批复、排污许可证等相关管理规定明确要求的污染物指标。排污单位还应根据生产过程的原辅用料、生产工艺、中间及最终产品，确定是否排放纳入相关有毒有害或优先控制污染物名录中的污染物指标，或其他有毒污染物指标，这些指标也应纳入监测指标。

对于主要排放口监测点位的监测指标，符合以下条件的为主要监测指标：

a）二氧化硫、氮氧化物、颗粒物（或烟尘/粉尘）、挥发性有机物中排放量较大的污染物指标；

b）能在环境或动植物体内积蓄对人类产生长远不良影响的有毒污染物指标（存在有毒有害或优先控制污染物相关名录的，以名录中的污染物指标为准）；

c）排污单位所在区域环境质量超标的污染物指标。

内部监测点位的监测指标根据点位设置的主要目的确定。

5.2.1.4 监测频次

a）确定监测频次的基本原则。

排污单位应在满足本标准要求的基础上，遵循以下原则确定各监测点位不同监测指标的监测频次：

1）不应低于国家或地方发布的标准、规范性文件、规划、环境影响评价文件及其批复等明确规定的监测频次；

2）主要排放口的监测频次高于非主要排放口；

3）主要监测指标的监测频次高于其他监测指标；

4）排向敏感地区的应适当增加监测频次；

5）排放状况波动大的，应适当增加监测频次；

6）历史稳定达标状况较差的需增加监测频次，达标状况良好的可以适当降低监测频次；

7）监测成本应与排污企业自身能力相一致，尽量避免重复监测。

b）原则上，外排口监测点位最低监测频次按照表1执行。废气烟气参数和污染物浓度应同步监测。

表 1 废气监测指标的最低监测频次

排污单位级别	主要排放口		其他排放口的监测指标
	主要监测指标	其他监测指标	
重点排污单位	月—季度	半年—年	半年—年
非重点排污单位	半年—年	年	年

注：为最低监测频次的范围，分行业排污单位自行监测技术指南中依据此原则确定各监测指标的最低监测频次。

c）内部监测点位的监测频次根据该监测点位设置目的、结果评价的需要、补充监测结果的需要等进行确定。

5.2.1.5　监测技术

监测技术包括手工监测、自动监测两种，排污单位可根据监测成本、监测指标以及监测频次等内容，合理选择适当的监测技术。

对于相关管理规定要求采用自动监测的指标，应采用自动监测技术；对于监测频次高、自动监测技术成熟的监测指标，应优先选用自动监测技术；其他监测指标，可选用手工监测技术。

5.2.1.6　采样方法

废气手工采样方法的选择参照相关污染物排放标准及 GB/T 16157、HJ/T 397 等执行。废气自动监测参照 HJ/T 75、HJ/T 76 执行。

5.2.1.7　监测分析方法

监测分析方法的选用应充分考虑相关排放标准的规定、排污单位的排放特点、污染物排放浓度的高低、所采用监测分析方法的检出限和干扰等因素。

监测分析方法应优先选用所执行的排放标准中规定的方法。选用其他国家、行业标准方法的，方法的主要特性参数（包括检出下限、精密度、准确度、干扰消除等）需符合标准要求。尚无国家和行业标准分析方法的，或采用国家和行业标准方法不能得到合格测定数据的，可选用其他方法，但必须做方法验证和对比实验，证明该方法主要特性参数的可靠性。

5.2.2 无组织排放监测

5.2.2.1 监测点位

存在废气无组织排放源的，应设置无组织排放监测点位，具体要求按相关污染物排放标准及 HJ/T 55、HJ 733 等执行。

5.2.2.2 监测指标

按本标准 5.2.1.3 执行。

5.2.2.3 监测频次

钢铁、水泥、焦化、石油加工、有色金属冶炼、采矿业等无组织废气排放较重的污染源，无组织废气每季度至少开展一次监测；其他涉及无组织废气排放的污染源每年至少开展一次监测。

5.2.2.4 监测技术

按本标准 5.2.1.5 执行。

5.2.2.5 采样方法

参照相关污染物排放标准及 HJ/T 55、HJ 733 执行。

5.2.2.6 监测分析方法

按本标准 5.2.1.7 执行。

5.3 废水排放监测

5.3.1 监测点位

5.3.1.1 外排口监测点位

在污染物排放标准规定的监控位置设置监测点位。

5.3.1.2 内部监测点位

按本标准 5.2.1.2 b）执行。

5.3.2 监测指标

符合以下条件的为各废水外排口监测点位的主要监测指标：

a）化学需氧量、五日生化需氧量、氨氮、总磷、总氮、悬浮物、石油类中排放量较大的污染物指标；

b)污染物排放标准中规定的监控位置为车间或生产设施废水排放口的污染物指标，以及有毒有害或优先控制污染物相关名录中的污染物指标；

c）排污单位所在流域环境质量超标的污染物指标。

其他要求按本标准 5.2.1.3 执行。

5.3.3　监测频次

5.3.3.1　监测频次确定的基本原则

按本标准 5.2.1.4　a）执行。

5.3.3.2　原则上，外排口监测点位最低监测频次按照表 2 执行。各排放口废水流量和污染物浓度同步监测。

表 2　废水监测指标的最低监测频次

排污单位级别	主要监测指标	其他监测指标
重点排污单位	日—月	季度—半年
非重点排污单位	季度	年

注：为最低监测频次的范围，在行业排污单位自行监测技术指南中依据此原则确定各监测指标的最低监测频次。

5.3.3.3　内部监测点位监测频次

按本标准 5.2.1.4　c）执行。

5.3.4　监测技术

按本标准 5.2.1.5 执行。

5.3.5　采样方法

废水手工采样方法的选择参照相关污染物排放标准及 HJ/T 91、HJ/T 92、HJ 493、HJ 494、HJ 495 等执行，根据监测指标的特点确定采样方法为混合采样方法或瞬时采样的方法，单次监测采样频次按相关污染物排放标准和 HJ/T 91 执行。污水自动监测采样方法参照 HJ/T 353、HJ/T 354、HJ/T 355、HJ/T 356 执行。

5.3.6　监测分析方法

按本标准 5.2.1.7 执行。

5.4 厂界环境噪声监测

5.4.1 监测点位

5.4.1.1 厂界环境噪声的监测点位置具体要求按 GB 12348 执行。

5.4.1.2 噪声布点应遵循以下原则：

a）根据厂内主要噪声源距厂界位置布点；

b）根据厂界周围敏感目标布点；

c）"厂中厂"是否需要监测根据内部和外围排污单位协商确定；

d）面临海洋、大江、大河的厂界原则上不布点；

e）厂界紧邻交通干线不布点；

f）厂界紧邻另一排污单位的，在临近另一排污单位侧是否布点由排污单位协商确定。

5.4.2 监测频次

厂界环境噪声每季度至少开展一次监测，夜间生产的要监测夜间噪声。

5.5 周边环境质量影响监测

5.5.1 监测点位

排污单位厂界周边的土壤、地表水、地下水、大气等环境质量影响监测点位参照排污单位环境影响评价文件及其批复及其他环境管理要求设置。

如环境影响评价文件及其批复及其他文件中均未作出要求，排污单位需要开展周边环境质量影响监测的，环境质量影响监测点位设置的原则和方法参照 HJ 2.1、HJ 2.2、HJ/T 2.3、HJ 2.4、HJ 610 等规定。各类环境影响监测点位设置按照 HJ/T 91、HJ/T 164、HJ 442、HJ/T 194、HJ/T 166 等执行。

5.5.2 监测指标

周边环境质量影响监测点位监测指标参照排污单位环境影响评价文件及其批复等管理文件的要求执行，或根据排放的污染物对环境的影响确定。

5.5.3 监测频次

若环境影响评价文件及其批复等管理文件有明确要求的，排污单位周边环境质量监测频次按照要求执行。

否则，涉水重点排污单位地表水每年丰、平、枯水期至少各监测一次，涉气重点排污单位空气质量每半年至少监测一次，涉重金属、难降解类有机污染物等重点排污单位土壤、地下水每年至少监测一次。发生突发环境事故对周边环境质量造成明显影响的，或周边环境质量相关污染物超标的，应适当增加监测频次。

5.5.4 监测技术

按本标准 5.2.1.5 执行。

5.5.5 采样方法

周边水环境质量监测点采样方法参照 HJ/T 91、HJ/T 164、HJ 442 等执行。

周边大气环境质量监测点采样方法参照 HJ/T 194 等执行。

周边土壤环境质量监测点采样方法参照 HJ/T 166 等执行。

5.5.6 监测分析方法

按本标准 5.2.1.7 执行。

5.6 监测方案的描述

5.6.1 监测点位的描述

所有监测点位均应在监测方案中通过语言描述、图形示意等形式明确体现。描述内容包括监测点位的平面位置及污染物的排放去向等。废水监测点需明确其所在废水排放口、对应的废水处理工艺，废气排放监测点位需明确其在排放烟道的位置分布、对应的污染源及处理设施。

5.6.2 监测指标的描述

所有监测指标采用表格、语言描述等形式明确体现。监测指标应与监测点位相对应，监测指标内容包括每个监测点位应监测的指标名称、排放限值、排放限值的来源（如标准名称、编号）等。

国家或地方污染物排放（控制）标准、环境影响评价文件及其批复、排污许可证中的污染物，如排污单位确认未排放，监测方案中应明确注明。

5.6.3　监测频次的描述

监测频次应与监测点位、监测指标相对应，每个监测点位的每项监测指标的监测频次都应详细注明。

5.6.4　采样方法的描述

对每项监测指标都应注明其选用的采样方法。废水采集混合样品的，应注明混合样采样个数。废气非连续采样的，应注明每次采集的样品个数。废气颗粒物采样，应注明每个监测点位设置的采样孔和采样点个数。

5.6.5　监测分析方法的描述

对每项监测指标都应注明其选用的监测分析方法名称、来源依据、检出限等内容。

5.7　监测方案的变更

当有以下情况发生时，应变更监测方案：

a）执行的排放标准发生变化；

b）排放口位置、监测点位、监测指标、监测频次、监测技术任一项内容发生变化；

c）污染源、生产工艺或处理设施发生变化。

6　监测质量保证与质量控制

排污单位应建立并实施质量保证与控制措施方案，以自证自行监测数据的质量。

6.1　建立质量体系

排污单位应根据本单位自行监测的工作需求，设置监测机构，梳理监测方案制定、样品采集、样品分析、监测结果报出、样品留存、相关记录的保存等监测的各个环节中，为保证监测工作质量应制定的工作流程、管理措施与监督措施，建立自行监测质量体系。

质量体系应包括对以下内容的具体描述：监测机构，人员，出具监测数据所需仪器设备，监测辅助设施和实验室环境，监测方法技术能力验证，监测活动质量控制与质量保证等。

委托其他有资质的检（监）测机构代其开展自行监测的，排污单位不用建立监测质量体系，但应对检（监）测机构的资质进行确认。

6.2 监测机构

监测机构应具有与监测任务相适应的技术人员、仪器设备和实验室环境，明确监测人员和管理人员的职责、权限和相互关系，有适当的措施和程序保证监测结果准确可靠。

6.3 监测人员

应配备数量充足、技术水平满足工作要求的技术人员，规范监测人员录用、培训教育和能力确认/考核等活动，建立人员档案，并对监测人员实施监督和管理，规避人员因素对监测数据正确性和可靠性的影响。

6.4 监测设施和环境

根据仪器使用说明书、监测方法和规范等的要求，配备必要的如除湿机、空调、干湿度温度计等辅助设施，以使监测工作场所条件得到有效控制。

6.5 监测仪器设备和实验试剂

应配备数量充足、技术指标符合相关监测方法要求的各类监测仪器设备、标准物质和实验试剂。

监测仪器性能应符合相应方法标准或技术规范要求，根据仪器性能实施自校准或者检定/校准、运行和维护、定期检查。

标准物质、试剂、耗材的购买和使用情况应建立台账予以记录。

6.6　监测方法技术能力验证

应组织监测人员按照其所承担监测指标的方法步骤开展实验活动，测试方法的检出浓度、校准（工作）曲线的相关性、精密度和准确度等指标，实验结果满足方法相应的规定以后，方可确认该人员实际操作技能满足工作需求，能够承担测试工作。

6.7　监测质量控制

编制监测工作质量控制计划，选择与监测活动类型和工作量相适应的质控方法，包括使用标准物质、采用空白实验、平行样测定、加标回收率测定等，定期进行质控数据分析。

6.8　监测质量保证

按照监测方法和技术规范的要求开展监测活动，若存在相关标准规定不明确但又影响监测数据质量的活动，可编写《作业指导书》予以明确。

编制工作流程等相关技术规定，规定任务下达和实施，分析用仪器设备购买、验收、维护和维修，监测结果的审核签发、监测结果录入发布等工作的责任人和完成时限，确保监测各环节无缝衔接。

设计记录表格，对监测过程的关键信息予以记录并存档。

定期对自行监测工作开展的时效性、自行监测数据的代表性和准确性、管理部门检查结论和公众对自行监测数据的反馈等情况进行评估，识别自行监测存在的问题，及时采取纠正措施。管理部门执法监测与排污单位自行监测数据不一致的，以管理部门执法监测结果为准，作为判断污染物排放是否达标、自动监测设施是否正常运行的依据。

7　信息记录和报告

7.1　信息记录

7.1.1　手工监测的记录

7.1.1.1　采样记录：采样日期、采样时间、采样点位、混合取样的样品数量、采样器名称、采样人姓名等。

7.1.1.2　样品保存和交接：样品保存方式、样品传输交接记录。

7.1.1.3　样品分析记录：分析日期、样品处理方式、分析方法、质控措施、分析结果、分析人姓名等。

7.1.1.4　质控记录：质控结果报告单。

7.1.2　自动监测运维记录

包括自动监测系统运行状况、系统辅助设备运行状况、系统校准、校验工作等；仪器说明书及相关标准规范中规定的其他检查项目；校准、维护保养、维修记录等。

7.1.3　生产和污染治理设施运行状况

记录监测期间企业及各主要生产设施（至少涵盖废气主要污染源相关生产设施）运行状况（包括停机、启动情况）、产品产量、主要原辅料使用量、取水量、主要燃料消耗量、燃料主要成分、污染治理设施主要运行状态参数、污染治理主要药剂消耗情况等。日常生产中上述信息也需整理成台账保存备查。

7.1.4　固体废物（危险废物）产生与处理状况

记录监测期间各类固体废物和危险废物的产生量、综合利用量、处置量、贮存量、倾倒丢弃量，危险废物还应详细记录其具体去向。

7.2　信息报告

排污单位应编写自行监测年度报告，年度报告至少应包含以下内容：

a）监测方案的调整变化情况及变更原因；

b）企业及各主要生产设施（至少涵盖废气主要污染源相关生产设施）全年运行天数，各监测点、各监测指标全年监测次数、超标情况、浓度分布情况；

c）按要求开展的周边环境质量影响状况监测结果；

d）自行监测开展的其他情况说明；

e）排污单位实现达标排放所采取的主要措施。

7.3　应急报告

监测结果出现超标的，排污单位应加密监测，并检查超标原因。短期内无法实现稳定达标排放的，应向环境保护主管部门提交事故分析报告，说明事故发生的原因，采取减轻或防止污染的措施，以及今后的预防及改进措施等；若因发生事故或者其他突发事件，排放的污水可能危及城镇排水与污水处理设施安全运行的，应当立即采取措施消除危害，并及时向城镇排水主管部门和环境保护主管部门等有关部门报告。

7.4　信息公开

排污单位自行监测信息公开内容及方式按照《企业事业单位环境信息公开办法》及《国家重点监控企业自行监测及信息公开办法（试行）》执行。非重点排污单位的信息公开要求由地方环境保护主管部门确定。

8　监测管理

排污单位对其自行监测结果及信息公开内容的真实性、准确性、完整性负责。排污单位应积极配合并接受环境保护行政主管部门的日常监督管理。

附录 2

排污单位自行监测技术指南　固体废物焚烧

（HJ 1205—2021）

前言

　　为贯彻《中华人民共和国环境保护法》《中华人民共和国水污染防治法》《中华人民共和国大气污染防治法》《中华人民共和国土壤污染防治法》《中华人民共和国固体废物污染环境防治法》《排污许可管理条例》等法律法规，改善生态环境质量，指导和规范固体废物焚烧排污单位自行监测工作，制定本标准。

　　本标准规定了固体废物焚烧排污单位自行监测的一般要求、监测方案制定、信息记录和报告的基本内容和要求。

　　本标准为首次发布。

　　本标准由生态环境部生态环境监测司、法规与标准司组织制订。

　　本标准主要起草单位：天津市生态环境监测中心。

　　本标准生态环境部 2021 年 11 月 13 日批准。

　　本标准自 2022 年 1 月 1 日起实施。

　　本标准由生态环境部解释。

1　适用范围

　　本标准规定了固体废物焚烧排污单位自行监测的一般要求、监测方案制定、信息记录和报告的基本内容及要求。

　　本标准适用于固体废物焚烧排污单位在生产运行阶段对其排放的水、气污染物，固体废物，噪声以及对其周边环境质量影响开展自行监测。

本标准同样适用于自建固体废物焚烧设施的自行监测，行业排污单位自行监测技术指南已规定的除外。

本标准不适用于利用水泥窑协同处置固体废物的水泥工业排污单位。

2 规范性引用文件

本标准引用了下列文件或其中的条款。凡是注明日期的引用文件，仅注日期的版本适用于本标准。凡是未注日期的引用文件，其最新版本（包括所有的修改单）适用于本标准。

GB 3095　　　环境空气质量标准

GB 8978　　　污水综合排放标准

GB 14554　　恶臭污染物排放标准

GB 15618　　土壤环境质量　农用地土壤污染风险管控标准（试行）

GB 16297　　大气污染物综合排放标准

GB 16889　　生活垃圾填埋场污染控制标准

GB 18466　　医疗机构水污染物排放标准

GB 18484　　危险废物焚烧污染控制标准

GB 18485　　生活垃圾焚烧污染控制标准

GB 18598　　危险废物填埋污染控制标准

GB 36600　　土壤环境质量　建设用地土壤污染风险管控标准（试行）

GB 39707　　医疗废物处理处置污染控制标准

GB/T 14848　地下水质量标准

HJ 2.2　　　环境影响评价技术导则　大气环境

HJ 2.3　　　环境影响评价技术导则　地表水环境

HJ/T 91　　　地表水和污水监测技术规范

HJ 164　　　地下水环境监测技术规范

HJ/T 166　　土壤环境监测技术规范

HJ 194　　　环境空气质量手工监测技术规范

HJ 442.8　　近岸海域环境监测技术规范　第八部分　直排海污染源及对近岸
　　　　　　海域水环境影响监测

HJ 610　　　环境影响评价技术导则　地下水环境

HJ 664　　　环境空气质量监测点位布设技术规范（试行）

HJ 819　　　排污单位自行监测技术指南　总则

HJ 964　　　环境影响评价技术导则　土壤环境（试行）

HJ 1033　　排污许可证申请与核发技术规范　工业固体废物和危险废物治理

HJ 1038　　排污许可证申请与核发技术规范　危险废物焚烧

HJ 1039　　排污许可证申请与核发技术规范　生活垃圾焚烧

HJ 1134　　生活垃圾焚烧飞灰污染控制技术规范（试行）

《生活垃圾焚烧发电厂自动监测数据应用管理规定》（生态环境部令　第 10 号）

《生活垃圾焚烧发电厂自动监测数据标记规则》（生态环境部公告　2019 年第
50 号）

3　术语和定义

GB 18484、GB 18485 和 GB 39707 界定的以及下列术语和定义适用于本标准。

3.1　固体废物焚烧排污单位　pollutant emission unit of solid waste incineration

以焚烧方式集中处置危险废物（含医疗废物）、生活垃圾、生活污水处理设施
产生的污泥、一般工业固体废物的排污单位。

**3.2　生活垃圾焚烧排污单位　pollutant emission unit of municipal solid waste
incineration**

以焚烧方式集中处置生活垃圾的排污单位。

**3.3　生活污水处理设施产生的污泥焚烧排污单位　pollutant emission unit of
sludge from domestic sewage treatment facilities incineration**

以焚烧方式集中处置生活污水处理设施产生的污泥的排污单位。

3.4 一般工业固体废物焚烧排污单位 pollutant emission unit of industrial solid waste incineration

以焚烧方式集中处置一般工业固体废物的排污单位。

3.5 危险废物焚烧排污单位 pollutant emission unit of hazardous waste incineration

以焚烧方式集中处置危险废物使之分解并无害化的排污单位。

3.6 医疗废物焚烧排污单位 pollutant emission unit of medical waste incineration

以焚烧方式集中处置医疗废物使之分解并无害化的排污单位。

3.7 自建固体废物焚烧设施 self-built solid waste incineration facility

除 3.2～3.6 中排污单位以外的排污单位自建的，执行或参照执行 GB 18484 或 GB 18485 的固体废物焚烧炉。

3.8 直接排放 direct discharge

排污单位直接向环境水体排放水污染物的行为。

3.9 间接排放 indirect discharge

排污单位向污水集中处理设施排放水污染物的行为。

3.10 雨水排放口 rainwater outlet

直接或通过沟、渠或者管道等设施向厂界外专门排放天然降水的排放口。

4 自行监测的一般要求

排污单位应查清本单位的污染源、污染物指标及潜在的环境影响，制定监测方案，设置和维护监测设施，按照监测方案开展自行监测，做好质量保证和质量控制，记录和保存监测数据，依法向社会公开监测结果。

5 监测方案制定

5.1 废水排放监测

5.1.1 监测点位

固体废物焚烧排污单位均应在废水总排放口和雨水排放口设置监测点位，生活污水单独排入水体的应在生活污水排放口设置监测点位。排放 GB 8978 中第一类污染物的，还应在相应车间或车间处理设施排放口设置监测点位。

5.1.2 监测指标及监测频次

排污单位废水排放监测点位、监测指标及最低监测频次按照表 1 执行。

表 1 废水排放监测点位、监测指标及最低监测频次

排污单位类型	监测点位	监测指标	监测频次	
			直接排放	间接排放
生活垃圾焚烧排污单位	废水总排放口	流量、pH 值、化学需氧量、氨氮、悬浮物、总磷、总氮、五日生化需氧量、粪大肠菌群数	月	季度
	渗滤液处理系统废水排放口	总汞、总砷、总镉、总铅、总铬、六价铬	月	季度
危险废物焚烧排污单位（不含危险废物填埋场）	废水总排放口	流量、pH 值、化学需氧量、氨氮、悬浮物、总磷、总氮、五日生化需氧量、粪大肠菌群数	月	季度
	车间或车间处理设施排放口	废水中含有的 GB 8978 中的第一类污染物[a]	月	季度
危险废物焚烧排污单位（含危险废物填埋场）	废水总排放口	流量、pH 值、化学需氧量、氨氮、悬浮物、总磷、总氮、五日生化需氧量、总有机碳、总铜、总锌、总钡、氰化物、氟化物	月	
	渗滤液调节池废水排放口	总汞、烷基汞、总砷、总镉、总铬、六价铬、总铅、总铍、总镍、总银、苯并[a]芘	月	

排污单位类型	监测点位	监测指标	监测频次	
			直接排放	间接排放
医疗废物焚烧排污单位	废水总排放口	流量	自动监测	
		pH 值、总余氯[b]	2 次/日	
		化学需氧量、悬浮物	周	
		粪大肠菌群数	月	
		五日生化需氧量、氨氮、其他污染物[c]	季度	
	生活污水排放口	pH 值、流量、化学需氧量、氨氮、总磷、五日生化需氧量	季度	—
	雨水排放口	化学需氧量、氨氮、悬浮物	月[d]	

注 1：设区的市级以上生态环境部门明确要求安装自动监测设备的污染物指标，应采取自动监测。

注 2：生活污水处理设施产生的污泥焚烧排污单位、一般工业固体废物焚烧排污单位等执行或参照执行 GB 18485 的排污单位按照生活垃圾焚烧排污单位监测要求执行；执行或参照执行 GB 18484 的排污单位按照危险废物焚烧排污单位监测要求执行；执行或参照执行 GB 39707 的排污单位按照医疗废物焚烧排污单位监测要求执行。

[a] 根据生产单元工艺类型确定对应车间或车间处理设施排放口的污染物监测指标。

[b] 适用于采用含氯消毒剂消毒工艺的（采用间歇式消毒处理的，每次排放前监测）。

[c] 排污单位根据实际情况，参照 GB 18466 确定其他污染物监测指标。

[d] 雨水排放口有流动水排放时按月监测。若监测一年无异常情况，可放宽至每季度开展一次监测。

5.2 废气排放监测

5.2.1 监测点位

排污单位有组织废气排放监测点位、监测指标及最低监测频次按照表 2 执行。

表 2 有组织废气排放监测点位、监测指标及最低监测频次

排污单位类型	监测点位	监测指标	监测频次
生活垃圾焚烧排污单位	焚烧炉	炉膛内焚烧温度	自动监测
	焚烧炉排气筒	颗粒物、氮氧化物、二氧化硫、氯化氢、一氧化碳	自动监测
		二噁英类	年[a]
		汞及其化合物，镉、铊及其化合物，锑、砷、铅、铬、钴、铜、锰、镍及其化合物	月

排污单位类型	监测点位	监测指标	监测频次
生活垃圾焚烧排污单位	贮存预处理车间排气筒	颗粒物、硫化氢、氨、臭气浓度	季度
	脱酸中和剂储仓排气筒	颗粒物	年
	水泥仓排气筒		年
	活性炭原料仓排气筒		年
	飞灰贮存库排气筒		季度
	飞灰固化稳定车间排气筒		月
	渗滤液处理站排气筒	硫化氢、氨、臭气浓度	季度
危险废物焚烧排污单位	焚烧炉二燃室烟气二次燃烧段前后	焚烧炉温度	自动监测
	焚烧炉排气筒	颗粒物、氮氧化物、二氧化硫、氯化氢、一氧化碳	自动监测
		氟化氢	半年
		二噁英类	半年 [a]
		汞及其化合物，铊及其化合物，镉及其化合物，铅及其化合物，砷及其化合物，铬及其化合物，锡、锑、铜、锰、镍、钴 [b] 及其化合物	月
	危废贮存库排气筒	挥发性有机物 [c]、颗粒物、氯化氢、氟化物、氨、硫化氢、其他特征污染物 [d]	季度
	配伍料坑（进料斗）排气筒		季度
	脱酸中和剂储仓排气筒	颗粒物	年
	水泥仓排气筒		年
	活性炭原料仓排气筒		年
	飞灰、焚烧残渣贮存库排气筒		季度
	飞灰固化稳定车间排气筒		月
	废水处理设施排气筒	硫化氢、氨	季度
	其他生产单元排气筒	特征污染物 [d]	半年

注1：废气监测应按照相应监测分析方法、技术规范同步监测废气参数。

注2：设区的市级以上生态环境部门明确要求安装自动监测设备的污染物指标，应采取自动监测。

注3：生活污水处理设施产生的污泥焚烧排污单位、一般工业固体废物焚烧排污单位等执行或参照执行 GB 18485 的排污单位或焚烧设施按照生活垃圾焚烧排污单位监测要求执行；执行或参照执行 GB 18484 或 GB 39707 的排污单位或焚烧设施按照危险废物焚烧排污单位监测要求执行。

[a] 如出现超标，则加密至每季度监测一次，连续 4 个季度稳定达标后，生活垃圾焚烧排污单位可恢复每年监测一次，危险废物焚烧排污单位可恢复每半年监测一次。

[b] 仅执行 GB 18484 的排污单位开展监测。

[c] 本标准暂用非甲烷总烃作为挥发性有机物排放的综合控制指标，待相关标准发布后，从其规定。

[d] 根据排污许可证、环境影响评价文件及其批复等相关生态环境管理规定及危险废物特性，从 GB 14554、GB 16297 等相关排放标准中筛选具体监测指标。

5.2.2 无组织废气排放监测

排污单位无组织废气排放监测点位、监测指标及最低监测频次按照表 3 执行。

表 3 无组织废气排放监测点位、监测指标及最低监测频次

排污单位类型	监测点位	监测指标	监测频次
生活垃圾焚烧排污单位	厂界	硫化氢、氨、臭气浓度、颗粒物、挥发性有机物 [a]、其他特征污染物 [b]	季度
危险废物焚烧排污单位	厂界	硫化氢、氨、颗粒物、氯化氢、氟化物、挥发性有机物 [a]、铬酸雾 [c]、硫酸雾 [c]、其他特征污染物 [b]	季度

注 1：无组织废气排放监测应同步监测气象参数。

注 2：生活污水处理设施产生的污泥焚烧排污单位、一般工业固体废物焚烧排污单位等执行或参照执行 GB 18485 的排污单位按照生活垃圾焚烧排污单位监测要求执行；执行或参照执行 GB 18484 或 GB 39707 的排污单位按照危险废物焚烧排污单位监测要求执行。

[a] 本标准暂用非甲烷总烃作为挥发性有机物排放的综合控制指标，待相关标准发布后，从其规定；相关标准或规定发布前生活垃圾焚烧排污单位选测。

[b] 根据排污许可证、环境影响评价文件及其批复等相关生态环境管理规定及危险废物特性，从 GB 14554、GB 16297 等相关排放标准中筛选具体监测指标。

[c] 根据排污许可证、环境影响评价文件及其批复以及生产工艺等，确定是否监测该污染物项目。

5.3 固体废物监测

固体废物焚烧排污单位飞灰自行监测要求按照 HJ 1134 执行，其他固体废物监测点位、监测指标及最低监测频次按照表 4 执行。

表 4 固体废物监测点位、监测指标及最低监测频次

监测点位	监测指标	监测频次
焚烧炉渣/焚烧残渣	热灼减率 [a]	周

注：[a] 应按焚烧炉分别开展监测。

5.4 厂界环境噪声监测

5.4.1 厂界环境噪声监测点位设置应遵循 HJ 819 中的原则,主要考虑风机、水泵、破碎机、锅炉排汽、空气压缩机、出渣机、真空泵、曝气设备等噪声源在厂区内的分布情况和周边环境敏感点的位置。

5.4.2 厂界环境噪声每季度至少开展一次昼、夜间噪声监测,监测指标为等效连续 A 声级,夜间有频发、偶发噪声影响时同时测量频发、偶发最大声级。夜间不生产的可不开展夜间噪声监测,周边有敏感点的,应提高监测频次。

5.5 周边环境质量影响监测

5.5.1 法律法规等有明确要求的,按要求开展周边环境质量影响监测。

5.5.2 无明确要求的,若排污单位认为有必要的,可对周边水、土壤、环境空气质量开展监测。对于废水直接排入地表水、海水的排污单位,可按照 HJ 2.3、HJ/T 91、HJ 442.8 及受纳水体环境管理要求设置监测断面和监测点位;开展环境空气、土壤、地下水监测的排污单位,可按照 HJ 2.2、HJ 194、HJ 664、HJ 964、HJ/T 166、HJ 610、HJ 164 中相关规定设置环境空气、土壤、地下水监测点位,监测指标及最低监测频次参照表 5 执行。

表 5 周边环境质量影响监测指标及最低监测频次

目标环境	监测指标	监测频次	备注
环境空气	氨、硫化氢、臭气浓度、二噁英类、其他特征污染物 [a]	年	适用于所有排污单位
地表水	pH 值、悬浮物、化学需氧量、五日生化需氧量、总磷、溶解氧、氨氮、氯化物、氟化物、硫酸盐、石油类、铜、铅、锌、砷、铬、镉、汞、镍、粪大肠菌群等	年	适用于废水直接排入地表水的排污单位
海水	pH 值、化学需氧量、五日生化需氧量、溶解氧、活性磷酸盐、无机氮、动植物油等	年	适用于废水直接排入海水的排污单位

目标环境		监测指标	监测频次	备注
地下水		pH 值、总硬度、溶解性总固体、高锰酸盐指数、氨氮、硝酸盐、亚硝酸盐、硫酸盐、氯化物、挥发性酚类、氰化物、砷、汞、六价铬、铅、氟、镉、铁、锰、铜、锌、粪大肠菌群、其他特征污染物[a]	年[b]	适用于生活垃圾焚烧排污单位
		浑浊度、pH 值、溶解性总固体、氯化物、硝酸盐、亚硝酸盐、其他特征污染物[a]	年[b]	适用于危险废物焚烧排污单位
土壤	建设用地	镉、汞、砷、铅、六价铬、铜、镍、二噁英类、其他特征污染物[a]	年	适用于所有排污单位
	农用地	pH 值、镉、汞、砷、铅、铬、铜、镍、锌、二噁英类、其他特征污染物[a]	年	适用于所有排污单位

注1：监测应按照相应监测分析方法、技术规范同步监测相关参数。
注2：根据企业生产工艺过程，结合 GB 3095、GB 15618、GB 36600、GB/T 14848 和 HJ 2.2，筛选确定具体监测指标。

[a] 根据排放标准及处置固体废物种类等实际生产情况，结合 GB 3095、HJ 2.2、GB 15618 和 GB 36600，筛选确定具体监测指标。

[b] 设置填埋场的排污单位，地下水监测频次分别按照 GB 16889、GB 18598 执行。

5.6 其他要求

5.6.1 除表 1～表 4 中的污染物指标外，5.6.1.1 和 5.6.1.2 中的污染物指标也应纳入监测指标范围，并参照表 1～表 4 和 HJ 819 确定监测频次。

5.6.1.1 排污许可证、所执行的污染物排放（控制）标准、环境影响评价文件及其批复［仅限 2015 年 1 月 1 日（含）后取得环境影响评价批复的排污单位］、相关生态环境管理规定明确要求的污染物指标。

5.6.1.2 排污单位根据生产过程的原辅用料、生产工艺、中间及最终产品类型、监测结果确定实际排放的，在有毒有害物或优先控制污染物相关名录中的污染物指标，或其他有毒污染物指标。

5.6.2 各指标的监测频次在满足本标准的基础上，可根据 HJ 819 中监测频次的确定原则提高监测频次。

5.6.3 重点排污单位依法依规应当按照本标准要求安装使用自动监测设备,非重点排污单位不作强制性要求,相应点位、指标的监测频次参照本标准确定。

5.6.4 采样方法、监测分析方法、监测质量保证与质量控制等按照 HJ 819 执行。

5.6.5 监测方案的描述、变更按照 HJ 819 执行。

5.6.6 监测人员安全防护按照相关标准和规定执行。

6 信息记录和报告

6.1 信息记录

6.1.1 监测信息记录

手工监测记录和自动监测运维记录按照 HJ 819 执行。排污单位对自动监测数据的真实性、准确性负责,发现数据传输异常应当及时报告,并参照自动监测数据异常标记规则执行。

6.1.2 生产和污染治理设施运行状况信息记录

6.1.2.1 一般规定

排污单位应详细记录生产及污染治理设施运行状况,日常生产中应参照 6.1.2.2~6.1.2.4 记录相关信息,并整理成台账保存备查。

6.1.2.2 生产运行状况记录

按日(或班次)记录各主要生产单元每项生产设施的运行状态、生产负荷、主要产品产量、燃料信息(包括名称、处理或消耗量、成分分析)等内容。

6.1.2.3 废水处理设施运行状况记录

按日(或班次)记录废水处理量、回用量、排放量、污泥产生量(记录含水率)、废水处理使用的药剂名称及用量、用电量等;记录废水处理设施运行、故障及维护情况等。

6.1.2.4 废气处理设施运行状况记录

按日(或班次)记录废气处理使用的吸附剂、碱吸收液、过滤材料等耗材名称及用量；记录废气处理设施运行参数、故障及维护情况等。

6.1.3 一般工业固体废物和危险废物记录

记录一般工业固体废物和危险废物产生、贮存、转移、利用和处置情况，并通过全国固体废物管理信息系统进行填报。原料或辅助工序中产生的其他危险废物的情况也应记录。危险废物按照《国家危险废物名录》或国家规定的危险废物鉴别标准和鉴别方法认定。

6.2 信息报告、应急报告和信息公开

按照 HJ 819 执行。

7 其他

排污单位应如实记录手工监测期间的工况（包括生产负荷、污染治理设施运行情况等），确保监测数据具有代表性。自动监测期间的工况标记，按照本行业工况标记规则执行。

本标准未规定的内容，按照 HJ 819 执行。

附录 3

自行监测质量控制相关模板和样表

附录 3-1　检测工作程序（样式）

1　目的

对监测任务的下达、监测方案的制定、采样器皿和试剂的准备，样品采集和现场监测，实验室内样品分析，以及测试原始积累的填写等各个环节实施有效的质量控制，保证监测结果的代表性、准确性。

2　适用范围

适用于本单位实施的监测工作。

3　职责

3.1　×××负责下达监测任务。

3.2　×××负责根据监测目的、排放标准、相关技术规范和管理要求制定监测方案（某些企业的监测方案是环境部门发放许可证时已经完成技术审查的，在一定时间段内执行即可，不必每一次监测任务均制定监测方案）。

3.3　×××负责实施需现场监测的项目，×××采集样品并记录采集样品的时间、地点、状态等参数，并做好样品的标识，×××负责样品流转过程中的质量控制，负责将样品移交给样品接收人员。

3.4　×××负责接收送检样品，在接收送检样品时，对样品的完整性和对应检测要求的适宜性进行验收，并将样品分发到相应分析任务承担人员（如果没有集中接样后再由接样人员分发样品到分析人员的制度设计，这一步骤可以省略）。

3.5 ×××负责本人所承担项目样品的接收、保管和分析。

4 工作程序

4.1 方案制定

×××负责根据监测目的、排放标准、相关技术规范和环境管理要求，制定监测方案，明确监测内容、频次，各任务执行人，使用的监测方法，采用的监测仪器，以及采取的质控措施。经×××审核、×××批准后，实施该监测方案。

4.2 现场监测和样品采集

×××采样人员根据监测方案要求，按国家有关的标准、规范到现场进行现场监测和样品采集，记录现场监测结果相关的信息，以及生产工况。样品采集后，按规定建立样品的唯一标识，填写采样过程质保单和采样记录。必要时，受检部门有关人员应在采样原始记录上签字认可。

4.3 样品的流转

采样人员送检样品时，由接样人员认真检查样品表观、编号、采样量等信息是否与采样记录相符合，确认样品量是否能满足检测项目要求。采样人员和接样人员双方签字认可（如果没有集中接样后再由接样人员分发样品到分析人员的制度设计，这一步骤可以省略）。

分析人员在接收样品时，应认真查看和验收样品表观、编号、采样量等信息是否与采样记录相符合，并核实样品交接记录。分析人员确认无误后在样品交接单上签字。

4.4 样品的管理

样品应妥善存放在专用且适宜的样品保存场所，分析人员应准确标识样品所处的实验状态，用"待测""在测"和"测毕"标签加以区别。

分析人员在分析前如发现样品异常或对样品有任何疑问时，应立即查找原因，待符合分析要求后，再进行分析。

对要求在特定环境下保存的样品，分析人员应严格控制环境条件，按要求保存，保证样品在存放过程中不变质、不损坏。若发现样品在保存过程中出现异常情况，应及时向质量负责人汇报，查明原因并及时采取措施。

4.5 样品的分析

分析人员按监测任务分工安排，严格按照方案中规定的方法标准/规范分析样品，及时填写分析原始记录、测试环境监控记录、仪器使用记录等相关记录并签字。

4.6 样品的处置

除特殊情况需留存的样品外，检测后的余样应送污水处理站进行处理。

5 相关程序文件

《异常情况处理程序》

6 相关记录表格

《废水采样原始记录表》

《废气监测原始记录表》

《内部样品交接单》

《样品留存记录表》

《pH 分析原始记录表》

《颗粒物监测原始记录》

《烟气黑度测试记录表》

《现场监测质控审核记录》

《废水流量监测记录（流速仪法）》

附录 3-2 ××××（单位名称）废（污）水采样原始记录表

（检）字【　　　】第　　　号　　　　　　　　　　　　　　　第　　页，共　　页

采样时间	排污口编号	样品编号	水温/℃	pH	流量		监测项目	废（污）水表观描述	废（污）水主要来源	排放规律（以流速变化判断）
					(m³/h)	(m³/d)				
时　分										
时　分										
时　分										1. 连续稳定；
时　分										2. 连续不稳定；
时　分										3. 间断稳定；
时　分										4. 间断不稳定
时　分										
时　分										
时　分										

治理设施运行情况	治理设施类型及名称					新鲜用水量/（m³/d）	
	处理量/（m³/d）	设计	建设日期		COD_Cr 设计去除率	回用水量/（m³/d）	
		实际	处理规律		氨氮设计去除率	生产负荷	
	主要原料			主要产品			

备注	表观描述应包括颜色、气味、悬浮物含量情况等信息。回用水量不含设施循环水部分

检测人员：　　　　　校对：　　　　　审核：　　　　　检测日期：　　年　　月　　日

附录 3-3 ××××（单位名称）内部样品交接单

（检）字【 　　　 】第 　　 号　　　　　　　　　　　　第　　页，共　　页

送样人		采样时间		接样人		接样时间	
样品名称及编号	样品类型	样品表观	样品数量	监测项目		质保措施	分析人员签字
备注	平行样品分析项目及编号：						
	加标样品分析项目及编号：						

填写人员：　　　　　校对：　　　　　审核：　　　　　日期：　年　　月　　日

附录 3-4　重量法分析原始记录表

×环（监）【　　　】第　　　　号　　　　　　　　　　　　　第　　页，共　　页

分析项目		仪器名称型号		方法名称		送样日期		环境条件	室温/℃	
		仪器编号		方法依据		分析日期			湿度/%	
烘干/灼烧温度/℃				烘干/灼烧时间/h			恒重温度/℃		恒重时间/h	
样品名称及编号	器皿编号	取样量（　）	初重/g			终重/g			样重/g	计算结果（　）	报出结果（　）	备注
			W_1	W_2	$W_均$	W_1	W_2	$W_均$	ΔW			

分析：　　　　　校对：　　　　　　　审核：　　　　　报告日期：　　年　　月　　日

附录 3-5　原子吸收分光光度法原始记录表

×环（检）字【　　　】第　　　　号　　　　　　　　　第　　页，共　　页

测定项目		方法名称		送样日期		环境条件	温度/℃	
仪器名称、型号		方法依据		分析日期			湿度/%	
仪器编号		波长/nm		狭缝/nm		灯电流/mA	火焰条件	
标准曲线	浓度系列/（mg/L）							
	吸光度（A_i）							
	$A_i - A_{0\,均值}$	$A_{0\,均值} =$						
	回归方程	$r =$	$a =$	$b =$			$y = bx + a$	
样品前处理								

样品名称及编号	稀释方法	取样体积/mL	查曲线值/（mg/L）	计算结果/（mg/L）	报出结果/（mg/L）	备注

分析：　　　　　校对：　　　　审核：　　　　　报告日期：　　年　　月　　日

附录 3-6　容量法原始记录表

（检）字【　　　】第　　　号　　　　　　　　　　　　第　页，共　页

分析项目		接样时间		分析时间	
分析方法			方法依据		
标液名称	标液浓度			滴定管规格及编号	

样品前处理情况：

样品名称及编号	稀释方法	取样量/mL	消耗标准溶液体积/mL	计算结果/（mg/L）	报出结果/（mg/L）	备注

分析：　　　　　校对：　　　　审核：　　　　　报告日期：　　年　　月　　日

附录 3-7　pH 分析原始记录表

（检）字【　　　】第　　　　号　　　　　　　　　　　　第　　页，共　　页

采样日期				分析日期		
分析方法				仪器名称型号		
方法依据				仪器编号		
标准缓冲溶液温度/℃		标准缓冲溶液定位值Ⅰ		标准缓冲溶液定位值Ⅱ		标准缓冲溶液定位值Ⅲ
样品名称及编号		水温/℃		pH		备注

分析：　　　　　　校对：　　　　　审核：　　　　　　报告日期：　　年　　月　　日

附录 3-8 标准溶液配制及标定记录表

环（检）字【 　　 】第 　　 号 　　　　　　　　　　　第 　 页，共 　 页

<table>
<tr><td rowspan="8">基准
试剂
恒重</td><td colspan="2">基准试剂</td><td colspan="2"></td><td colspan="2">恒重日期</td><td>年</td><td>月</td><td>日</td></tr>
<tr><td colspan="2">烘箱名称型号</td><td colspan="2"></td><td colspan="2">烘箱编号</td><td colspan="3"></td></tr>
<tr><td colspan="2">天平名称型号</td><td colspan="2"></td><td colspan="2">天平编号</td><td colspan="3"></td></tr>
<tr><td colspan="2">干燥次数</td><td colspan="2">第一次</td><td colspan="2">第二次</td><td colspan="2">第三次</td><td>第四次</td></tr>
<tr><td colspan="2">干燥温度/℃</td><td colspan="2"></td><td colspan="2"></td><td colspan="2"></td><td></td></tr>
<tr><td colspan="2">干燥时间/h</td><td colspan="2"></td><td colspan="2"></td><td colspan="2"></td><td></td></tr>
<tr><td colspan="2">总量/g</td><td colspan="2"></td><td colspan="2"></td><td colspan="2"></td><td></td></tr>
<tr><td colspan="2"></td><td colspan="2"></td><td colspan="2"></td><td colspan="2"></td><td></td></tr>
</table>

<table>
<tr><td rowspan="7">基准
溶液
配制</td><td colspan="2">基准试剂</td><td colspan="2"></td><td colspan="2">配制日期</td><td>年</td><td>月</td><td>日</td></tr>
<tr><td colspan="2">样品编号</td><td colspan="2">$1^{\#}$</td><td colspan="2">$2^{\#}$</td><td colspan="2">$3^{\#}$</td><td>$4^{\#}$</td></tr>
<tr><td colspan="2">$W_{始}$/g</td><td colspan="2"></td><td colspan="2"></td><td colspan="2"></td><td></td></tr>
<tr><td colspan="2">$W_{末}$/g</td><td colspan="2"></td><td colspan="2"></td><td colspan="2"></td><td></td></tr>
<tr><td colspan="2">$W_{净}$/g</td><td colspan="2"></td><td colspan="2"></td><td colspan="2"></td><td></td></tr>
<tr><td colspan="2">定容体积 $V_{定}$/mL</td><td colspan="2"></td><td colspan="2"></td><td colspan="2"></td><td></td></tr>
<tr><td colspan="2">配制浓度 $C_{基}$/（mol/L）</td><td colspan="2"></td><td colspan="2"></td><td colspan="2"></td><td></td></tr>
</table>

<table>
<tr><td rowspan="7">标准
溶液
标定</td><td colspan="2">待标溶液</td><td colspan="2">滴定管规格及
编号</td><td></td><td colspan="2">标定日期</td><td colspan="2"></td></tr>
<tr><td colspan="2">标定编号</td><td>空白1</td><td>空白2</td><td>$1^{\#}$</td><td>$2^{\#}$</td><td>$3^{\#}$</td><td colspan="2">$4^{\#}$</td></tr>
<tr><td colspan="2">基准溶液体积 $V_{基}$/mL</td><td></td><td></td><td></td><td></td><td></td><td colspan="2"></td></tr>
<tr><td colspan="2">标准溶液消耗体积 $V_{标}$/mL</td><td></td><td></td><td></td><td></td><td></td><td colspan="2"></td></tr>
<tr><td colspan="2">计算浓度 $C_{标}$/（mol/L）</td><td></td><td></td><td></td><td></td><td></td><td colspan="2"></td></tr>
<tr><td colspan="2">平均浓度 $C_{标}$/（mol/L）</td><td></td><td></td><td></td><td></td><td></td><td colspan="2"></td></tr>
<tr><td colspan="2">相对偏差/%</td><td></td><td></td><td></td><td></td><td></td><td colspan="2"></td></tr>
</table>

基准溶液浓度计算：　　　　　　　　　　　标准溶液浓度计算：

$$C_{基}（mol/L）= 1\,000 \times W_{净}/M/V_{定}$$ 　　　　$$C_{标}（mol/L）= C_{基} \times V_{基}/V_{标}$$

注：M——基准试剂摩尔质量　　　　　或　　$$C_{标}（mol/L）= 1\,000 \times W_{净}/M/V_{定}$$

备注

分析：　　　　校对：　　　　审核：　　　　报告日期：　　年　　月　　日

附录 3-9 作业指导书样例
（氮氧化物化学发光法测试仪作业指导书）

1 概述

1.1 适用范围

本作业指导书适用于化学发光法测试仪测定固定源排气中氮氧化物。

1.2 方法依据

本方法依据《固定污染源排气中颗粒物测定与气态污染物采样方法》（GB/T 16157—1996）、《固定源废气监测技术规范》（HJ/T 397—2007）以及 US EPA Method 7E。

1.3 方法原理及操作概要

试样气体中的一氧化氮（NO）与臭氧（O_3）反应，变成二氧化氮（NO_2）。NO_2 变为激发态（NO_2^*）后在进入基态时会放射光，这一现象就是化学发光。

$$NO + O_3 \longrightarrow NO_2^* + O_2$$

$$NO_2^* \longrightarrow NO_2 + h\nu$$

这一反应非常快且只有 NO 参与，几乎不受其他共存气体的影响。NO 为低浓度时，发光光量与浓度成正比。

2 测试仪器

便携式氮氧化物化学发光法测试仪

3 测试步骤

3.1 接通电源开关，让测试仪预热。

3.2 设置当次测试的日期及时间。

3.3　预热结束后，将量程设置为实际使用的量程，并进行校正。

从菜单中选择"校正"。进入校正画面后，自动切换成 NO 管路（不通过 NO_x 转换器的管路）。

3.3.1　量程气体浓度设置。

1）按下 ▋▋▋ 后，设置量程气体浓度。

2）根据所使用的量程气体，变更浓度设置。

3）设置量程气体钢瓶的浓度，按下"enter"。

4）按下"back"键，决定变更内容后，返回校正画面。

3.3.2　零点校正（校正时请先执行零点校正）。

1）选择校正管路。进行零点校正的组分在校正类别中选择"zero"。

2）流入 N_2 气体后，等待稳定。

3）指示值稳定后按下 ⬇️ 。

4）按下"是"进行校正。完成零点校正。

3.3.3　量程校正。

1）首先，为了进行 NO 的量程校正，NO 以外选择"—"，只有 NO 选择 "span"。

2）校正类别中选择"span"的组分会显示窗口，用于确认校正量程和量程气体浓度。确认内容后，按下"OK"返回校正画面。

3）流入 CO 气体后，等待稳定。

4）指示值稳定后按下 ⬇️ 。

5）按下"是"进行校正。

3.4　完成所有的校正后，返回菜单画面、测量画面。

3.5　从测量画面按下每个组分的量程按钮，按组分设置测量浓度的量程。每个组分的测量值/换算值/滑动平均值/累计值量程及校正量程是通用的。变更任何一个值的量程，其他值的量程也会跟着变更。模拟输出的满刻度值也会同时变更。

3.5.1　选择想要变更的组分的量程。

3.5.2 选择想要变更的量程，按下"OK"决定。

3.6 测试过程数据记录保存

3.6.1 将有足够剩余空间且未 LOCK 的 SD 卡插入分析仪正面的 SD 卡插槽中。

3.6.2 从菜单 2/5 中选择"数据记录"。

3.6.3 选择"记录间隔"。

3.6.4 按下前进、后退键选择记录间隔，再按下"OK"。

3.6.5 选择保存文件夹。

3.6.6 选择保存文件夹后，按下 。

3.6.7 确认开始记录时，按下"是"开始。

　　如果开始记录，记录状态就会从记录停止中变为记录中，同时 MEM LED 会亮黄灯。

3.6.8 停止记录时，请再次按下。确认停止记录时，按下"是"停止记录。

3.6.9 记录状态会再次从记录中变为记录停止中，同时 MEM LED 会熄灭。

4 测试结束

4.1 通过采样探头等吸入大气至读数降回零点附近。

4.2 从菜单中选择测量结束。

4.3 按下"是"结束处理。

4.4 完成测量结束处理，显示关闭电源的信息后，请关闭电源开关。

附录 4

自行监测相关标准规范

附录 4-1　污染物排放标准

标准类型	序号	排放标准名称及编号
废气	1	《生活垃圾焚烧污染控制标准》（GB 18485—2014）及其修改单
	2	《危险废物焚烧污染控制标准》（GB 18484—2020）
	3	《医疗废物处理处置污染控制标准》（GB 39707—2020）
	4	《恶臭污染物排放标准》（GB 14554—93）
	5	《大气污染物综合排放标准》（GB 16297—1996）
废水	1	《生活垃圾填埋场污染控制标准》（GB 16889—2008）
	2	《危险废物填埋污染控制标准》（GB 18598—2019）
	3	《医疗机构水污染物排放标准》（GB 18466—2005）
	4	《污水综合排放标准》（GB 8978—1996）

注：标准统计截至 2022 年 3 月

附录 4-2　相关监测技术规范标准

分类	标准号	标准名称
废气监测技术规范类	HJ 75—2017	《固定污染源烟气（SO_2、NO_x、颗粒物）排放连续监测技术规范》
	HJ 76—2017	《固定污染源烟气（SO_2、NO_x、颗粒物）排放连续监测系统技术要求及检测方法》
	HJ/T 397—2007	《固定源废气监测技术规范》
	HJ/T 55—2000	《大气污染物无组织排放监测技术导则》
	GB/T 16157—1996	《固定污染源排气中颗粒物测定与气态污染物采样方法》
	HJ 905—2017	《恶臭污染环境监测技术规范》

分类	标准号	标准名称
废水监测技术规范类	HJ 91.1—2019	《污水监测技术规范》
	HJ 91.2—2022	《地表水环境质量监测技术规范》
	HJ/T 92—2002	《水污染物排放总量监测技术规范》
	HJ 493—2009	《水质　样品的保存和管理技术规定》
	HJ 494—2009	《水质　采样技术指导》
	HJ 495—2009	《水质　采样方案设计技术规定》
噪声监测技术规范类	GB 12348—2008	《工业企业厂界环境噪声排放标准》
	HJ 706—2014	《环境噪声监测技术规范噪声测量值修正》
其他技术规范类	HJ/T 166—2004	《土壤环境监测技术规范》
	HJ 164—2020	《地下水环境监测技术规范》
	HJ/T 194—2017	《环境空气质量手工监测技术规范》
	HJ 442.8—2020	《近岸海域环境监测技术规范　第八部分　直排海污染源及对近岸海域水环境影响监测》
	GB 3838—2002	《地表水环境质量标准》
	GB 3097—1997	《海水水质标准》
	GB/T 14848—2017	《地下水质量标准》
	GB 15618—2018	《土壤环境质量　农用地土壤污染风险管控标准（试行）》
	GB 36600—2018	《土壤环境质量　建设用地土壤污染风险管控标准（试行）》
	HJ 2.1—2016	《环境影响评价技术导则　总纲》
	HJ 2.3—2018	《环境影响评价技术导则　地表水环境》
	HJ 610—2016	《环境影响评价技术导则　地下水环境》
	HJ 819—2017	《排污单位自行监测技术指南　总则》
	HJ 820—2017	《排污单位自行监测技术指南　火力发电及锅炉》
	HJ 1033—2019	《排污许可证申请与核发技术规范　工业固体废物和危险废物治理》
	HJ 1038—2019	《排污许可证申请与核发技术规范　危险废物焚烧》
	HJ 1039—2019	《排污许可证申请与核发技术规范　生活垃圾焚烧》
	HJ 1134—2020	《生活垃圾焚烧飞灰污染控制技术规范（试行）》
	HJ/T 373—2007	《固定污染源监测质量保证与质量控制技术规范（试行）》

注：标准统计截至 2022 年 3 月

附录 4-3　废气污染物相关监测方法标准

序号	监测项目	分析方法名称及编号
1	二氧化硫	《固定污染源废气　二氧化硫的测定　便携式紫外吸收法》（HJ 1131—2020）
2	二氧化硫	《固定污染源废气　二氧化硫的测定　定电位电解法》（HJ 57—2017）
3	二氧化硫	《固定污染源废气　二氧化硫的测定　非分散红外吸收法》（HJ 629—2011）
4	二氧化硫	《固定污染源排气中二氧化硫的测定　碘量法》（HJ/T 56—2000）
5	氮氧化物	《固定污染源废气　氮氧化物的测定　便携式紫外吸收法》（HJ 1132—2020）
6	氮氧化物	《固定污染源废气　氮氧化物的测定　非分散红外吸收法》（HJ 692—2014）
7	氮氧化物	《固定污染源废气　氮氧化物的测定　定电位电解法》（HJ 693—2014）
8	氮氧化物	《固定污染源排气　氮氧化物的测定　酸碱滴定法》（HJ 675—2013）
9	氮氧化物	《固定污染源排气　氮氧化物的测定　紫外分光光度法》（HJ/T 42—1999）
10	氮氧化物	《固定污染源排气中氮氧化物的测定　盐酸萘乙二胺分光光度法》（HJ/T 43—1999）
11	颗粒物	《固定污染源废气　低浓度颗粒物的测定　重量法》（HJ 836—2017）
12	颗粒物	《固定污染源排气中颗粒物测定与气态污染物采样方法》（GB/T 16157—1996）
13	颗粒物	《环境空气　总悬浮颗粒物的测定　重量法》（GB/T 15432—1995）
14	颗粒物	《锅炉烟尘测试方法》（GB 5468—1991）
15	氟化物	《大气固定污染源　氟化物的测定　离子选择电极法》（HJ/T 67-2001）
16	氟化氢	《固定污染源废气　氟化氢的测定　离子色谱法（暂行）》（HJ 688—2013）
17	氟化氢	《大气固定污染源　氟化物的测定　离子选择电极法》（HJ/T 67—2001）
18	汞及其化合物	《固定污染源废气　汞的测定　冷原子吸收分光光度法（暂行）》（HJ 543—2009）
19	重金属（除汞）	《空气和废气　颗粒物中金属元素的测定　电感耦合等离子体发射光谱法》（HJ 777—2015）
20	重金属（除汞）	《空气和废气　颗粒物中铅等金属元素的测定　电感耦合等离子体质谱法》（HJ 657—2013）
21	镍	《大气固定污染源　镍的测定　火焰原子吸收分光光度法》（HJ/T 63.1—2001）
22	镍	《大气固定污染源　镍的测定　原子吸收分光光度法》（HJ/T 63.2—2001）
23	镍	《大气固定污染源　镍的测定　丁二酮肟-正丁醇萃取分光光度法》（HJ/T 63.3—2001）
24	镉	《大气固定污染源　镉的测定　火焰原子吸收分光光度法》（HJ/T 64.1—2001）
25	镉	《大气固定污染源　镉的测定　石墨炉原子吸收分光光度法》（HJ/T 64.2—2001）
26	镉	《大气固定污染源　镉的测定　对-偶氮苯重氮氨基偶氮苯磺酸分光光度法》（HJ/T 64.3—2001）

序号	监测项目	分析方法名称及编号
27	铅	《固定污染源废气 铅的测定 火焰原子吸收分光光度法》（HJ 538—2009）
28	铅	《固定污染源废气 铅的测定 石墨炉原子吸收分光光度法》（HJ 539—2015）
29	锡	《大气固定污染源 锡的测定 石墨炉原子吸收分光光度法》（HJ/T 65—2001）
30	砷	《固定污染源废气 砷的测定 二乙基二硫代氨基甲酸银分光光度法》（HJ 540—2016）
31	二噁英类	《环境空气和废气 二噁英类的测定 同位素稀释高分辨气相色谱-高分辨质谱法》（HJ 77.2—2008）
32	二噁英类	《环境二噁英类监测技术规范》（HJ 916—2017）
33	非甲烷总烃	《固定污染源废气总烃、甲烷和非甲烷总烃的测定 气相色谱法》（HJ 38—2017）
34	非甲烷总烃	《环境空气总烃、甲烷和非甲烷总烃的测定 直接进样-气相色谱法》（HJ 604—2017）
35	氨	《环境空气 氨、甲胺、二甲胺和三甲胺的测定 离子色谱法》（HJ 1076—2019）
36	氨	《环境空气 氨的测定 次氯酸钠-水杨酸分光光度法》（HJ 534—2009）
37	氨	《环境空气和废气 氨的测定 纳氏试剂分光光度法》（HJ 533—2009）
38	氨	《空气质量 氨的测定 离子选择电极法》（GB/T 14669—93）
39	硫化氢	《固定污染源排气中颗粒物测定与气态污染物采样方法》（GB/T 16157—1996）
40	硫化氢	《空气质量 硫化氢、甲硫醇、甲硫醚、二甲二硫的测定 气相色谱法》（GB/T 14678—93）
41	臭气浓度	《空气质量 恶臭的测定 三点比较式臭袋法》（GB/T 14675—93）
42	一氧化碳	《固定污染源排气中一氧化碳的测定 非色散红外吸收法》（HJ/T 44—1999）
43	一氧化碳	《固定污染源废气 一氧化碳的测定 定电位电解法》（HJ 973—2018）
44	氯化氢	《固定污染源排气中氯化氢的测定 硫氰酸汞分光光度法》（HJ/T 27—1999）
45	氯化氢	《固定污染源废气 氯化氢的测定 硝酸银容量法》（HJ/T 27—1999）
46	氯化氢	《环境空气和废气 氯化氢的测定 离子色谱法》（HJ/T 27—1999）
47	铬酸雾	《二苯基碳酰二肼分光光度法》（HJ/T 29—1999）
48	硫酸雾	《铬酸钡比色法》（GB 4920—85）
49	硫酸雾	《电镀污染物排放标准》（GB 21900—2008）附录 C 铬酸钡分光光度法
50	硫酸雾	《电镀污染物排放标准》（GB 21900—2008）附录 D 离子色谱法
51	硫酸雾	《固定污染源废气 硫酸雾的测定 离子色谱法》（HJ 544—2016）
52	其他	《大气污染物综合排放标准》（GB 16297—1996）

注：标准统计截至 2022 年 3 月

附录 4-4　废水污染物相关监测方法标准

序号	监测项目	分析方法
1	pH	《水质　pH 的测定　电极法》（HJ 1147—2020）
2	pH	《水质　pH 值的测定　玻璃电极法》（GB 6920—1986）
3	pH	便携式 pH 计法《水和废水监测分析方法》（第四版）国家环保总局（2002）3.1.6.2
4	水温	《水质　水温的测定　温度计或颠倒温度计测定法》（GB 13195—91）
5	石油类	《水质　石油类和动植物油类的测定　红外分光光度法》（HJ 637—2018）
6	悬浮物	《水质　悬浮物的测定　重量法》（GB 11901—89）
7	氟化物	《水质　氟化物的测定　氟试剂分光光度法》（HJ 488—2009）
8	氟化物	《水质　氟化物的测定　茜素磺酸锆目视比色法》（HJ 487—2009）
9	氟化物	《水质　氟化物的测定　离子选择电极法》（GB 7484—87）
10	五日生化需氧量（BOD5）	《水质　五日生化需氧量（BOD5）的测定　稀释与接种法》（HJ 505—2009）
11	化学需氧量	《水质　化学需氧量的测定　重铬酸盐法》（HJ 828—2017）
12	化学需氧量	《水质　化学需氧量的测定　快速消解分光光度法》（HJ/T 399—2007）
13	化学需氧量	《高氯废水　化学需氧量的测定　碘化钾碱性高锰酸钾法》（HJ/T 132—2003）
14	化学需氧量	《高氯废水　化学需氧量的测定　氯气校正法》（HJ/T 70—2001）
15	氨氮	《水质　氨氮的测定　连续流动-水杨酸分光光度法》（HJ 665—2013）
16	氨氮	《水质　氨氮的测定　流动注射-水杨酸分光光度法》（HJ 666—2013）
17	氨氮	《水质　氨氮的测定　蒸馏-中和滴定法》（HJ 537—2009）
18	氨氮	《水质　氨氮的测定　纳氏试剂分光光度法》（HJ 535—2009）
19	氨氮	《水质　氨氮的测定　水杨酸分光光度法》（HJ 536—2009）
20	氨氮	《水质　氨氮的测定　气相分子吸收光谱法》（HJ/T 195—2005）
21	总氮	《水质　总氮的测定　连续流动-盐酸萘乙二胺分光光度法》（HJ 667—2013）
22	总氮	《水质　总氮的测定　流动注射-盐酸萘乙二胺分光光度法》（HJ 668—2013）
23	总氮	《水质　总氮的测定　碱性过硫酸钾消解紫外分光光度法》（HJ 636—2012）
24	总氮	《水质　总氮的测定　气相分子吸收光谱法》（HJ/T 199—2005）
25	总磷	《水质　磷酸盐和总磷的测定　连续流动-钼酸铵分光光度法》（HJ 670—2013）
26	总磷	《水质　总磷的测定　流动注射-钼酸铵分光光度法》（HJ 671—2013）
27	总磷	《水质　总磷的测定　钼酸铵分光光度法》（GB 11893—89）
28	总汞	《水质　汞、砷、硒、铋和锑的测定　原子荧光法》（HJ 694—2014）
29	总汞	《水质　总汞的测定　冷原子吸收分光光度法》（HJ 597—2011）
30	总汞	《水质　总汞的测定　高锰酸钾-过硫酸钾消解法双硫腙分光光度法》（GB 7469—87）

序号	监测项目	分析方法
31	总铬	《水质　铬的测定　火焰原子吸收分光光度法》（HJ 757—2015）
32	总铬	《水质　总铬的测定》（GB 7466—87）
33	六价铬	《水质　六价铬的测定　二苯碳酰二肼分光光度法》（GB 7467—87）
34	总砷	《水质　32 种元素的测定　电感耦合等离子体发射光谱法》（HJ 776—2015）
35	总砷	《水质　汞、砷、硒、铋和锑的测定　原子荧光法》（HJ 694—2014）
36	总砷	《水质　65 种元素的测定　电感耦合等离子体质谱法》（HJ 700—2014）
37	总砷	《水质　总砷的测定　二乙基二硫代氨基甲酸银分光光度法》（GB 7485—87）
38	总镉	《水质　镉的测定　双硫腙分光光度法》（GB 7471—87）
39	总镉	《水质　铜、锌、铅、镉的测定　原子吸收分光光度法》（GB 7475—87）
40	总铅	《水质　铅的测定　双硫腙分光光度法》（GB 7470—87）
41	总氰化物	《水质　氰化物的测定　容量法和分光光度法》（HJ 484—2009）
42	总氰化物	《水质　氰化物的测定　流动注射-分光光度法》（HJ 823—2017）
43	总氰化物	《水质　氰化物等的测定　真空检测管-电子比色法》（HJ 659—2013）
44	总有机碳	《水质　总有机碳的测定　燃烧氧化-非分散红外吸收法》（HJ 501—2009）
45	烷基汞	《水质　烷基汞的测定　气相色谱法》（GB/T 14204—93）
46	烷基汞	《水质　烷基汞的测定　吹扫捕集/气相色谱-冷原子荧光光谱法》（HJ 977—2018）
47	总余氯	《水质　游离氯和总氯的测定　N,N-二乙基-1,4-苯二胺滴定法》（HJ 585—2010）
48	总余氯	《水质　游离氯和总氯的测定　N,N-二乙基-1,4-苯二胺分光光度法》（HJ 586—2010）
49	粪大肠菌群数	《水质　总大肠菌群和粪大肠菌群的测定　纸片快速法》（HJ 755—2015）
50	粪大肠菌群数	《水质　粪大肠菌群的测定　滤膜法》（HJ 347.1—2018）
51	粪大肠菌群数	《水质　粪大肠菌群的测定　多管发酵法》（HJ 347.2—2018）
52	苯并[a]芘	《水质　苯并（a）芘的测定　乙酰化滤纸层析荧光分光光度法》（GB 11895—89）
53	苯并[a]芘	《水质　多环芳烃的测定　液液萃取和固相萃取高效液相色谱法》（HJ 478—2009）
54	总镍	《水质　镍的测定　火焰原子吸收分光光度法》（GB 11912—89）
55	总镍	《水质　镍的测定　丁二酮肟分光光度法》（GB 11910—89）
56	总铜	《水质　铜、锌、铅、镉的测定　原子吸收分光光度法》（GB 7475—87）
57	总铜	《水质　铜的测定　2,9-二甲基-1,10-菲啰啉分光光度法》（HJ 486—2009）
58	总铜	《水质　铜的测定　二乙基二硫代氨基甲酸钠分光光度法》（HJ 485—2009）
59	总锌	《水质　锌的测定　双硫腙分光光度法》（GB 7472—87）
60	总钡	《水质　钡的测定　石墨炉原子吸收分光光度法》（HJ 602—2011）
61	总钡	《水质　钡的测定　火焰原子吸收分光光度法》（HJ 603—2011）
62	总铍	《水质　铍的测定　石墨炉原子吸收分光光度法》（HJ/T 59—2000）
63	总银	《水质　银的测定　火焰原子吸收分光光度法》（GB 11907—87）

注：标准统计截至 2022 年 3 月

附录 4-5　危险废物相关监测方法标准

序号	分析方法名称及编号
1	《固体废物鉴别标准　通则》（GB 34330—2017）
2	《危险废物鉴别技术规范》（HJ/T 298—2019）
3	《危险废物鉴别标准　腐蚀性鉴别》（GB 5085.1—2007）
4	《危险废物鉴别标准　急性毒性初筛》（GB 5085.2—2007）
5	《危险废物鉴别标准　浸出毒性鉴别》（GB 5085.3—2007）
6	《危险废物鉴别标准　易燃性鉴别》（GB 5085.4—2007）
7	《危险废物鉴别标准　反应性鉴别》（GB 5085.5—2007）
8	《危险废物鉴别标准　毒性物质含量鉴别》（GB 5085.6—2007）
9	《危险废物鉴别标准　通则》（5085.7—2019）

注：标准统计截至 2022 年 3 月

附录 4-6　固体废物相关监测方法标准

序号	分析方法名称及编号
1	《固体废物　多氯联苯的测定　气相色谱-质谱法》（HJ 891—2017）
2	《固体废物　多环芳烃的测定　高效液相色谱法》（HJ 892—2017）
3	《固体废物　丙烯醛、丙烯腈、乙腈的测定　顶空-气相色谱法》（HJ 874—2017）
4	《固体废物　铅和镉的测定　石墨炉原子吸收分光光度法》（HJ 787—2016）
5	《固体废物　铅、锌和镉的测定　火焰原子吸收分光光度法》（HJ 786—2016）
6	《固体废物　有机物的提取　加压流体萃取法》（HJ 782—2016）
7	《固体废物　22 种金属元素的测定　电感耦合等离子体发射光谱法》（HJ 781—2016）
8	《固体废物　钡的测定　石墨炉原子吸收分光光度法》（HJ 767—2015）
9	《固体废物　金属元素的测定　电感耦合等离子体质谱法》（HJ 766—2015）
10	《固体废物　有机物的提取　微波萃取法》（HJ 765—2015）
11	《固体废物　有机质的测定　灼烧减量法》（HJ 761—2015）
12	《固体废物　挥发性有机物的测定　顶空-气相色谱法》（HJ 760—2015）
13	《固体废物　铍、镍、铜和钼的测定　石墨炉原子吸收分光光度法》（HJ 752—2015）
14	《固体废物　镍和铜的测定　火焰原子吸收分光光度法》（HJ 751—2015）
15	《固体废物　总铬的测定　石墨炉原子吸收分光光度法》（HJ 750—2015）

序号	分析方法名称及编号
16	《固体废物　总铬的测定　火焰原子吸收分光光度法》（HJ 749—2015）
17	《固体废物　挥发性卤代烃的测定　顶空/气相色谱-质谱法》（HJ 714—2014）
18	《固体废物　挥发性卤代烃的测定　吹扫捕集/气相色谱-质谱法》（HJ 713—2014）
19	《固体废物　总磷的测定　偏钼酸铵分光光度法》（HJ 712—2014）
20	《固体废物　酚类化合物的测定　气相色谱法》（HJ 711—2014）
21	《固体废物　汞、砷、硒、铋、锑的测定　微波消解/原子荧光法》（HJ 702—2014）
22	《固体废物　六价铬的测定　碱消解/火焰原子吸收分光光度法》（HJ 687—2014）
23	《固体废物　挥发性有机物的测定　顶空/气相色谱-质谱法》（HJ 643—2013）
24	《固体废物　浸出毒性浸出方法　水平振荡法》（HJ 557—2010）
25	《固体废物　二噁英类的测定　同位素稀释高分辨气相色谱-高分辨质谱法》（HJ 77.3—2008）
26	《危险废物（含医疗废物）焚烧处置设施二噁英排放监测技术规范》（HJ/T 365—2007）
27	《固体废物　浸出毒性浸出方法　醋酸缓冲溶液法》（HJ/T 300—2007）
28	《固体废物　浸出毒性浸出方法　硫酸硝酸法》（HJ/T 299—2007）
29	《固体废物　浸出毒性浸出方法　翻转法》（GB 5086.1—1997）
30	《固体废物　总铬的测定　硫酸亚铁铵滴定法》（GB/T 15555.8—1995）
31	《固体废物　六价铬的测定　硫酸亚铁铵滴定法》（GB/T 15555.7—1995）
32	《固体废物　总铬的测定　直接吸入火焰原子吸收分光光度法》（GB/T 15555.6—1995）
33	《固体废物　六价铬的测定　二苯碳酰二肼分光光度法》（GB/T 15555.4—1995）
34	《固体废物　砷的测定　二乙基二硫代氨基甲酸银分光光度法》（GB/T 15555.3—1995）
35	《固体废物　铜、锌、铅、镉的测定　原子吸收分光光度法》（GB/T 15555.2—1995）
36	《固体废物　总汞的测定　冷原子吸收分光光度法》（GB/T 15555.1—1995）
37	《固体废物　镍的测定　丁二酮肟分光光度法》（GB/T 15555.10—1995）
38	《固体废物　氟化物的测定　离子选择性电极法》（GB/T 15555.11—1995）
39	《固体废物　腐蚀性测定　玻璃电极法》（GB/T 15555.12—1995）
40	《固体废物　镍的测定　直接吸入火焰原子吸收分光光度法》（GB/T 15555.9—1995）
41	《固体废物　总铬的测定　二苯碳酰二肼分光光度法》（GB/T 15555.5—1995）

注：标准统计截至 2022 年 3 月

附录 5

自行监测方案参考模板

××××有限公司
自行监测方案

企业名称：<u>××××有限公司</u>

编制时间：<u>××××年××月</u>

一、企业概况

（一）基本情况

主要介绍排污单位的地理位置、企业规模、人员等基本信息、焚烧类型及处理能力。如：××××有限公司位于××××，公司用地面积为××m²，现有员工××名，全厂共建设两期工程：××××和××××，分别于××××年××月和××××年××月建成投产。根据《排污单位自行监测技术指南　总则》（HJ 819—2017）及《排污单位自行监测指南　固体废物焚烧》（HJ 1205—2021）要求，公司结合实际处理情况，查清本单位的污染源、污染物指标及潜在的环境影响，制定了本公司环境自行监测方案。

（二）排污及治理情况

本厂生产工艺为××××。＿＿＿＿＿＿＿＿＿＿＿＿＿

废气、废水、噪声源与治理措施描述：＿＿＿＿＿＿＿＿＿＿＿＿＿

＿＿＿＿＿＿＿＿＿＿＿＿＿＿＿＿＿＿＿＿＿＿＿＿＿＿＿。

二、企业自行监测开展情况说明

公司自行监测手段采用手工监测+自动监测相结合,开展自动监测的点位和项目有××××，其他未开展自动监测的项目均采用手工监测。

公司自动监测项目委托××××有限公司实行 24 小时运维。

手工监测项目××××，委托有 CMA 资质的××××有限公司进行委外检测。

三、监测方案

本部分是排污单位自行监测方案的核心部分，是自行监测内容的具体化、细化。按照废水、废气、噪声等不同污染类型以不同监测点位分别列出各监测指标的监测频次、监测方法、执行标准等监测要求。

（一）废气

废气自动监测参照 HJ 75、HJ 76 执行。废气手工采样方法的选择参照 GB/T 16157、HJ/T 397 执行，单次监测中，气态污染物采样，应可获得小时均值浓度。无组织排放采样方法参照 HJ/T 55 执行。

1. 有组织废气监测点位、监测项目及监测频次见表1。

表 1　有组织废气监测内容

监测点位	监测项目	监测频次	监测方式	自动监测是否联网
#1 焚烧炉（DA001）	颗粒物	自动监测	自动监测	是
	二氧化硫	自动监测	自动监测	是
	氮氧化物	自动监测	自动监测	是
	氯化氢	自动监测	自动监测	是
	一氧化碳	自动监测	自动监测	是
	汞及其化合物	月	手工监测	—
	镉、铊及其化合物	月	手工监测	—
	锑、砷、铅、铬、钴、铜、锰、镍及其化合物	月	手工监测	—
	二噁英	年	手工监测	—
#1 焚烧炉	炉膛内焚烧温度	自动监测	自动监测	是
……	……	……	……	……
渗滤液处理站废气排放口（DA005）	臭气浓度	季度	手工监测	—
	氨	季度	手工监测	—
	硫化氢	季度	手工监测	—
……	……	……	……	……

2. 有组织废气排放监测方法及依据见表2。

表2　有组织废气排放监测方法及依据

序号	监测项目	监测方法及依据	分析仪器
1	颗粒物	《固定污染源排气中颗粒物测定与气态污染物采样方法》（GB/T 16157—1996）、《固定污染源废气中低浓度颗粒物的测定　重量法》（HJ 836—2017）	智能烟尘平行采样仪电子分析天平
……	……	……	……
5	一氧化碳	《固定污染源废气　一氧化碳的测定　定电位电解法》（HJ 973—2018）	3012H 自动烟尘（气）测试仪
……	……	……	……
14	氨	《环境空气和废气　氨的测定　纳氏试剂分光光度法》（HJ533—2009）	分光光度计
15	硫化氢	《固定污染源排气中颗粒物测定与气态污染物采样方法》（GB/T 16157—1996）、《空气质量　硫化氢、甲硫醇、甲硫醚和二甲二硫的测定　气相色谱法》（GB/T 14678—1993）	气相色谱仪
……	……	……	……

3. 有组织废气排放监测结果执行标准见表3。

表3　有组织废气排放监测结果执行标准　　　　臭气浓度：无量纲

序号	生产设备	监测项目	限值	取值时间	执行标准
1		颗粒物/（mg/m³）	30	1 小时均值	
			20	24 小时均值	
2		二氧化硫/（mg/m³）	100	1 小时均值	
			80	24 小时均值	
3	#1 焚烧炉（DA001）	氮氧化物/（mg/m³）	300	1 小时均值	《生活垃圾焚烧污染控制标准》（GB 18458—2014）
			250	24 小时均值	
4		氯化氢/（mg/m³）	60	1 小时均值	
			50	24 小时均值	
5		一氧化碳/（mg/m³）	100	1 小时均值	
			80	24 小时均值	

序号	生产设备	监测项目	限值	取值时间	执行标准
6	#1 焚烧炉（DA001）	汞及其化合物/（mg/m³）	0.05	测定均值	《生活垃圾焚烧污染控制标准》（GB 18458—2014）
7		镉、铊及其化合物/（mg/m³）	0.1	测定均值	
8		锑、砷、铅、铬、钴、铜、锰、镍及其化合物/（mg/m³）	1.0	测定均值	
9		二噁英/（ngTEQ/m³）	0.1	测定均值	
10		炉膛内焚烧温度（℃）	≥850	—	
......	......	......	......	......	......
13	渗滤液处理站废气排放口（DA005）	臭气浓度	20 000	—	《恶臭污染物排放标准》（GB 14554—93）表2
14		氨/（kg/h）	35	—	
15		硫化氢/（kg/h）	2.3	—	
......	......	......	......	......	......

（二）无组织废气排放监测方案

1. 无组织废气监测项目及监测频次见表4，监测项目是在梳理有组织废气排放污染物的基础上确定的。

表4　无组织废气污染源监测内容

类型	监测点位	监测项目	监测频次	监测方式	自主/委托
无组织废气排放	厂界	颗粒物	季度	手工	自主
		硫化氢	季度	手工	自主
		臭气浓度	季度	手工	自主
		氨	季度	手工	自主
		挥发性有机物（以非甲烷总烃代）	季度	手工	委托

2. 无组织废气排放监测方法及依据见表5。

表 5　无组织废气排放监测方法及依据

序号	监测项目	监测方法及依据	分析仪器
1	臭气浓度	《空气质量　恶臭的测定　三点比较式臭袋法》（GB/T 14675—1993）	真空瓶或气袋
2	氨	《环境空气和废气　氨的测定　纳氏试剂分光光度法》（HJ 533—2009）	分光光度计
3	硫化氢	《空气质量　硫化氢、甲硫醇、甲硫醚和二甲二硫的测定　气相色谱法》（GB/T 14678—1993）	气相色谱仪
4	非甲烷总烃	《环境空气　总烃、甲烷和非甲烷总烃的测定　直接进样-气相色谱法》（HJ 604—2017）	气相色谱仪
5	颗粒物	《环境空气总悬浮颗粒物的测定　重量法》（GB/T 15432—1995）	智能烟尘平行采样仪电子分析天平

3．无组织废气排放监测结果执行标准见表 6。

表 6　无组织废气排放监测结果执行标准

单位：mg/m^3　臭气浓度：无量纲

序号	监测项目	执行标准名称	标准限值
1	臭气浓度	《恶臭污染物排放标准》（GB 14554—1993）	20
2	氨		1.5
3	硫化氢		0.06
4	非甲烷总烃	《大气污染物综合排放标准》（GB 16297—1996）	4
5	颗粒物		0.1

（三）废水监测方案

1．废水监测项目及监测频次见表 7。

表 7　废水污染源监测内容

监测点位	监测项目	监测频次	监测方式	自主/委托
废水总排放口	流量、pH、化学需氧量、氨氮、悬浮物、总磷、总氮、五日生化需氧量、粪大肠菌群数	季度	手工	自主
渗滤液处理系统废水排放口	总汞、总砷、总镉、总铅、总铬、六价铬	季度	手工	自主

2．废水污染物监测方法及依据情况见表 8。

表 8　废水污染物监测方法及依据

序号	监测项目	监测方法及依据	分析仪器
1	pH	《水质　pH 的测定　玻璃电极法》（GB/T 6920—1986）	pH 计
2	化学需氧量（COD$_{Cr}$）	《水质　化学需氧量的测定　快速消解分光光度法》（HJ/T 399—2007）、《高氯废水　化学需氧量的测定　碘化钾碱性高锰酸钾法》（HJ/T 132—2003）、《高氯废水　化学需氧量的测定　氯气校正法》（HJ/T 70—2001）、《水质　化学需氧量的测定　重铬酸盐法》（HJ 828—2017）	消解器、分光光度计哈希 CODMaxII
3	氨氮（NH$_3$-N）	《水质　氨氮的测定　纳氏试剂分光光度法》（HJ 535—2009）、《水质　氨氮的测定　水杨酸分光光度法》（HJ 536—2009）、《水质　氨氮的测定　连续流动-水杨酸分光光度法》（HJ 665—2013）	分光光度计哈希 AmtaxCompactII
4	悬浮物	《水质　悬浮物的测定　重量法》（GB 11901—89）	电子天平
5	五日生化需氧量（BOD$_5$）	《水质　五日生化需氧量（BOD$_5$）的测定　稀释与接种法》（HJ 505—2009）	溶解氧仪
6	总磷（以 P 计）	《水质　总磷的测定　流动注射-钼酸铵分光光度法》（HJ 671—2013）、《水质　磷酸盐和总磷的测定　连续流动-钼酸铵分光光度法》（HJ 670—2013）、《水质　总磷的测定　钼酸铵分光光度法》（GB 11893—89）	分光光度计
7	总氮（以 N 计）	《水质　总氮的测定　流动注射-盐酸萘乙二胺分光光度法》（HJ 668—2013）、《水质　总氮的测定　连续流动-盐酸萘乙二胺分光光度法》（HJ 667—2013）、《水质　总氮的测定　碱性过硫酸钾消解紫外分光光度法》（HJ 636—2012）、《水质　总氮的测定　气相分子吸收光谱法》（HJ/T 199—2005）	分光光度计
……	……	……	……
11	粪大肠菌群数	《水质　总大肠菌群和粪大肠菌群的测定　纸片快速法》（HJ 755—2015）	水质总大肠菌群（粪大肠菌群）快速测定纸片
12	总砷	《水质　65 种元素的测定　电感耦合等离子体质谱法》（HJ 700—2014）	iCAP RQ 电感耦合等离子体质谱仪
13	总铅		
……	……	……	……

3. 废水污染物监测结果评价标准见表 9。

表9 废水污染物排放执行标准

单位：mg/L（pH 除外）

序号	监测点位	污染物种类	执行标准	标准限值
1	废水总排放口	pH	《污水综合排放标准》（GB 14554—93）	6～9
2		化学需氧量	《生活垃圾填埋场污染控制标准》（GB 16889—2008）	60
3		氨氮		8
……		……		……
6		五日生化需氧量		20
7		悬浮物		30
…		……		……
13	渗滤液处理系统废水排放口	总砷		0.1
14		总铅		0.1
15		总镉		0.01
……	……	……	……	……

（四）厂界环境噪声监测方案

1. 厂界东、西、北侧噪声执行《工业企业厂界环境噪声排放标准》（GB 12348—2008）3 类标准，昼间 65 dB（A），夜间 55 dB（A），厂界南侧为交通干道，南侧噪声执行《工业企业厂界环境噪声排放标准》（GB 12348—2008）4 类标准，昼间 70 dB（A），夜间 55 dB（A）。厂界环境噪声监测内容见表10。

表 10 厂界环境噪声监测内容（L_{eq}） 单位：dB（A）

监测点位	监测频次	执行标准	标准限值

东侧厂界（Z1）	1 次/季	《工业企业厂界环境噪声排放标准》（GB 12348—2008）3 类	昼间：65 夜间：55
南侧厂界（Z2）			
西侧厂界（Z3）			
北侧厂界（Z4）			

2. 厂界环境噪声监测方法见表 11。

表 11　厂界环境噪声监测方法

监测项目	监测方法	分析仪器	备注
厂界环境噪声（L_{eq}）	《工业企业厂界环境噪声排放标准》（GB 12348—2008）	AWA6270+噪声统计分析仪	昼间：6：00—22：00；夜间：22：00—06：00，昼夜各测一次

（五）固体废物监测方案

固体废物监测内容见表 12。

表 12　固体废物监测内容

监测点位	监测指标	监测频次	监测方式	自主/委托
#1 焚烧炉焚烧炉渣/焚烧残渣	热灼减率	周	手工	自主
#2 焚烧炉焚烧炉渣/焚烧残渣	热灼减率	周	手工	自主

四、监测点位及示意图

本公司自行监测采用自动监测和手工监测相结合的技术手段。公司废水、废气、噪声监测点位见图 1。

图例

⬤ 地下水长期监测井，其中 1 号为上游井，2~4 号为下游井

▲ 有组织废气监测点位

⬤ 雨水排口

⬤ 污水排口

废气无组织排放监测点位根据监测时风向确定，上风向 1 个对照点，下风向 3 个监控点

图 1 厂区平面图及监测点位示意图

五、质量控制措施

主要从内部、外部对监测人员、实验室能力、监测技术规范、仪器设备、记录等质控管理提出适合本单位的质控管理措施。例如：

　　××××公司自配有环境监测中心，中心实验室依据 CNAS-CL01：2006《检测和校准实验室能力认可准则》及化学检测领域应用说明建立质量管理体系，与所从事的环境监测活动类型、范围和工作量相适应，规范环境监测人、机、物、料、环、法的管理，满足认可体系共计 25 类质量和技术要素，实现了监测数据的"五性"目标。

　　监测中心制定《质量手册》《质量保证工作制度》《质量监督（员）管理制度》《监测结果质量控制程序》《监测数据控制与管理程序》《监测报告管理程序》，并依据管理制度每年制定"年度实验室质量控制计划"，得到有效实施。

　　质控分内部和外部两种形式，外部是每年组织参加由 CNAS 及 CNAS 承认的能力验证提供者（如原环境保护部标准物质研究所）组织的能力验证、测量审核，并对结果分析和有效性评价，得出仪器设备的性能状况和人员水平的结论。

　　内部质控使用有证标样、加标回收、平行双样和空白值测试等方式，定期对结果进行统计分析，形成质量分析报告。

　　1. 人员持证上岗

　　××××环境监测中心现有监测岗位人员共计 24 名，其中管理人员 1 名，技术人员 6 名、监测人员 15 名、其他辅助人员 2 名。中心建立执行《人员培训管理程序》，对内部监测人员上岗资质执行上岗前的技术能力确认和上岗后技术能力持续评价。实行上岗证（中心发公司认可的上岗证）和国家环境保护监察员技能等级证（发证单位是人力资源和社会保障部）双证管理模式。

　　运维单位负责污染源在线监控系统运行和维护的人员均取得了"污染源在线监测设备运行维护"资格证书，分为废水和废气项目，并按照相关法规要求，定期安排运维人员进行运维知识和技能培训。每年与运维单位签订污染源在线监控系统运维委托协议，明确运行维护工作内容、职责及考核细则。

　　2. 实验室能力认定

　　×××××××有限公司监测分自行监测和委托第三方检测机构检测两种模式。

委外监测的主要指标有：废水中的总铬、六价铬；废气中的苯、甲苯、二甲苯和非甲烷总烃。

中心实验室按照国家实验室认可准则开展监测，对资质认定许可范围内的监测项目进行监测。

委外监测的××××工业技术服务有限公司也是通过国家计量认定的实验室，取得 CMA 检测资质证书，编号为 170912341506。所委托监测项目，该公司均具备监测能力，如有方法出现变更等监测能力发生变化时，该公司应及时向我单位提供最新监测能力表。

3. 监测技术规范性

×××××××环境监测中心建立执行《监测方法及方法确认程序》。自行监测遵守国家环境监测技术规范和方法，每年开展标准查新工作和编制"标准方法现行有效性核查报告"。监测项目依据的标准均为现行有效的国家标准和行业标准，不使用非标准。

4. 仪器要求

监测中心建立执行《仪器设备管理程序》《量值溯源程序》《期间核查程序》等制度用于仪器、环境监控设备的配置、使用、维护、标识、档案管理等。

中心配备了满足监测工作所需的重要仪器设备：烟尘采样仪 8 台、定电位电解法烟气分析仪（3 台）、非分散红外烟气分析仪（1 台）、常规空气采样器（16 台）、紫外/可见分光光度计 4 台、离子色谱仪 1 台、吹扫捕集-气相色谱仪（1 台）、原子吸收光谱仪（火焰、石墨炉）各 1 台、红外油分仪 3 台、pH 计 3 台，以及其他若干实验室辅助设备等，性能状况良好，都能够满足现有监测任务的要求。

所有主要仪器均单建设备档案并信息完整，均能按照量值溯源要求制定仪器设备计量检定/校准计划并实施，并在有效期内使用。中心对主要监测设备开展检定/校准结果技术确认工作，并定期实施关键参数性能期间核查，以确保仪器的技术性能处于稳定状态。

委外监测中，××××工业技术服务有限公司测量仪器有智能烟尘平行采样仪、电子分析天平、高分辨率气质谱联用仪、气相色谱/质谱联用仪，所有仪器设备也均应经过计量检定。

5. 记录要求

监测中心建立执行《记录控制程序》《检测物品管理程序》《监测数据控制与管理程序》《监测报告管理程序》。对监测记录进行全过程控制，确保所有记录客观、及时、真实、准确、清晰、完整、可溯源，为监测活动提供客观证据。

中心记录分管理和技术两大类，其中主要技术类包括原始记录、采样单、样品接收单、分析记录、仪器检定/校准、期间核查、数据审核、质量统计分析、监测报告等。

对原始记录的填写、修改方式、保存、用笔规定、记录人员（采样、检测分析、复核、审核）标识做出明确规定。

自动监测设备应保存仪器校验记录。校验记录根据××××市生态环境局在线监测科要求，按照规范进行，记录内容需完整准确，各类原始记录内容应完整，不得随意涂改，并由相关人员签字。

手动监测记录必须提供原始采样记录，采样记录的内容须准确完整，至少2人共同采样和签字，规范修改；采样必须按照《固定源废气监测技术规范》（HJ/T 397—2007）和《固定污染源监测质量保证与质量控制技术规范》（HJ/T 373—2007）中的要求进行；样品交接记录内容需完整、规范。

6. 环境管理体系

公司建立了完善的环境管理体系，2007年1月，通过了ISO 14001环境管理体系认证，每年由BSI对环境管理体系进行监督审核。

公司制定了《环保设施运行管理办法》《环境监测管理办法》等一系列的环保管理制度，明确了各部门环保管理职责和管理要求。多年来，公司按照体系化要求开展环保管理及环境监测工作，日常工作贯彻"体系工作日常化，日常工作体系化"的原则。

公司设立环境监测中心，全面负责污染治理设施、污染物排放监测，实验室通过 CNAS 认可。年初，公司制订、下发的环境监测计划，其中包括对废水、废气等污染源的监测要求，监测中心按照计划确定监测点位和监测时间，并组织环境监测采样、分析，对监测结果进行审核，为环保管理提供依据。

监测中心以 CNAS-CL-01-2006《检测和校准实验室能力认可准则》为依据，建立和运行实验室质量管理体系，建立了质量手册和程序文件等体系文件，规范环境监测人、机、物、料、环、法等一系列质量和技术要素的日常管理，强化了环境监测的质量管理。

根据 CNAS 质量管理体系要求，围绕人员、设施和环境条件、检测和校准方法及方法的确认、设备、测量溯源性、抽样、检测和校准物品的处置、检测和校准结果质量的保证、结果报告等技术要素编制的程序文件；制定了监测流程、质量保证管理制度，规范了环境监测从采样、分析到报告的流程，编制了质量控制计划及控制指标，通过平行测定、加标回收、标准物质验证、仪器期间核查等手段使用质控图对质量数据进行把关，确保监测过程可控、监测结果及时、准确。采样和样品保存方法按照每个项目相应标准方法进行。

自动监控系统的运行过程中，对日常巡检、维护保养以及设备的校准和校验都做出了明确的规定，对于系统运行中出现的故障，做到了及时现场检查、处理，并按要求快速修复设备，确保了系统持续正常运行。

六、信息记录和报告

（一）信息记录

1. 监测和运维记录

手工监测和自动监测的记录均按照《排污单位自行监测技术指南　固体废物焚烧》要求执行。

（1）现场采样时，记录采样点位、采样日期、监测指标、采样方法、采样人姓名、保存方式等采样信息，并记录废水水温、流量、色嗅等感官指标。

（2）实验室分析时，记录分析日期、样品点位、监测指标、样品处理方式、分析方法、测定结果、质控措施、分析人员等。

（3）自动设备运行台账应记录自动监控设备名称、运维单位、巡检、校验日期、校验结果、标准样品浓度、有效期、运维人员等信息。

2．生产和污染治理设施运行状况记录

（1）生产运行状况记录：按日（或班次）记录各主要生产单元每项生产设施的运行状态、生产负荷、主要产品产量、燃料信息（包括名称、处理或消耗量、成分分析）等内容。

（2）污染治理设施运行状况：

按日（或班次）记录废水处理量、回用量、排放量、污泥产生量（记录含水率）、废水处理使用的药剂名称及用量、用电量等；记录废水处理设施运行、故障及维护情况等。记录废水处理方式、去向及排放量等相关信息。

按日（或班次）记录废气处理使用的吸附剂、碱吸收液、过滤材料等耗材名称及用量；记录废气处理设施运行参数、故障及维护情况等。

记录降噪设施的完好性及建设维护情况，记录相关参数。

3．固体废物信息记录

记录一般工业固体废物和危险废物产生、贮存、转移、利用和处置情况，并通过全国固体废物管理信息系统进行填报。原料或辅助工序中产生其他危险废物的情况也应记录。危险废物按照《国家危险废物名录》或国家规定的危险废物鉴别标准和鉴别方法认定。所有记录均保存完整，以备检查。台账保存期限为五年以上。

（二）信息报告

每年年底编写第二年的自行监测方案。自行监测方案包含以下内容：

1．监测方案的调整变化情况及变更原因。

2．企业及各主要生产设施（至少涵盖废气主要污染源相关生产设施）全年运行天数，各监测点、各监测指标全年监测次数、超标情况、浓度分布情况。

3．自行监测开展的其他情况说明。

4．实现达标排放所采取的主要措施。

（三）应急报告

1．当监测结果超标时，我公司对超标的项目增加监测频次，并检查超标原因。

2．若短期内无法实现稳定达标排放的，公司应向生态环境局提交事故分析报告，说明事故发生的原因，采取减轻或防止污染的措施，以及今后的预防及改进措施。

七、自行监测信息公布

（一）公布方式

自动监测和手工监测分别在×××××省重点监控企业自行监测信息发布平台（网址：×××××）、百度云盘进行信息公开。

（二）公布内容

1．基础信息，包括单位名称、组织机构代码、法定代表人、生产地址、联系方式，以及生产经营和管理服务的主要内容、产品及规模。

2．排污信息，包括主要污染物及特征污染物的名称、排放方式、排放口数量和分布情况、排放浓度和总量、超标情况，以及执行的污染物排放标准、核定的排放总量。

3．防治污染设施的建设和运行情况。

4．建设项目环境影响评价及其他环境保护行政许可情况。

5．公司自行监测方案。

6．未开展自行监测的原因。

7．自行监测年度报告。

8．突发环境事件应急预案。

（三）公布时限

1．企业基础信息随监测数据一并公布，基础信息、自行监测方案如有调整变化时，五日内公布最新内容；

2．手工监测数据根据监测频次按时公布。

3．自动监测数据实时公布，废气自动监测设备产生的数据为时均值。

4．每年1月底前公布上年度自行监测年度报告。

参考文献

[1] EPA Office of Wastewater Management-Water Permitting. Water permitting 101[EB/OL]. [2015-06-10]. http：//www. epa. gov/npdes/pubs/101pape. pdf.

[2] Office of Enforcement and Compliance Assurance. NPDES compliance inspection manual[R]. Washington D. C.：U. S. Environmental Protection Agency，2004.

[3] U. S. EPA. Interim guidance for performance-based reductions of NPDES permit monitoring frequencies[EB/OL]. [2015-07-05]. http：//www. epa. gov/npdes/pubs/perf-red. pdf.

[4] U. S. EPA. U. S. EPA NPDES permit writers' manual[S]. Washington D. C.：U. S. EPA，2010.

[5] UK. EPA. Monitoring discharges to water and sewer：M18 guidance note[EB/OL]. [2017-06-05]. https：//www.gov.uk/government/publications/m18-monitoring-of-discharges-to-water-and-sewer.

[6] 常杪，冯雁，郭培坤，等. 环境大数据概念、特征及在环境管理中的应用[J]. 中国环境管理，2015，7（6）：26-30.

[7] 冯晓飞，卢瑛莹，陈佳. 政府的污染源环境监督制度设计[J]. 环境与可持续发展，2017，42（4）：33-35.

[8] 刘炳江，吴险峰，等. 借鉴欧洲经验加快我国大气污染防治工作步伐——环境保护部大气污染防治欧洲考察报告之一[J]. 环境与可持续发展，2013（5）：5-7.

[9] 姜文锦，秦昌波，王倩，等. 精细化管理为什么要总量质量联动？——环境质量管理的国际经验借鉴[J]. 环境经济，2015（3）：16-17.

[10] 罗毅. 环境监测能力建设与仪器支撑[J]. 中国环境监测，2012，28（2）：1-4.

[11] 罗毅. 推进企业自行监测 加强监测信息公开[J]. 环境保护，2013，41（17）：12-15.

[12] 钱文涛. 中国大气固定源排污许可证制度设计研究[D]. 北京：中国人民大学，2014.

[13] 曲格平. 中国环境保护四十年回顾及思考（回顾篇）[J]. 环境保护，2013（10）：10-17.

[14] 宋国君，赵英煚. 美国空气固定源排污许可证中关于监测的规定及启示[J]. 中国环境监测，2015，31（6）：15-21.

[15] 孙强，王越，于爱敏，等. 国控企业开展环境自行监测存在的问题与建议[J]. 环境与发展，2016，28（5）：68-71.

[16] 谭斌，王丛霞. 多元共治的环境治理体系探析[J]. 宁夏社会科学，2017（6）：101-103.

[17] 唐桂刚，景立新，万婷婷，等. 堰槽式明渠废水流量监测数据有效性判别技术研究[J]. 中国环境监测，2013，29（6）：175-178.

[18] 王军霞，陈敏敏，穆合塔尔·古丽娜孜，等. 美国废水污染源自行监测制度及对我国的借鉴[J]. 环境监测管理与技术，2016，28（2）：1-5.

[19] 王军霞，陈敏敏，唐桂刚，等. 我国污染源监测制度改革探讨[J]. 环境保护，2014，42（21）：24-27.

[20] 王军霞，陈敏敏，唐桂刚，等. 污染源，监测与监管如何衔接？——国际排污许可证制度及污染源监测管理八大经验[J]. 环境经济，2015（Z7）：24.

[21] 王军霞，唐桂刚，景立新，等. 水污染源五级监测管理体制机制研究[J]. 生态经济，2014，30（1）：162-164，167.

[22] 王军霞，唐桂刚. 解决自行监测"测""查""用"三大核心问题[J]. 环境经济，2017（8）：32-33.

[23] 薛澜，张慧勇. 第四次工业革命对环境治理体系建设的影响与挑战[J]. 中国人口·资源与环境，2017，27（9）：1-5.

[24] 张紧跟，庄文嘉. 从行政性治理到多元共治：当代中国环境治理的转型思考[J]. 中共宁波市委党校学报，2008，30（6）：93-99.

[25] 张静，王华. 火电厂自行监测现状及建议[J]. 环境监控与预警，2017，9（4）：59-61.

[26] 张伟，袁张桑，赵东宇. 石家庄市企业自行监测能力现状调查及对策建议[J]. 价值工程，2017，36（28）：36-37.

[27] 张秀荣. 企业的环境责任研究[D]. 北京：中国地质大学，2006.

[28] 赵吉睿，刘佳泓，张莹，等. 污染源 COD 水质自动监测仪干扰因素研究[J]. 环境科学与技术，2016，39（S1）：299-301，314.

[29] 左航，杨勇，贺鹏，等. 颗粒物对污染源 COD 水质在线监测仪比对监测的影响[J]. 中国环境监测，2014，30（5）：141-144.

[30] 王军霞，唐桂刚，赵春丽. 企业污染物排放自行监测方案设计研究——以造纸行业为例[J]. 环境保护，2016，44（23）：45-48.

[31] 张静，王华. 火电厂自行监测关键问题研究[J]. 环境监测管理与技术，2017，29（3）：5-7.

[32] 王娟，余勇，张洋，等. 精细化工固定源废气采样时机的选择探讨[J]. 环境监测管理与技术，2017，29（6）：58-60.

[33] 尹卫萍. 浅谈加强环境现场监测规范化建设[J]. 环境监测管理与技术，2013，25（2）：1-3.

[34] 成钢. 重点工业行业建设项目环境监理技术指南[M]. 北京：化学工业出版社，2016. 442-443.

[35] 杨驰宇，滕洪辉，于凯，等. 浅论企业自行监测方案中执行排放标准的审核[J]. 环境监测管理与技术，2017，29（4）：5-8.

[36] 王亘，耿静，冯本利，等. 天津市恶臭投诉现状与对策建议[J]. 环境科学与管理，2008，33（9）：49-52.

[37] 邬坚平，钱华. 上海市恶臭污染投诉的调查分析[J]. 海市环境科学，2003（增刊）：85-189.

[38] 张旭东. 工业有机废气污染治理技术及其进展探讨[J]. 环境研究与监测，2005，18（1）：24-26.

[39] 王宝庆，马广大，陈剑宁. 挥发性有机废气净化技术研究进展[J]. 环境污染治理技术与设备，2003，4（5）：47-51.

[40] 陈平，陈俊. 挥发性有机化合物的污染控制[J]. 石油化工环境保护，2006，29（3）：20-23.

[41] 吕唤春，潘洪明，陈英旭. 低浓度挥发性有机废气的处理进展[J]. 化工环保，2001，21（6）：324-327.

[42] 杨啸，王军霞. 排污许可制度实施情况监督评估体系研究[J]. 环境保护科学，2021，47（1）：10-14.

[43] 王军霞，刘通浩，敬红，等. 支撑排污许可制度的固定源监测技术体系完善研究[J]. 中国环境监测，2021，37（2）：76-82.

[44] 王军霞，敬红，唐桂刚，等. 排污单位自行监测技术研究[M].北京：中国环境出版集团，2020.

[45] 刘佳泓，刘茂辉. 生活垃圾焚烧企业自行监测现状调查研究[J].环境保护与循环经济，2020（12）：71-74.